植物生长调节剂
科学使用指南
第三版

张宗俭　邵振润　束　放　主编

U0201603

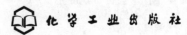

化学工业出版社

·北京·

本书在简述植物生长调节剂概念与特性的基础上，详细介绍了110余种植物生长调节剂品种的中英文通用名、结构式、分子量、CAS登录号、别名、化学名称、理化性质、毒性、作用特征、应用、注意事项、主要制剂和生产企业等内容。同时，全面介绍了植物生长调节剂在大田作物、油料作物、蔬菜、果树上的主要应用技术，还介绍了植物生长调节剂的剂型、科学使用和残留控制等内容。

　　本书可为从事农作物种植管理和植物生长调节剂开发应用的农林科技人员进行实际操作提供指导，也可供大专院校相关专业师生参考。

图书在版编目（CIP）数据

植物生长调节剂科学使用指南/张宗俭，邵振润，束放主编．—3版．—北京：化学工业出版社，2015.7
（2024.4重印）

　ISBN 978-7-122-24041-5

　Ⅰ.①植…　Ⅱ.①张…②邵…③束…　Ⅲ.①植物生长调节剂-指南　Ⅳ.①S482.8-62

中国版本图书馆 CIP 数据核字（2015）第 106283 号

责任编辑：刘　军　　　　　　　　　装帧设计：关　飞
责任校对：吴　静

出版发行：化学工业出版社（北京市东城区青年湖南街 13 号　邮政编码 100011）
印　　装：河北鑫兆源印刷有限公司
710mm×1000mm　1/16　印张 17¼　字数 290 千字　2024 年 4 月北京第 3 版第 14 次印刷

购书咨询：010-64518888　　　　　　　售后服务：010-64518899
网　　址：http://www.cip.com.cn
凡购买本书，如有缺损质量问题，本社销售中心负责调换。

定　　价：48.00 元　　　　　　　　　　　　　　版权所有　违者必究

本书编写人员名单

主　　编　　张宗俭　　束　放　　王凤乐

副主编　　李永平　　张　帅　　熊延坤　　郭永旺

　　　　　　赵　清　　梁帝允　　邵振润

编写人员（按姓名汉语拼音排序）

陈越华	范兰兰	郭永旺	关祥斌
胡　韬	黄俊霞	黄向阳	黄晓燕
李永平	鞠国刚	梁帝允	马庭矗
邵振润	束　放	孙慕君	王凤乐
王俊伟	王雅丽	吴玉栋	熊延坤
肖　迪	谢传峰	杨爱滨	于淑琴
张宗俭	张　帅	张连生	赵　清
翟　军			

前 言 PREFACE

作为农药的植物生长调节剂在植物整个生长过程中具有很重要的作用。为了更好地了解植物生长调节剂的种类和科学使用方法,本书收集整理了110余种植物生长调节剂的品种,比较全面介绍了植物生长调节剂在大田作物、油料作物、蔬菜、果树上的主要应用技术和注意事项等,以及目前植物生长调节剂的剂型、科学使用和残留控制等。本书力求内容全面新颖,收录的品种中有一部分是暂未登记品种,这里仅供参考。

全书共分7章。第一章主要介绍植物激素和植物生长调节剂定义与特性,第二章介绍植物生长调节剂的主要品种与应用,第三章介绍植物生长调节剂在大田上的应用技术,第四章介绍植物生长调节剂在油料作物的应用技术,第五章介绍植物生长调节剂在蔬菜上的应用技术,第六章介绍植物生长调节剂在果树上的应用技术,第七章介绍植物生长调节剂的科学使用。

由于植物生长调节剂品种繁多,应用技术复杂,其应用效果与作物种类、品种、生长发育状况、环境条件(气候、温湿度、光照、土壤水肥供给等)、使用方法与使用时期等多种因素相关,建议读者在使用时严格按照产品注册登记的范围和方法使用,以确保产品的应用效果。对于新引进的产品,一定要先进行试用和小面积的示范,掌握其使用技术后再大面积推广使用。

在编写本书时,我们力求做到科学性强、实用性强、操作性强、文字通俗易懂,以便于读者参考使用。但限于编者经验和知识水平的局限,书中难免有不妥之处,敬请广大读者和同行批评指正。

编者
2015 年 5 月

自 1934 年生长素（吲哚乙酸）问世以来，植物激素在农、林、园艺、蔬菜、花卉等许多作物上得到了越来越广泛的应用。人们不仅认识了植物体内各大类激素多种生理作用及它们之间相生相克，在调节植物生长发育上所呈现出的奇妙作用；同时还先后人工合成了一百余种植物生长调节剂，它们所涉及的应用范围包括生根、发芽、生长、矮壮、防倒、促蘗、开花、坐果、摘果、催熟、保鲜、着色、增糖、干燥、脱叶、促芽或控芽、调节性别、调节花芽分化、抗逆等方面，其中不少方面都表明人类可以应用植物生长调节剂这一化学调控新技术能向大自然进行主动的索取。半个世纪来植物生长调节剂为世界农业的发展作出了不可磨灭的重要贡献。

我国是一个农业大国，也是世界上开展植物生长调节剂应用最早的国家之一。建国六十多年来植物生长调节剂经历了使用品种由少到多，应用范围由小到大的发展过程，近三十年则发展得更快，无论是植物生长调节剂的品种还是应用的广度和深度，某些应用方面甚至已赶上或超过了某些发达国家。然而由于植物生长调节剂的普及工作做得还不够，至今还有相当多的广大种植户都未能全面、熟练、灵活地运用植物生长调节剂这一新型科学技术去致富奔小康，为此我们结合国情，编写了这本《常用植物生长调节剂应用指南》。

所谓常用植物生长调节剂品种，一是指在国内过去曾广泛应用过的一些品种；二是指近几年在农业部农药检定所登记注册的单、混剂品种；三是当前国际上普遍流行的也能适用我国的一些单、混剂品种；四是收集了一些有市场前景的新品种，虽国内没有登记注册，应属于天然的且又有现成药源的一些品种，如水杨酸、甲壳胺、尿囊素等。如今社会上对待使用植物生长调节剂存在着神秘化、夸大现象、使用难、可有可无，或认为毒性可怕等偏见，所以编写每个品种都有分子结构、发现简史、理化性质、溶剂、含量、剂型等内容，并注明是天然的还是人工合成的，以及它们的毒性大小、主要生理作用、作用机理和如何使用等，希望能将每个常用品种真实地告诉广大用户。本书重点是突出应用指南，所以每个品种根据不同作物和使用目的，用什么浓度，在什么时间用，采取何种处理方法，不同使用目的其用量、用法、浓度可能不相同，这些都尽可能地进行详细的描述。每一个品种的应用技术都是国内外许多应用科技工作者经过长期实践总结出来的，照此使用一般情况下都能重复出来并达到较为满意的应用效果。为了便于使用者在应用中出现某些意外现象而有基本分析，每个品种最后也设有注意事项，以帮助应用者进行可能地补救或提醒注意。植物生长调节剂现阶段还属于农药范畴，按照我国有关农药管理法规应公开结构、有效成分、毒性和使用技术等。这是编写者在本书编写中始终认真严肃贯彻执行的基本原则。此外，还对有些常用品种补充了一些成功应用的经验、办法及失败的原因。由于植物生长调节剂品种繁多，应用技术复杂，并且其应用效果与作物种类、品种、生长发育状况、环境条件（气候、温湿度、光照、土壤水肥供给等）、使用方法与使用时期等多种因素有关，建议读者在使用时严格按照产品注册登记的范围和方法使用，以确保产品的应用效果；对于新引进的产品，一定先进行试用和小面积的示范，掌握其使用技术后再大面积推广应用。

本版修订时增加了如超敏蛋白、甲基环丙烯等一些新的产品，同时补充了产品生产与注册情况以及我国目前对植物生长调节剂登记与管理方面的要求与新的应用开发情况。

从主观上我们竭力想为广大植物生长调节剂应用爱好者奉献真实客观的科学实用技术，由于水平有限，疏漏之处难免，敬请广大读者批评指正。

编者

2010 年 4 月

目 录 CATALOGUE

第五章　植物生长调节剂在蔬菜上的应用技术 / 172

第六章　植物生长调节剂在果树上的应用技术 / 204

第一章

植物激素与植物生长调节剂的定义与特性

　　植物激素是指植物体内代谢产生、能运输到其他部位起作用、在很低浓度就有明显调节生长发育效应的微量有机物，也被称为植物天然激素或植物内源激素。它们在细胞分裂与伸长、组织与器官分化、开花与结实、成熟与衰老、休眠与萌发以及离体组织培养等方面，分别或相互协调地调控植物的生长、发育与分化。严格地说，植物激素具有以下特点：①产生于植物体内的特定部位，是植物在正常发育过程中或特殊环境下的代谢产物；②能从合成部位运输到作用部位；③不是营养物质，仅以很低的浓度产生各种特殊的调控作用。

　　人工合成或提取的具有与植物激素相似作用的物质称为植物生长调节剂。

第一节　植物激素的概念与生理功能

　　目前公认的植物激素有六大类：①生长素类（auxins，IAA），②细胞分裂素类（cytikinins，CTK），③赤霉素类（gibberellions，GAs），④诱抗素（abscises acid，ABA，原名脱落酸），⑤乙烯（ethylene，ET），⑥油菜素内酯（brassinolide，BR）。近几年，研究发现茉莉酸（jasmonic acid，JA）及其酯类、水杨酸（salicylic acid，SA）类、一氧化氮（NO）和独角金内酯（SL），对植物生长发育也具有调节作用，也属于植物激素类物质。

一、生长素类

　　生长素类植物激素是研究历史最长，农业上应用最广，经济效益较大的一类。生长素类激素或植物生长调节剂的主要品种有吲哚乙酸（IAA）、吲哚丁酸（IBA）、萘乙酸（NAA）、萘氧乙酸（NOA）、2,4-二氯苯氧乙酸（2,4-滴）、对氯苯氧乙酸（防落素）、4-碘苯氧乙酸（增产灵）等。吲哚乙酸是第一个被发现的植物激素。寄生或与植物共生的微生物也可产生生长素并影响寄主生长，例如豆科根瘤的形成就与根瘤菌产生的生长素有关。

生长素主要分布于茎分生组织、叶原基、幼叶、发育的果实和种子等生长活跃的组织和花粉中。此类植物激素能够促进侧根和不定根发生，调节开花和性别分化，调节坐果和果实发育，控制顶端优势等，现将其生理功能介绍如下：

（1）促进侧根和不定根发生　生长素在合适的浓度时能够促进植物侧根和不定根发生，此性质广泛用于园艺和农业生产上植物的无性营养体繁殖。植物的无性营养体繁殖主要将植物插条切口或叶片在水培或湿润的土壤培养条件下，从切口附近长出不定根进行繁殖，利用生长素处理插条切口，会大幅度提高不定根的形成速度和数量。

（2）调节开花和性别分化　生长素大多情况下为低浓度时能够促进开花，而高浓度时抑制开花，例如在生产中通过喷施生长素刺激菠萝开花，同时控制菠萝成熟时间。

生长素一般增加雌株和雌花，例如处理黄瓜后雌花初现节位和雌花数量都增加，而三碘苯甲酸（TIBA）等生长素则促进雄花产生。

（3）调节坐果和果实发育　生长素能够使植物不通过授粉就能坐果产生无籽果实（单性结实），此作用在生产中具有重要的应用价值。例如用生长素类植物激素处理茄科植物（如番茄、辣椒等）、葫芦科植物（如黄瓜、南瓜等）以及柑橘等，促进坐果和产生无籽果实。

另外，根据应用时期和应用浓度的不同，生长素既可以促进坐果、抑制早期果实的脱落，也可以防止未成熟果实的脱落，这样可以控制果实的疏密和产量。

（4）控制顶端优势　顶端优势是指主茎顶端对侧枝侧芽萌发和生长的抑制作用，植物整体形态很大程度上受顶端优势控制。例如玉米等强顶端优势的作物，只有一条主茎，很少或没有侧枝；而顶端优势很弱的灌木，分枝很多甚至呈丛生状。茎顶端优势主要由生长素控制，茎尖产生的生长素向下运输，在侧芽积累，抑制了侧芽的发育。在根的顶端优势中，正好与地上部相反，生长素是侧根诱导和发生的关键因子。

二、细胞分裂素类

细胞分裂素类植物激素或生长调节剂品种主要有玉米素、6-糠基腺嘌呤

（激动素）、6-苄基腺嘌呤、氯苯甲酸、N-(2-氯-4-吡啶基)-N'-苯基脲等，已知的有12种。

细胞分裂素类植物激素主要分布于植物分生组织内，如正在生长的根、茎、叶、果实、种子等部位，其生理作用主要是促进细胞分裂，促进芽的分化，消除顶端优势，延缓衰老，促进叶绿体发育，抑制叶绿素分解，促进气孔开张等，现将其生理功能介绍如下：

(1) 促进细胞分裂 细胞分裂素的主要生理功能就是促进细胞分裂。细胞分裂素不仅能促进细胞分裂，也可以使细胞体积扩大。但和生长素不同的是，细胞分裂素是通过细胞横向扩大增粗，而不是促进细胞纵向伸长来增大细胞体积的，它对细胞的伸长有一定的抑制效应。例如细胞分裂素显著促进一些双子叶植物如菜豆、黄瓜、芥菜、向日葵和萝卜等的子叶或叶圆片扩大，主要是细胞体积增大而非细胞数目增多。

(2) 促进芽的分化 实验证明，细胞分裂素有利于芽的分化，而生长素则促进根的分化，当细胞分裂素/生长素的比值较大时，主要诱导芽的形成；当细胞分裂素/生长素的比值较小时，则有利于根的形成，通过调整两者比例，可诱导愈伤组织再生完整植株。

(3) 促进侧芽发育，消除顶端优势 植物茎的顶端优势主要是由生长素控制的，而细胞分裂素则能消除顶端优势，促进侧芽的迅速生长。在这方面，生长素同细胞分裂素之间表现出明显的对抗作用（两者的产生部位与运转方式决定根系与幼芽的生长、分化）。

(4) 延缓衰老 延缓衰老是细胞分裂素特有的效应。细胞分裂素能延缓或抑制衰老过程中叶片结构破坏、生理紊乱和功能衰退。实验证明，大豆种子通过抑制根系细胞分裂素向叶片的运输来实现对叶片衰老的控制。用细胞分裂素处理过的叶片，即使其他叶片发黄脱落，它仍然会保持绿色。

三、赤霉素类

赤霉素类植物激素是含有赤霉素烷骨架的双萜化合物，迄今已经有130余种赤霉素类物质得到了结构鉴定。尽管发现的赤霉素数量巨大，但是研究表明，只有少数几种赤霉素在植物中具有生物活性，其他都是赤霉素生物合成中间产物或者是代谢产物，不具备直接生物活性。

赤霉素在植物生长活跃的茎枝和正在发育的种子中合成，具有促进茎生长、保花保果、促进坐果、果实生长，控制种子萌发、休眠、性别分化等多种生理作用，现将其生理功能介绍如下。

(1) 促进植物茎节的伸长 生长赤霉素最显著的生理效应是促进细胞伸长

和生长，与生长素效应不同的是赤霉素能促进整株植物茎节伸长，在很高浓度下仍表现促进效应，但对离体茎切段伸长没有明显的促进作用。不同植物或植物品种对赤霉素反应差异很大，对稻、麦等禾本科植物茎节伸长效果非常显著。赤霉素促进茎节伸长的同时，可能会导致茎秆直径减小、叶片变小和叶色变浅等。赤霉素对植物根系的生长促进效果很小甚至没有。

赤霉素也促进细胞的分裂。例如，赤霉素在促进豌豆茎节伸长的同时，也增加了茎节细胞的数目；赤霉素可以显著提高莲座植物亚顶端分生组织细胞有丝分裂的活性，对深水水稻茎节生长的促进作用非常显著。

（2）促进花芽分化和开花　赤霉素可以控制植物在幼年态和成年态之间的转变，例如赤霉素 GA_3 可以诱导常春藤从成熟态转变为幼年态；赤霉素 GA_4 ＋ GA_7 处理可以诱导许多幼年态的针叶植物进入成年态，而赤霉素 GA_3 无效。

花芽的分化需要一定的条件，很多植物有低温春化和光周期现象，赤霉素是参与这些诱导过程的重要信号物质。多种经外源赤霉素处理的长日植物能在短日照条件下开花，而赤霉素拮抗剂则抑制开花；赤霉素对短日植物的花芽分化作用效果不明显。赤霉素处理可以满足多种植物的低温要求，诱导开花。对花芽已经分化的植物，赤霉素对花的开放有显著的促进作用，例如能促进细叶菊、铁树、柏、杉等植物开花。

（3）参与性别控制　赤霉素在决定雌雄异花植物花的性别上有重要的意义，许多环境因素对性别的影响可能是通过赤霉素来实现的。例如短日照和低温处理可以大幅度增加玉米植株内的赤霉素含量，特别是果穗中多种赤霉素的水平上升 100 多倍，同时诱导果穗花发育为雌性花。施用赤霉素同样会诱导果穗雌花的发育。但是对一些双子叶植物赤霉素的作用则相反，如黄瓜，赤霉素促进雄花形成，赤霉素抑制剂促进雌花发育。

（4）打破休眠，促进萌发　赤霉素在种子萌发过程中有多方面的作用，例如刺激胚芽营养生长、松弛围绕在胚周围的胚乳层细胞、诱导水解酶合成、分解种子储存的营养物质、拮抗诱抗素等抑制发芽物质等。对于一些需要光照或低温处理才能打破休眠开始萌发的种子，赤霉素处理可以代替光照或低温打破休眠。在萌发的谷类种子糊粉层中，赤霉素诱导合成许多水解酶，如 α-淀粉酶、蛋白酶等。赤霉素可以有效打破芽的休眠。由于高温、低温、日照等多种环境因素导致的芽休眠中，赤霉素处理可以打破芽休眠，如桦树、桃树等。对地下贮存器官上休眠的芽如马铃薯块茎等，赤霉素同样有效。如马铃薯夏季收获后，立即做种薯不能萌发，一般需休眠 40～60 天，这与休眠芽中赤霉素含量低有关，用赤霉素就可有效打破休眠，满足一年多次种植的要求。

四、诱抗素

诱抗素（脱落酸）是以异戊二烯为基本单位的一种倍半萜羧酸，植物体内天然诱抗素构型是右旋的（S-ABA），人工合成的诱抗素是右旋（S）和左旋（R）对映体各 50% 的外消旋混合物。只有右旋诱抗素（S-ABA）才能在一些由诱抗素诱导的快速生理效应中发挥作用，例如气孔开闭的调控。

诱抗素主要在叶绿体和其他质体中合成，植物在干旱或逆境条件下诱抗素含量提高。水生植物中诱抗素一般含量较低，陆生植物中较高。特定器官内诱抗素水平的变化会随着环境条件的变化发生大幅度波动。如在发育的种子中，诱抗素水平可以在几天内上升 100 倍，然后会随着成熟度的增加降低到几乎为零的水平。诱抗素的运输没有极性，既可以通过木质部运输，也可以通过韧皮部运输，但主要是韧皮部运输。根系内合成的诱抗素则主要依赖木质部运输到茎叶部，并作为重要的根冠间传递的信号。诱抗素主要是以游离形式运输，少量以诱抗素糖苷形式运输。作为逆境下的一种信号物质，诱抗素抑制生长、促进器官形成和休眠，诱导气孔开闭，提高植物抗旱、抗寒、抗盐碱等多重作用，现将其生理功能介绍如下：

（1）促进种子和芽休眠　休眠是种子适应不良环境的一个重要方式，分为种皮型休眠和胚胎型休眠。种皮型休眠的原因主要是种皮含有抑制物或对种子内抑制物渗出的阻碍，诱抗素是最常见和最主要的抑制物。胚胎型休眠的决定因素是胚胎组织中存在诱抗素，或者缺乏生长促进物赤霉素。

诱抗素具有促进芽休眠的作用。短日照诱导芽休眠，主要是短日照促进了诱抗素水平的增加。用短日下生长的桦树提取物或诱抗素处理后能抑制在长日照下桦树幼苗的生长，并可形成具有冬季休眠全部特征的芽。研究也发现诱抗素含量并不总是与休眠相关，是诱抗素与赤霉素和细胞分裂素之间的平衡调控着芽处于休眠状态或是打破休眠。

（2）促进气孔关闭和增加抗逆性　诱抗素是对环境因素反应最强烈的激素之一，如叶片中的诱抗素浓度在水分胁迫条件下短时间内可以上升 50 倍，在植物抗旱、抗寒、抗盐、抗病的生理过程中都有重要作用，因此诱抗素被普遍认为是一个介导环境因子特别是逆境因子的信号物质，被称为"逆境激素"。

水分胁迫下，叶片保卫细胞诱抗素含量比正常提高了 18 倍。诱抗素的升高促进气孔关闭、减少了蒸腾，有利于维持叶片水分平衡，同时还能促进根系吸水和地上部的水分供应能力。除干旱外，涝渍、盐、低温、高温等胁迫条件都可使植物体内诱抗素剧增，这些逆境都会直接或间接地诱导细胞水分状态发生改变，使细胞膨压下降，诱导诱抗素合成。例如诱抗素处理后可显著降低高温对小麦叶绿体超微结构的破坏，增加热稳定性。

（3）促进叶片衰老和脱落　诱抗素仅在少数几种植物中促进器官脱落，在大多数植物中控制脱落的主要激素是乙烯。诱抗素在叶片的衰老过程中起着重要的调节作用，由于诱抗素促进了叶片的衰老，增加了乙烯的生成，从而间接地促进了叶片的脱落。

（4）种子发育　诱抗素对种子发育和成熟有重要作用。在以细胞分裂增殖为特征的胚胎建成阶段诱抗素含量较低，以储藏物积累为特征的种子发育中后期，诱抗素水平达到最高，然后随种子成熟而下降，其中诱抗素的主要作用是促进种子脱水和储存物质的合成与积累。

（5）生理促进作用　诱抗素对完整植株的许多生长发育过程有促进作用。例如低浓度诱抗素对燕麦和小麦的胚芽鞘，燕麦、水稻和玉米的中胚轴，整株黄化豌豆和番茄的茎，黄化豌豆的叶都有明显的促生长作用。用 2.0mg/L 诱抗素处理使 30℃黑暗下生长 14d 的水稻幼苗中胚轴伸长到 17mm，而相同条件下对照仅 2～3mm，同时还促进了中胚轴横向增粗，维管束数目增加。低浓度诱抗素处理可以促进水稻等种子发芽和生根，促进幼苗茎叶生长，抑制离层形成，促进果实肥大，促进开花等等。特别是在低温、盐碱等逆境条件下，这种促生长效果更为显著，这可能与诱抗素作为抗逆激素的性质密切相关。尽管诱抗素的生理促进作用在适宜栽培条件下并不突出，但改善了植物对逆境的适应性，这种特殊的生理性质，对于正确理解诱抗素的生理功能十分重要，对诱抗素的实际应用也具有启发意义。

五、乙烯

乙烯是迄今发现的结构最简单的植物激素，广泛存在于植物的各种部位，从植物种子萌发到衰老死亡都有乙烯的参与，如果实成熟、休眠、离层发生、开花、衰老等，其主要生理功能如下。

（1）改变生长习性　乙烯对生长的典型效应是乙烯的"三重反应"——矮化、增粗、叶柄偏向性生长效应：抑制茎的伸长生长，促进茎或根的横向增粗及茎的横向生长。例如：黄化豌豆幼苗等植物放置在含有适当浓度乙烯的密闭容器内，会发生茎伸长生长受抑制、侧向生长（即增粗生长）、上胚轴水平生长的现象，这常作为乙烯的生物测定方法。乙烯的三重反应在各种植物中非常普遍，在豌豆等双子叶植物幼苗，燕麦、小麦等单子叶植物的胚芽鞘和中胚轴上都很明显。另外，乙烯还抑制双子叶植物上胚轴顶端弯钩的伸展，引起叶柄的偏上生长。

（2）促进果实的成熟，促进呼吸　跃变型果实如苹果、香蕉和番茄等成熟是乙烯的显著效应，果实自然成熟过程伴随着乙烯高峰的产生，外施乙烯可以加速果实成熟。而外源乙烯处理非呼吸跃变型果实，虽然随着乙烯处理浓度的增加也能促进果实呼吸速率的增加，但是并不能诱导果实自身乙烯的合成，所以乙烯处理不能促进非呼吸跃变型果实的成熟。

（3）促进叶片衰老　叶片、花等器官和整株植物的衰老都与乙烯有关。乙烯在叶片衰老控制中作用与细胞分裂素的作用相反，用乙烯处理可促进叶片衰老，而细胞分裂素则延迟衰老。利用乙烯生物合成抑制剂（如 AVG）或生理作用抑制剂（如 Ag^+ 和 CO_2）可以延迟叶片衰老。乙烯与诱抗素对叶片衰老有协同作用。

（4）促进离层形成和脱落　叶片、果实和花朵等器官在衰老后或异常环境下都会发生脱落，脱落发生在这些器官基部的一些特殊细胞层，称为离层。乙烯是脱落过程的主要调节激素，叶片内的生长素可抑制脱落，但是过高浓度生长素诱导乙烯发生，反而促进脱落。生长素和乙烯在脱落的控制中是协同作用的。

（5）诱导不定根和根毛发生　在通气良好的情况下，少量乙烯就可促进水稻、番茄和蚕豆根的生长，但高浓度则抑制根的生长。在淹水情况下，乙烯的累积对根产生不良影响。乙烯可诱导植物茎段、叶片、花茎甚至根上的不定根发生。乙烯还能刺激根毛的大量发生。

（6）促进开花和参与性别控制　乙烯能有效诱导和促进菠萝及同属植物开花，在菠萝栽培中被用来诱导同步开花，达到坐果一致的目的。在雌雄异花同株类型的植物中，乙烯可以在花的发育早期改变花的性别分化方向，例如乙烯可以促进黄瓜雌花的发育，而乙烯抑制剂处理后雄花增加。农业生产上采取熏烟增加雌花数量，可能与烟中含有乙烯有关。

（7）参与逆境反应　乙烯在植物抗逆反应中发挥着重要的作用。在涝渍时，植物体内乙烯大幅度提高，如美国梧桐中可增加 10 倍以上，引起叶片卷曲、偏上生长、脱落、茎膨大加粗、根系生长减缓等可能是乙烯合成增加、向空气扩散减少或土壤微生物合成的乙烯增加。植物组织受到机械伤害或病害虫侵害时，会快速产生大量的"伤害乙烯"，认为乙烯与植物的防御或减轻伤害机制的启动有关。

六、芸薹素内酯

芸薹素内酯在 1998 年第十六届国际植物生长物质学会年会上被正式确认为第六类植物激素。芸薹素内酯的基本结构是一个甾体核，目前已知的天然芸薹素内酯化合物有 60 余种，最早发现的芸薹素内酯 BR_1。芸薹素内酯在植物界普遍存在，油菜花粉是芸薹素内酯 BR_1 的丰富来源，含量约 0.1mg/kg，在其他植物中也存在，但含量极低。

芸薹素内酯具有极高的生物活性，目前报道的其生理功能主要有：促进细胞分裂和伸长、促进光合作用、促进植物向地性反应、促进木质部导管分化、抑制根系生长、延缓衰老、抑制叶片脱落、提高抗逆性等。由于这些生理作用与生长素、赤霉素等具有很大相似性，对于芸薹素内酯是独立作用的、植物生长发育不可缺少的新激素这一点，一直存有争议，近年来芸薹素内酯相关研究对此给出了肯定、有力的证据，确立了芸薹素内酯作为植物激素不可动摇的地位。

近几年发现，水杨酸广泛存在植物的叶片和生殖器官中，与植物开花、抗病性等有关；茉莉酸主要存在于植物的茎尖、幼叶、未成熟的果实和根尖等，与植物的衰老、离层和根的形成、卷须盘绕、愈伤组织形成、叶绿素产生、花粉萌发等有关。

第二节　植物激素植物生长调节剂的概念与特性

一、植物生长调节剂的概念

植物体内植物激素含量极少，难以提取并大规模用于农业生产，于是人们根据植物激素的结构、功能和作用原理利用化学方法或经微生物发酵产生的一些能改变植物体内激素合成、运输、代谢及作用，调节植物生长发育和生理功能的化学物质，称之为植物生长调节剂。

植物生长调节剂包括三种类型，第一类是人工合成提取的天然植物激素，如吲哚乙酸（IAA）、赤霉素（GA$_3$）等，第二类是人工合成的天然植物激素的类似物，如萘乙酸（NAA）、吲哚丁酸（IBA）、6-苄氨基嘌呤（6-BA）等。第三类是人工合成的与天然植物激素的结构不同，但具有其活性的物质，如甲哌鎓（DPC）、矮壮素（CCC）、多效唑、乙烯利等。

植物生长调节剂具有以下优点。

（1）作用面广、应用领域多。植物生长调节剂可适用于几乎包含了种植业中的所有高等植物和低等植物，如大田作物、蔬菜、果树、花卉、林木、海带、紫菜、食用菌等，并通过调控植物的光合、呼吸、物质吸收与运转、信号传导、气孔开闭、渗透调节、蒸腾等生理过程的调节而控制植物的生长和发育，改善植物与环境的互作关系，增强作物的抗逆能力，提高作物的产量，改进农产品品质，使作物农艺性状表达按人们所需求的方向发展。

（2）用量小、速度快、效益高、残留少。

（3）可对植物的外部性状与内部生理过程进行双调控。

（4）针对性强，专业性强。可解决一些其他手段难以解决的问题，如形成无籽果实、控制株型、促进插条生根、果实成熟和着色、抑制腋芽生长、促进棉叶脱落。

（5）植物生长调节剂的使用效果受多种因素的影响，而难以达到最佳。气候条件、施药时间、用药量、施药方法、施药部位以及作物本身的吸收、运转、整合和代谢等都将影响到其作用效果。

二、植物生长调节剂的特性

（1）植物生长调节剂是以调节植物生长为目的。在植物生长调节剂中，有些是除草剂，如调节膦、仲丁灵，有些是杀虫剂，如甲萘威等，有些是杀菌剂，如甲基硫菌灵等。但是当这些药剂用于调节植物生长时，是按照调控作物生长的目的、使用时期、使用剂量和施药方法进行的。

（2）植物生长调节剂对植物具有一定的生理活性。无论是刺激植物胚芽和根尖生长的生长素，还是抑制细胞分裂和控制植株徒长的抑制剂，都必须进入植株体内才能起调节作用，在植物体内可使酶活动相互联系起来，通过代谢在一定的部位起作用，并以较小的剂量起到较高的调节功效。这不同于氮、磷、钾、硼、钙、镁、钼、铁等化学肥料，也不同于植物体内固有的糖、蛋白质、脂类、酶类、维生素等营养物质。

（3）植物生长调节剂是一类人工合成的化合物。即通过仿照植物激素的化学结构或者根据其性能而人工化学合成。

第二章

植物生长调节剂主要品种

1-甲基环丙烯　1-methylcyclopropene

C_4H_6，54.09，3100-04-7

别名　聪明鲜

化学名称　1-甲基环丙烯

理化性质　纯品为无色气体，沸点 4.68℃，熔点＜100℃，蒸气压（20～25℃）：2×10^5Pa；溶解度（mg/L，20～25℃）：水 137，庚烷＞2450，二甲苯 2250，丙酮 2400，甲醇＞11000；水解 DT_{50}（50℃）2.4h，光氧化降解 DT_{50} 4.4h。其结构为带 1 个甲基的环丙烯，常温下为一种非常活跃的、易反应、十分不稳定的气体，当超过一定浓度或压力时会发生爆炸，因此在制造过程中不能对 1-甲基环丙烯以纯品或高浓度原药的形式进行分离和处理，其本身无法单独作为一种产品（纯品或原药）存在，也很难贮存。

毒性　大鼠急性经口 LD_{50}＞5000mg/kg，大鼠吸入 LC_{50}（4h）＞165mg/kg，根据急性毒性分级，属于低毒。

作用特征　1-甲基环丙烯（1-methylcyclopropene，1-MCP），是由美国罗门哈斯公司开发、1999 年首次在美国登记的一种用于水果保鲜的植物生长调节剂，是近年来人们研究发现的一种作用效果最为突出的时新保鲜剂。

1-甲基环丙烯是一种非常有效的乙烯产生和乙烯作用的抑制剂。作为促进成熟衰老的植物激素——乙烯，只有与细胞内部的相关受体相结合，才能激活一系列与成熟有关的生理生化反应，加快衰老和死亡。1-甲基环丙烯可以很好地与乙烯受体结合，从而阻止乙烯与其受体的结合，很好地延长了果蔬成熟衰老的过程，延长了保鲜期。

应用　处理果蔬、花卉时，甲基环丙烯的使用浓度极低，空气中浓度仅为1mg/kg左右。据介绍，甲基环丙烯的使用量很小，以微克（μg）来计算，方式是熏蒸。只要把空间密封6～12h，然后通风换气，就可以达到贮藏保鲜的效果。尤其是呼吸跃变型水果、蔬菜，在采摘后1～7d进行熏蒸处理，可以延长保鲜期至少一倍的时间，以苹果、梨为例，其保鲜期可以从原来的正常贮藏3～5个月，延长到8～9个月。对大多数苹果品种来说，1-甲基环丙烯处理后，其保鲜效果普遍好于气调贮藏。不但效果显著，而且经济、操作方便，1-甲基环丙烯是目前先进的延长储藏期和货架期的保鲜剂。在发达国家果业生产中已开始普遍应用。1-甲基环丙烯在不同农产品上的使用量也有区别，具体用量参照产品说明书。

主要制剂　单剂有0.18％泡腾片剂，2％片剂，0.014％、3.3％微囊粒剂，1％可溶液剂。

生产企业　现由龙杏生技制药股份公司、美国罗门哈斯公司、山东奥维特生物科技有限公司、张家口长城农药有限公司等生产。

萘乙酸　1-naphthyl acetic acid

CH₂COOH

$C_{12}H_{10}O_2$，186.21，86-87-3

别名　α-萘乙酸，NAA

化学名称　1-萘乙酸

理化性质　纯品为白色结晶，无臭无味，熔点130℃，溶于乙醇、丙酮、乙醚、氯仿等有机溶剂，溶于热水不溶于冷水，其盐水溶性好，结构稳定耐贮性好。

毒性　萘乙酸属低毒植物生长调节剂，大鼠急性经口LD_{50}为3580mg/kg，兔急性经皮LD_{50}为2000mg/kg（雌），鲤鱼LC_{50}（48h）$>$40mg/L，对皮肤、黏膜有刺激作用。

作用特征　萘乙酸可经由叶、茎、根吸收，然后传导到作用部位，其生理作用和作用机理类似吲哚乙酸。

应用　萘乙酸是一种有机萘类广谱多用途植物生长调节剂。主要应用技术有以下几点。

（1）促进坐果　番茄在盛花期以50mg/L浸花，西瓜在花期以20～30mg/L

浸花或喷花，促进坐果，授精前处理形成无籽果。辣椒在开花期以 20mg/L 全株喷洒，防落花促进结椒。棉花从盛花期开始，每 10～15 天以 10～20mg/L 喷洒 1 次，共喷 3 次，防止棉铃脱落，提高产量。

（2）疏花疏果防采前落果　苹果大年花多、果密，在花期用 10～20mg/L 药液喷洒 1 次，可代替人工疏花疏果。有些苹果、梨品种在采收前易落果，采前 2～3 周以 20mg/L 喷洒 1 次，可有效防止采前落果。

（3）诱导不定根　桑、茶、油桐、柠檬、柞树、侧柏、水杉、甘薯等以 10～200mg/L 浓度浸泡插枝基部 12～24h，可促进扦插枝条生根。

（4）壮苗　小麦以 20mg/L 浸种 12h 时，水稻以 10mg/L 浸种 2h，可使种子早萌发，根多苗健，增加产量。对其他大田作物及某些蔬菜如玉米、谷子、白菜、萝卜等也有壮苗作用。

（5）催熟、增产　用 0.1% 药液喷洒柠檬树冠，可加速果实成熟提高产量。豆类在以 100mg/L 药液喷洒 1 次，也有加速成熟增加粒重的作用。

注意事项

（1）本品虽在插枝生根上效果好，但在较高浓度下有抑制地上茎、枝生长的副作用，故它与其他生根剂混用为好。

（2）用本品作叶面喷洒，不同作物或同一作物在不同时期其使用浓度不尽相同，一定要严格按使用说明书用，切勿任意增加使用浓度，以免发生药害。

（3）本品用作坐果剂时，注意尽量对花器喷洒，以整株喷洒促进坐果，要少量多次，并与叶面肥、微肥配用为好。

主要制剂　80%、95% 萘乙酸原药，85.8%、87% 萘乙酸钠原药；单剂有 0.03%、0.1%、0.6%、1%、5% 萘乙酸水剂，1%、20%、40% 可溶性粉剂，20% 粉剂，10% 泡腾片剂。复配制剂有 2.85% 硝钠·萘乙酸水剂；1.05% 吲丁·萘乙酸水剂；2%、50% 吲丁·萘乙酸可溶粉剂。

生产企业　现由安阳全丰生物科技有限公司、重庆双丰化工有限公司、广西玉林市科联化学有限公司、河北志诚农药化工有限公司、江苏激素研究所有限公司、四川国光农化有限公司、山西永合化工有限公司等生产。

萘乙酰胺　2-（1-naphthyl）acetamid

$$CH_2CONH_2$$

$C_{12}H_{11}NO$，185.2，86-86-2

别名　NAD、Amid-ThimW

化学名称　2-(1-萘基)乙酰胺

理化性质　无色晶体，熔点184℃，蒸气压＜0.01mPa。水中溶解度39mg/kg（40℃），溶于丙酮、乙醇和异丙醇，不溶于煤油。在通常储存下稳定，不可燃。

毒性　大鼠急性经口LD_{50}：1690mg/kg，兔急性经皮LD_{50}：＞2000mg/kg。对皮肤无刺激作用，但可引起不可逆的眼损伤。

作用特征　萘乙酰胺可经由植物的茎、叶吸收，传导性慢，可引起花序梗离层的形成，从而作苹果、梨的疏果剂，同时也有促进生根的作用。

应用　萘乙酰胺是良好的苹果、梨的疏果剂。苹果以25～50mg/L浓度，在盛花后2～2.5周（花瓣脱落时）进行全株喷洒。梨以25～50mg/L浓度，在花瓣落花至花瓣落后5～7天进行全株喷洒。萘乙酰胺与有关生根物质混用是促进苹果、梨、桃、葡萄及观赏作物的广谱生根剂，相关配方如：①萘乙酰胺0.018％＋萘乙酸0.002％＋硫脲0.093％；②萘乙酰胺与吲哚丁酸、萘乙酸、福美双混用。

注意事项　用作疏果剂应严格掌握用药时期，且疏果效果与气温等有关，因此要先取得示范经验再逐步推广。该品种是在美国、欧洲广泛用作生根剂的一个重要成分。药液勿沾到眼内，操作时应戴保护镜。

生产企业　目前尚无国内登记企业信息。

萘氧乙酸　2-naphthyloxyacetic acid

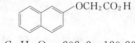

$C_{12}H_{10}O_3$，202.2，120-23-0

别名　Betapal，BNOA

化学名称　2-萘氧基乙酸

理化性质　亮白色的粉状固体，熔点154～156℃。溶于乙醇、乙醚和醋酸。水中溶解度＜5％（25℃）。其金属盐及铵盐溶于水。

毒性　低毒。大鼠急性经口LD_{50}：1000mg/kg。对蜜蜂无毒。

作用特征　萘氧乙酸可通过植物根、茎、叶、花和果实吸收。其作用是延长果实在植株上的停留时间，刺激果实膨大，防止形成粉状果实。

应用　萘氧乙酸可用在葡萄、菠萝、松树、草莓、番茄、辣椒、茄子上延长果实在植株上的停留时间。用法是在开花早期以40～60mg/L剂量喷到花上。和赤霉素混用这种作用更明显。当番茄开花时以25～30mg/L药液喷花，促坐果，增产。在番茄初花期用50～100mg/L药液喷花，可刺激子房膨大，果实生长快。当和吲哚丁酸及萘乙酸混用时可作为生根剂。

生产企业 目前尚无国内登记企业信息。

三碘苯甲酸　2,3,5-triiodobenzoicacid

$$C_7H_3I_3O_2，499.7，88-82-4$$

别名 Floraltone，Regim-8

化学名称 2,3,5-三碘苯甲酸

理化性质 纯品为浅褐色结晶粉末，熔点345℃，水中溶解度14g/kg，甲醇溶解度21g/kg，溶于乙醇、丙酮、乙醚、苯和甲醇。

毒性 三碘苯甲酸属低毒性植物生长调节剂，小白鼠急性经口LD_{50}：700mg/kg（纯品），大白鼠LD_{50}：831mg/kg（工业品），大白鼠急性经皮LD_{50}：>10200mg/kg。鲤鱼平均耐受极限TLM（48h）：>40mg/L，水蚤LC_{50}（3h）：>40mg/L。

作用特征 三碘苯甲酸可由叶、嫩枝吸收，进入到植物体内阻抑吲哚乙酸由上向基部的极性运输，可控制植株顶端生长，矮化植株，促进侧芽、分枝和花芽的形成。

应用 三碘苯甲酸主要应用在大豆上，在大豆开花初期至盛花期叶面喷施200～300mg/L的三碘苯甲酸，可使大豆茎秆粗壮，防止倒伏，促进开花结荚，增加产量，但不同品种效果不一。马铃薯现蕾期喷施100mg/L的药液，甘薯旺长期喷施150mg/L的药液，皆有促进结荚或增加块茎块根产量的效果。桑树生长旺期，喷施300～450mg/L的药液1～2次，可增加分枝和叶数。还可作为国光、红玉苹果的脱叶剂，采收前30天，喷施300～450mg/L的药液，促进脱叶和果实着色。苹果盛花期使用，有疏花疏果作用。

注意事项 叶面使用应注意加入表面活性剂，如平平加等，会增加其应用效果；作为单剂，其应用效果受浓度、时期严格制约，它与一些叶面处理的生长调节剂配合使用，特别是能扩大其适用期、提高其生物活性的物质混合使用，更有利于发挥其应用效果。

生产企业 目前尚无国内登记企业信息。

2,4-滴　2,4-D

$$C_8H_6Cl_2O_3,\ 221.0,\ 94-75-7$$

别名　Agrotect，Albar，Amicide

化学名称　2,4-二氯苯氧乙酸

理化性质　2,4-滴原药为白色粉末，略带酚的气味，熔点 140.5℃。25℃时水中的溶解度 620mg/L，可溶于丙酮和乙醇中，不溶于石油。不吸湿，有腐蚀性。2,4-滴的盐溶解度大些，如 2,4-滴钠盐在水中的溶解度为 4.5%。

毒性　2,4-滴属低毒性植物生长调节剂。2,4-滴大白鼠急性经口 LD_{50} 为 639～764mg/kg。对兔皮肤和眼睛有刺激性。对大鼠的急性经皮 LD_{50} > 1600mg/kg，兔急性经皮 LD_{50} > 2400mg/kg。大鼠急性吸入 LC_{50}（24h）> 79mg/L（空气）。NOEL 数据（mg/kg）：大鼠和小鼠 5（2 年），狗 1（1 年）。ADI：0.01mg/kg。急性经口绿头鸭 LD_{50} > 1000mg/kg，日本鹌鹑 668mg/kg。水蚤 EC_{50}（21d）235mg/L。海藻 EC_{50}（5d）33.2mg/L。对蜜蜂无毒。蚯蚓 LC_{50}（7d）860mg/kg（土壤）。

环境行为：在推荐剂量下，原药未对任何所试种类动物产生直接毒性效果。大鼠口服吸收后被迅速排泄掉，原药未发生变化。剂量增加到 10mg/kg，经过 24h，原药完全被排泄掉。在植物体内代谢产物和在土壤中微生物降解产物主要为包括：羟基化产物、脱羧产物、离去侧链酸产物和开环产物。在土壤中 DT_{50} < 7d。

作用特征　2,4-滴可经由植物的根、茎、叶片吸收，然后传导到生长活跃的组织内起作用，它是一种类生长素，其生理活性高，促进某些作物的子房膨大，单性结实，作用浓度仅 2.5～15mg/L，也可使柑橘等果蒂保绿，有一定的保鲜作用。

应用　2,4-滴是一种苯氧乙酸类植物生长调节剂，也是一种主要的除草剂。1941 年由美国朴康合成，美国 Amchem Products 开发，1942 年梯曼肯定了其生物活性。2,4-滴作为除草剂开创了世界化学除草的新历史。2,4-滴高浓度使用时是广谱的阔叶除草剂，低浓度使用时可作植物生长调节剂，具有促进生根、保绿、刺激细胞分化、提高坐果率等多种生理作用，详见表 2-1 所示。

表 2-1 2,4-滴作为植物生长调节剂的生理作用

作用	应用作物	用量/(mg/L)	使用方法
促进单性结实	菠萝、西葫芦	5～10	浸花、喷花
	黄瓜、番茄、茄子	2.5～15	
防止落花落果,促进坐果和增产	番茄、茄子、辣椒	30～50	浸花、喷花
促进早熟	香蕉	200～1600	喷果
防止采前脱落	柑橘	5～20	叶面喷洒
防止脱帮或脱叶	大白菜、甘蓝、花椰菜	20～50	收后全面喷洒
促进分泌松脂	松树	100～200	切口处涂抹
延长储存时间	黄瓜、西瓜	10～100	喷果
保鲜延长贮藏	柑橘、甜橙、蕉柑、脐橙	2,4-滴100+多菌灵500; 2,4-滴100+甲基硫菌灵500	浸果
诱导组织分化出根	烟草等多种作物	0.1～1.0	加入到培养基中
防止冬季低温落果,抑制果皮衰老	果树、柑橘	2,4-滴10+赤霉素10	喷洒
促进坐果率,防止生理落果	金丝小枣、灰枣、山西大枣、柿子、荔枝	5～10	盛花期喷洒
保果壮果	西葫芦、龙眼、芒果	20～30	涂抹开放的雌花花柱基部一圈
诱导形成无籽或少籽果实	猕猴桃		
提高禾谷科的产量	水稻	10～25	齐穗期喷洒
促进生根和出苗	玉米	30	浸种

一些难以插枝生根的树如柏、松等,在吲哚丁酸、萘乙酸中加入少量 2,4-滴,可诱导插枝更快地生根。

有些国家在柑橘采收前进行保鲜处理,使柑橘不用摘下来而挂在树上一段时间,这样既可调节柑橘淡旺季矛盾,也缓解劳力,节省库房。具体方法是在柑橘果实由绿转黄前,以赤霉素和2,4-滴混合液（5～15mg/L＋8～12mg/L）喷洒果实,由于赤霉素可以抑制叶绿素的降解,延迟果实变黄,2,4-滴可阻止成熟柑橘果实脱落,所以二者混用表现出良好的挂果保鲜作用。

注意事项

(1) 2,4-滴植物生长调节活性极高,浓度在几十毫克/升以上对棉花、瓜类、葡萄等作物就会造成严重药害,因此使用时要十分小心。一是各作物使用浓度不能随意加大,作坐果剂只能对花器处理,勿沾到新叶上;二是防药液飘移;三是使用2,4-滴喷雾机械要特别洗净后才能作他用,最好专一使用。

(2) 巨峰葡萄对2,4-滴很敏感,应严禁在巨峰葡萄上作坐果剂。

（3）2,4-滴在番茄上用作坐果剂，浓度稍大易形成畸形果，建议停用。

主要制剂　96％、98％原药。单剂有2％2,4-滴钠盐水剂；58％2,4-滴二甲铵盐水剂；85％2,4-滴钠盐可溶粉剂等。作为除草剂登记的复配制剂多，主要有31％、39.6％滴酸·草甘膦水剂；24％滴酸·二氯吡水剂；304g/L滴·氨氯水剂。

生产企业　重庆双丰化工有限公司、江苏辉丰农化股份有限公司、四川国光农化股份有限公司等生产。

吲哚丙酸　3-indol-3-ylpropionic acid

$$\text{(CH}_2)_2\text{COOH}$$

$C_{11}H_{11}NO_2$，189.2，830-96-6

别名　氮茚基丙酸

化学名称　4-吲哚-3-基丙酸

理化性质　白色或浅褐色针状结晶体，熔点134℃。在水中微溶。溶于乙醇、丙酮、氯仿、N,N-二甲基甲酰胺（DMF）和苯。在酸性溶液中稳定，紫外光下分解。吲哚丙酸盐溶于水。

作用特征　吲哚丙酸可由根、茎、叶片和花吸收。可促进根的形成，延长果实在植株上的停留时间。吲哚丙酸相对稳定，在植物体内吲哚丙酸不会被氧化。

应用　同剂量下，吲哚丙酸促进作物形成根的能力低于吲哚丁酸。吲哚丙酸的主要作用是在100～500mg/L剂量下促进柿子和茄子无性花的形成。

注意事项　吲哚丙酸应闭光保存，以防见光分解。

生产企业　目前尚无国内登记企业信息。

吲哚丁酸　4-indol-3-ylbutyric acid

$$\text{(CH}_2)_3\text{COOH}$$

$C_{12}H_{13}NO_2$，203.2，133-32-4

别名　Hormodin，Rootone，Seradix，Tiffy Grow，Hormex Rooting，Powder 等

化学名称 4-吲哚-3-基丁酸

理化性质 纯品为白色或浅黄色结晶，有吲哚臭味，熔点 123～125℃，可溶在乙醇、丙酮、乙醚中，不溶于水和氯仿，在光照下会慢慢分解，在暗中贮存分子结构稳定。

毒性 吲哚丁酸纯品对大白鼠急性经口 LD_{50} 100mg/kg，小白鼠腹腔注射 LD_{50} 100mg/kg，鲤鱼 LC_{50} 为 180mg/L（48h）。

作用特征 吲哚丁酸可经由植株的根、茎、叶、果吸收，但移动性很小，不易被吲哚乙酸氧化酶分解，生物活性持续时间较长，其生理作用类似内源生长素：刺激细胞分裂和组织分化，诱导单性结实，形成无籽果实；诱发产生不定根，促进插枝生根等。

应用 用 250mg/L 的吲哚丁酸浸泡或喷花、果，可以促进番茄、辣椒、黄瓜、无花果、草莓、黑树莓、茄子等坐果或单性结实。针对不同处理对象，以 20～1000mg/L 的药液处理不同时间，能促进茶、桑、柳杉、日本扁柏、苹果、桃、松、葡萄、黄杨、胡椒、榛子、莱芜海棠、柑橘、芒果、中华猕猴桃等的插枝生根，提高插枝成活率。另外水稻、人参、树苗等以 10～80mg/L 淋洒土壤，可促使移栽后早生根、根系发达。

注意事项 吲哚丁酸见光易分解，产品须用黑色包装物，存放在阴凉干燥处。吲哚丁酸虽单一使用对多种作物有生根作用，然而与其他有生根作用的药物混用其效果更佳，但不是随便混合能奏效的。

主要制剂 95％、98％原药。单剂有 1.2％水剂。复配制剂有 2％、50％吲丁·萘乙酸可溶粉剂；1％吲丁·诱抗素可湿性粉剂；5％吲丁·萘乙酸可溶液剂。

生产企业 现由重庆双丰化工有限公司、黑龙江省哈尔滨市绿海应用技术研究所、四川国光农化股份有限公司、四川龙蟒福生物科技有限公司、四川兰月科技有限公司、台州市大鹏药业有限公司、浙江泰达作物科技有限公司、浙江天丰生物科学有限公司等生产。

增产灵　4-IPA

$C_8H_7IO_3$，278.0，1878-94-0

别名 增产灵 1 号

化学名称 4-碘苯氧乙酸

理化性质 纯品为白色针状或鳞片结晶，熔点 154～156℃。工业品为淡黄色或粉红色粉末，纯度 95％，熔点 154℃，略带刺激性臭味。溶于热水、苯、氯仿、乙醇，微溶于冷水，其盐水溶性好。

作用特征　增产灵是一个生理作用类似内源吲哚乙酸的生长调节剂，具有加速细胞分裂、分化作用，促进植株生长、发育、开花、结实，防止蕾铃脱落，增加铃重，缩短发育周期，提早成熟等多种作用。

应用　增产灵是我国 20 世纪 70 年代应用广泛的一个生长调节剂，在大豆、水稻、棉花、花生、小麦、玉米等作物上大面积应用过，但近年来应用较少。

（1）棉花，将 30～50mg/L 药液加温至 55℃，把棉籽浸 8～16 小时，然后冷却播种，促进壮苗；开花当天以 20～30mg/L 滴涂在花冠内，或在幼铃上点涂 2～3 次，间隔 3～4 天，每亩（1 亩＝667m²）用药液量 0.5～1L，可防止落花落铃；在现蕾期至始花期以 5～10mg/L 药液喷洒 1～2 次，间隔 10 天，也有保花保铃的效果。

（2）大豆、豇豆等，在花荚期用 10～20mg/L 喷洒 1～2 次，可减少落花落荚，增加分枝，促进早熟，与磷酸二氢钾混用效果更佳。

（3）花生在结荚期以 10～40mg/L 药液喷洒 2～3 次，总分枝数、果数均有增加，还促进早熟增产。

（4）芝麻在蕾花期以 10～20mg/L 药液喷洒一次，增产明显。水稻用 10～20mg/L 药液浸种或浸秧，促进发根，提早返青；苗期喷洒 10～20mg/L 药液，加快秧苗生长；在抽穗、扬花、灌浆期以 20～30mg/L 喷洒一次，可提早抽穗，提高结实率和千粒重。

（5）小麦以 20～100mg/L 药液浸种 8h，促进幼苗健壮；抽穗、扬花期以 20～30mg/L 叶面喷洒一次，提高结实率和千粒重。

（6）玉米在抽丝期、灌浆期以 20～40mg/L 药液喷洒全株或灌注在果穗的丝内，可使果穗饱满，防止秃顶，增加单穗重、千粒重。

（7）番茄在花期或幼果期以 5～10mg/L 药液喷洒一次，促进坐果、增产。

（8）黄瓜结果期以 6～10mg/L 喷洒或涂果多次，可增加果重、增产。

（9）甘蓝、大白菜包心期以 20mg/L 药液喷洒 1～3 次，增加产量。

（10）葡萄在花后或幼果期以 50mg/L 喷洒 2 次，明显增加果穗重量。

另外，在芝麻始花期喷两次（间隔 7 天）或在现蕾期和开花期各喷 1 次 20mg/L 药液，可达到促进植株营养物质运向生殖器官，促进生殖器官的发育，防止落花，提高结实率。用 10～40mg/L 药液喷洒茶树，可促进茶叶生长，提高茶叶质量。

注意事项 增产灵使用较安全，但生理作用平稳，须与叶面肥配合使用效果更好。处理后 24 小时内遇雨会影响效果。

生产企业 目前国内尚无登记企业信息。

苄氨基嘌呤　6-benzylaminopurine

$C_{12}H_{11}N_5$，225.3，1214-39-7

别名 6-(N-苄基)氨基嘌呤，6-苄基氨基嘌呤

化学名称 6-苄氨基腺嘌呤

理化性质 原药为白色或淡黄色粉末，纯度为 99%。纯品为无色无味针状结晶，熔点 234～235℃，蒸气压 2.373×10^{-6} mPa（20℃）。水中溶解度（20℃）为 60mg/L，不溶于大多数有机溶剂，溶于 N,N-二甲基甲酰胺（DMF）、二甲基亚砜。稳定性：在酸、碱和中性介质中稳定，对光、热（8h，120℃）稳定。

毒性 是对人、畜安全的植物生长调节剂，大白鼠急性口服 LD_{50} 为 2125mg/kg（雄）、2130mg/kg（雌），小白鼠急性经口 LD_{50} 为 1300mg/kg（雄）、1300mg/kg（雌）。鱼毒对鲤鱼 48 小时 TLM 值为 12～24mg/L。

作用特征 苄氨基嘌呤（6-BA）可经由发芽的种子、根、嫩枝、叶片吸收，进入体内移动性小。苄氨基嘌呤有多种生理作用：①促进细胞分裂；②促进非分化组织分化；③促进细胞增大增长；④诱导休眠芽生长；⑤促进种子发芽；⑥抑制或促进茎、叶的伸长生长；⑦抑制或促进根的生长；⑧抑制叶的老化；⑨打破顶端优势，促进侧芽生长；⑩促进花芽形成和开花；⑪诱发雌性性状；⑫促进坐果；⑬促进果实生长；⑭诱导块茎形成；⑮促进物质调运、积累；⑯抑制或促进呼吸；⑰促进蒸发和气孔开放；⑱提高抗伤害能力；⑲抑制叶绿素的分解；⑳促进或抑制酶的活性。

应用 苄氨基嘌呤（6-benzylaminopurine，6-BA），一种嘌呤类人工合成的植物生长调节剂。苄氨基嘌呤是广谱多用途的植物生长调节剂。早期应用在愈伤组织诱导分化芽，浓度在 1.0～2.0mg/L；20 世纪 60 年代作为葡萄、瓜类坐果剂，在开花前或开花后以 50～100mg/L 浸或喷花；70年代在水稻抽穗后 7～15d 以 20mg/L 喷洒上部，防止水稻在高温气候下出现的早衰；80 年代作苹果、蔷薇、洋兰及茶树分枝促进剂，于顶端生

长旺盛阶段，以 100mg/L 全面喷洒；叶菜类短期保鲜剂，菠菜、芹菜、莴苣在采收前后用 10～20mg/L 喷洒一次，延长绿叶存放期；用苄氨基嘌呤 50mg/L＋50mg/L 赤霉素药液浸泡蒜薹基部 5～10min，抑制有机物质向薹苞运转，从而延长存放时间；在 10～20mg/L 浓度处理块根块茎可刺激膨大，增加产量。

注意事项

（1）苄氨基嘌呤用作绿叶保鲜，单独使用有效果，然而与赤霉素混用效果更好。

（2）苄氨基嘌呤移动性小，单作叶面处理效果欠佳，其与某些生长抑制剂混用时效果才较为理想。

（3）苄氨基嘌呤可与赤霉素混用作为坐果剂效果好，但贮存时间短，若选择一个好的保护、稳定剂，使两种药剂能存放 2 年以上，则会给它们的应用带来更大的生机。

主要制剂　97％、98.5％、99％原药。单剂有 1％可溶粉剂；2％可溶液剂。复配制剂有 3.6％、3.8％苄氨·赤霉酸乳油；1.8％苄氨·赤霉酸水分散粒剂；2.01％芸薹嘌呤水分散粒剂。

生产企业　现由广州得利生物科技有限公司、江苏丰源生物工程有限公司、江西新瑞丰生化有限公司、美商华仑生物科学公司、四川国光农化股份公司、四川兰月科技有限公司、浙江升华拜克生物股份有限公司、浙江台州市大鹏药业有限公司等生产。

十一碳烯酸　10-undecylenic acid

$C_{11}H_{20}O_2$，184.3，112-38-9

化学名称　10-十一碳烯酸

理化性质　本品为油状液体，沸点 275℃（分解），相对密度 0.910～0.913，折射率 1.4486，不溶于水（其碱金属盐可溶），溶于乙醇、三氯甲烷和乙醚。

毒性　大鼠急性经口 LD_{50}：2500mg/kg。

应用　本品可作脱叶剂、除草剂和杀线虫剂。用 0.5％～32％的十一碳烯酸盐可作脱叶剂。本品对蚊蝇有驱避作用，但超过 10％时刺激皮肤。

生产企业　目前国内尚无登记企业信息。

S-诱抗素 (+)-abscisic acid

$C_{15}H_{20}O_4$, 264.3, 21293-29-8

别名 脱落酸，天然脱落酸，壮芽灵

化学名称 (2Z,4E)-5-(1-羟基-4-氧代-2,6,6-三甲基-2-环己烯-1-基)-3-甲基-2,4-戊二烯酸

理化性质 原药外观为白色或微黄色结晶体，其熔点为161～163℃，120℃升华。溶于碳酸氢钠、乙醇、甲醇、氯仿、丙酮、乙酸乙酯、乙醚、三氯甲烷，微溶于水（1～3g/L，20℃）。最大紫外吸收光为252nm，诱抗素稳定性较好，常温下可放置2年，但对光敏感，属强光分解化合物。

毒性 诱抗素为植物体内的天然物质，大鼠急性经口LD_{50}为2500mg/kg，急性经皮LD_{50}＞2000mg/kg，对生物和环境无任何副作用。

作用特征 诱抗素在植物的生长发育过程中，其主要功能是诱导植物产生对不良生长环境（逆境）的抗性，如诱导植物产生抗旱性、抗寒性、抗病性、耐盐性等，诱抗素是植物的"抗逆诱导因子"，被称为植物的"胁迫激素"。

应用 诱抗素（又名脱落酸，ABA）是一种抑制生长的植物激素，因能促使叶子脱落而得名。是一种植物体内存在的具有倍半萜结构的植物内源激素，与生长素、赤霉素、乙烯、细胞分裂素并列为世界公认的五大类天然植物激素。1963年从棉花幼铃及槭树叶片分离出来，尔后经鉴定命名为脱落酸。外源施用低浓度诱抗素，可诱导植物产生抗逆性，提高植株的生理素质，促进种子、果实的贮藏蛋白和糖分的积累，最终改善作物品质，提高作物产量。从诱抗素的最近试验看，其有如下应用效果。

（1）用诱抗素浸种、拌种、包衣等方法处理水稻种子，能提高发芽率，促进秧苗根系发达，增加有效分蘖数，促进灌浆，增强秧苗抗病和抗春寒能力，稻谷品质提高一个等级以上，产量提高5％～15％。

（2）诱抗素拌棉种，能缩短种子发芽时间，促进棉苗根系发达，增强棉苗抗寒、抗旱、抗病、抗风灾能力，使棉株提前半个月开花、吐絮，产量提高5％～20％。

（3）在烤烟移栽期施用诱抗素，可使烤烟苗提前3天返青，须根数较对照多1倍，烟草花叶病毒病染病率减少30％～40％，烟叶蛋白质含量降低10％～20％，烟叶产量提高8％～15％。

（4）油菜移栽期施用诱抗素，可增强越冬期的抗寒能力，根茎粗壮，抗倒伏，结荚饱满，产量提高 10%～20%；蔬菜、瓜果、玉米、棉花、药材、花卉、树苗等在移栽期施用诱抗素，都能提高抗逆性，改善品质，提高结实率。

（5）如在干旱来临前施用诱抗素，可使玉米苗、小麦苗、蔬菜苗、树苗等度过短期干旱（10～20d）而保持苗株鲜活；在寒潮来临前施用诱抗素，可使蔬菜、棉花、果树等安全度过低温期；在植物病害大面积发生前施用诱抗素，可不同程度地减轻防治病害的发生或减轻染病的程度。

另外，高浓度的诱抗素则表现为抑制的活性。外源应用高浓度诱抗素喷施丹参、三七、马铃薯等植物的叶茎，可抑制地上部分茎叶的生长，提高地下块根部分的产量和品质；人工喷施诱抗素，可显著降低杂交水稻制种时的穗发芽和白皮小麦的穗发芽；抑制马铃薯在储存期发芽；抑制茎端新芽的生长等。

此外，诱抗素还具有控制花芽分化，调节花期，控制株型等生理活性，在花卉园艺上有很大的应用潜力。

注意事项

（1）本产品为强光分解化合物，应注意避光贮存。在配置溶液时，操作过程应注意避光；

（2）本产品可在 0～30℃ 的水温中缓慢溶解（可先用极少量乙醇溶解）；

（3）田间施用本产品时，为避免强光分解降低药效，施用时间请在早晨或傍晚进行。施用后 12h 内下雨需补施一次；

（4）本产品施用一次，药效持续时间为 7～15d；

（5）应用时注意先试验后逐步推广。

主要制剂　90%、98% 原药。单剂有 0.006%、0.1%、0.25%、5% 水剂；1% 可溶粉剂。复配制剂有 1% 吲丁·诱抗素可湿性粉剂。

生产企业　现由河南赛诺化工科技有限公司、四川国光农化股份有限公司、四川科瑞森生物工程有限公司、四川龙蟒福生科技有限责任公司等生产。

腺嘌呤　adenine

$C_5H_5N_5$，135.1，73-24-5

别名　维生素 B_4

化学名称　6-氨基嘌呤

理化性质 纯品为白色无嗅针状结晶，含三分子水结晶，熔点 360～365℃（分解）。其盐熔点为 285℃，不溶于氯仿和乙醚，微溶于冷水、乙醇，溶于沸水、酸或碱。水溶液呈中性，具有强烈的碱味。

毒性 大鼠急性经口 LD_{50} 745mg/kg，每天饲喂 10mg/kg 以上时，狗血清中肌酸酐和血尿氮量增加，对其肾脏有损害。

应用 本品与苄氨基嘌呤作用类似，抑制植株生长。如果用腺嘌呤粉剂 1％～2％的溶液涂抹甜瓜的子房或花梗可以使坐果率提高 50％，增产 35％。

注意事项

(1) 用药后 24h 内下雨会降低效果。

(2) 用前要充分摇匀，施药不能过量，否则反而会减产。

主要制剂 0.1％腺嘌呤母药。

生产企业 现由海南博士威农用化学有限公司、海南倍尔农化有限公司、黑龙江齐齐哈尔市四友化工有限公司、江苏安邦电化有限公司、浙江惠光生化有限公司、中国农科院植保所廊坊农药中试厂等生产。

尿囊素　allantoin

$C_4H_6N_4O_3$，158.1，97-59-6

别名 5-Ureidohydantoin，Glyoxyldiureide，5-Garbumidohydantoin

化学名称 N-2,5-二氧-4-咪唑烷基脲

理化性质 纯品为无色、无嗅结晶粉末，能溶于热水、热醇和稀氢氧化钠溶液，微溶于水和醇，几乎不溶于醚。饱和水溶液 pH 5.5。纯品熔点 238～240℃，加热到熔点时开始分解。

毒性 由于人和动物体内都含有尿囊素，故对人、畜安全。

作用特征 尿囊素广泛存在于哺乳动物的尿、胚胎及发芽的植物或子叶中。医学上主要用它作治疗胃溃疡、十二指肠溃疡、慢性胃炎、胃窦炎等，也有治疗糖尿病、肝硬化、骨髓炎及癌症的作用；化妆品中使用有保护组织、湿润和防止水分散发的作用；对多种作物有促进生长、增加产量的作用；它还是开发多种复合肥、微肥、缓效肥及稀土肥等必不可少的原料。可增强蔗糖酶的活性，提高甘蔗产量；尿囊素对土壤微生物有激活作用，从而有改善土壤的效应；由于应用后能引起植物体内核酸的变化，对多种农作物有促进生长的作用。

应用 尿囊素是一种广谱性植物生长调节剂。

（1）水稻、玉米、小麦 浸种浓度100mg/L，浸12～14h，可提高发芽率及发芽势。

（2）瓜类（西瓜、南瓜、黄瓜） 浸种浓度100mg/L，浸6h，可提高发芽率及发芽势；叶面喷洒浓度为100～400mg/L，喷3～4次，间隔5～9d，可促进瓜类坐果。

（3）苹果 6～8月，以100mg/L浓度喷两次，可促进果实长得大。

（4）葡萄、柑橘、桃、李、荔枝 以100mg/L浓度进行叶面喷洒2～3次，可增加产量。

（5）辣椒 在开花初每次100mg/L，7d喷一次，共喷2～3次，可增加产量。

（6）大豆、花生 开花初期开始，每次以100mg/L浓度，喷3～4次，每次间隔7d，可增加产量及含油量。

注意事项

（1）处理后12～24h内避开降雨，防止药剂被冲刷掉。

（2）与水杨酸、氨基乙酸、抗坏血酸及多种叶面微肥等混合使用效果更为理想。

（3）不同作物使用次数有差异，应先试验、示范，后大面积推广应用。

生产企业 目前尚无国内登记企业信息。

环丙嘧啶醇 ancymidol

$C_{15}H_{16}N_2O_2$，256.28，12771-68-5

别名 三环苯嘧醇，嘧啶醇

化学名称 α-环丙基-α-(4-甲氧苯基)-5-嘧啶甲醇

理化性质 原药为白色结晶固体，熔点为110～111℃，弱碱性，蒸汽压<0.13mPa（50℃），水溶液在pH为11时稳定，在酸性条件下（pH<4）不稳定。商品制剂A-rest为液体，在水中溶解度为650mg/L（25℃），易溶于丙酮、甲醇、氯仿，溶于苯。

毒性 环丙嘧啶醇对人、畜安全，大白鼠急性经口LD_{50}为5000mg/kg，兔经皮LD_{50}＞2000mg/kg。大白鼠和狗以8000mg/L剂量饲喂3个月未见异常。

作用特征　环丙嘧啶醇可经由植株的根、茎、叶吸收，然后通过韧皮部传导到活跃生长的分生组织部位，抑制赤霉素的生物合成，从而抑制节间伸长。

应用　环丙嘧啶醇是一个广谱的植物生长调节剂，主要功能是矮化植株，促进开花。具体应用方法和剂量如表 2-2 所示。

表 2-2　环丙嘧啶醇应用方法和剂量

品种	用药时期	药液量/(mg/L)	施药方式
菊花	5～15cm 高(摘心后 2 周)	33～132	叶面喷雾或淋洒
百合花	5～15cm 高(摘心后 2 周)	33～132	叶面喷雾或淋洒
一品红	摘心后 4 周	33～132	叶面喷雾或淋洒
大丽菊	栽后 2 周	33～132	叶面喷雾或淋洒
郁金香	出芽前 1 周到出芽后 2 天	33～132	叶面喷雾或淋洒

注意事项

(1) 从其理化性质看，勿与酸性药剂混用。

(2) 处理浓度过高会导致开花的延迟。

生产企业　目前尚无国内登记企业信息。

抗坏血酸　ascorbic acid

$C_6H_8O_6$，176.4，50-81-7

别名　vitamin C，Asocoribic acid，维生素 C、丙种维生素，L-抗坏血酸

化学名称　L-抗坏血酸（木糖型抗坏血酸）

理化性质　抗坏血酸纯品为白色结晶，熔点 190～192℃，易溶于水（100℃水中溶解度为 80%，45℃水为 40%），稍溶于乙醇，不溶于乙醚、氯仿、苯、石油醚、油、脂类。其水溶液呈酸性，溶液接触空气很快氧化成脱氢抗坏血酸。溶液无臭，是较强的还原剂。贮藏时间较长后变淡黄色。

毒性　抗坏血酸对人畜安全，每天以 0.5～1.0g/kg 饲喂小鼠一段时间，未见有异常现象。

作用特性　抗坏血酸在植物体内参与电子传递系统中的氧化还原作用，促进植物的新陈代谢。它与吲哚丁酸混用在诱导插枝生根上往往表现比单用有更好的作用。抗坏血酸也有捕捉体内自由基的作用，提高番茄抗灰霉病的

能力。

应用 抗坏血酸是一种广泛分布在植物果实以及茶叶里的维生素物质。价格适中，对人、畜无毒、无副作用的天然生理活性物质。抗坏血酸作为维生素型的生长物质，一方面用作插枝生根剂，如万寿菊、波斯菊、菜豆等以（抗坏血酸 6mg/L＋吲哚丁酸 5mg/L）混用处理，在促进插枝生根上表现有增效作用。另一方面，抗坏血酸以 15mg/L 喷洒到番茄果实上，可提高番茄抗灰霉病的能力。此外，6％抗坏血酸水剂在烟草上以 6％水剂稀释 2000 倍，叶面喷洒到烟草叶片上，共喷 2 次，可调节生长增加烟叶的产量。

主要制剂 6％抗坏血酸水剂

生产企业 现由贵州省贵阳市花溪茂业植物速丰剂厂生产。

磺草灵 asulam

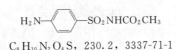

$C_8H_{10}N_2O_4S$，230.2，3337-71-1

化学名称 对氨基苯磺酰胺基甲酸甲酯

理化性质 纯品为无色无嗅的结晶体，熔点 142～144℃。蒸气压＜1mPa（20℃）。溶解度（g/L，20～25℃）：水 5，乙醇 120，甲醇 280，丙酮 340，N,N-二甲基甲酰胺 800。

毒性 本品对人和动物相对低毒。大鼠和小鼠急性经口 LD_{50}＞4000mg/kg。大鼠急性经皮 LD_{50} 1200mg/kg。大鼠 400mg/(kg·d) 饲料，饲喂 90d 无不良影响。绿头鸭、野鸡和鸽子急性经口 LD_{50}＞4000mg/kg。虹鳟、金鱼 LC_{50}（96h）：＞5000mg/L。对蜜蜂无毒。

环境行为：大鼠体内 3d 后 85％～96％的药剂被排出体外。土壤环境中有少量残存，DT_{50} 6～14d。通过土壤降解，分子失去氨基、氨基甲酸酯裂解和氨基乙酰化。

作用特征 磺草灵可通过植物根、茎和叶吸收，传导到生长部位。抑制生长活跃组织的代谢，如抑制植物呼吸系统，可控制植物尖端的生长。

应用 磺草灵，商品名称 Asilan，1968 年 May 和 Baker 公司开发的产品，现由拜耳公司生产。磺草灵主要用途是作为除草剂防除菠菜、油菜、苜蓿、甜菜等作物田以及香蕉、咖啡、茶等园林作物的多种一年生和多年生杂草。作为植物生长调节剂主要应用于甘蔗田，增加含糖量。在收获前 8～10 周，以 0.06～0.2g/m² 整株喷洒施药。

生产企业 目前尚无国内登记企业信息。

蜡质芽孢杆菌 *Bacillus cereus*

别名 广谱增产菌，叶扶力，BC752 菌株

菌株特征 蜡质芽孢杆菌在光学显微镜下检验菌体为直杆状，单个菌体甚小，一般长 $3\sim5\mu m$，宽 $1\sim1.5\mu m$；单个菌体无色，透明，孢囊不膨大，原生质中有不着色的球状体，革兰反应阳性。琼脂培养基平板培养，菌落呈乳白至淡黄色，边缘不整齐，稍隆起，菌落蜡质；无光泽，为兼性厌氧生长。蜡质芽孢杆菌是活体，以 5％的水分为最佳保存状态，且具有较强的耐盐性（能在 7％NaCl 中生长），在 50℃条件下不能生长。

毒性 蜡质芽孢杆菌属低毒生物农药。蜡质芽孢杆菌原液大鼠急性经口、急性吸入 LD_{50}：＞7000 亿（蜡质芽孢杆菌）/kg；兔急性经皮和眼睛刺激试验用量 100 亿蜡质芽孢杆菌无刺激性。豚鼠致敏实验用 1000 亿（菌体）/kg，连续 7d 均未发生致敏反应。大鼠 90d 亚慢性喂养试验，剂量为 100 亿（菌体）/（kg·d），未见不良反应。雌大鼠每天用 500 亿（菌体）/kg 喂养 5d 生殖毒性试验，对孕鼠、仔鼠均未见明显病变。从急性经口、经呼吸道、经皮三种感染试验和亚慢性感染试验，均表明无致病性的特异性，且一般不会影响试验动物生殖功能。

作用特征 能提高作物对病菌和逆境危害引发体内产生氧的清除能力，减轻过量的氧对膜质和生物分子的损害，调节细胞微生境，维持细胞正常的生理代谢和生化反应，提高作物的抗逆性，增加作物的保健作用，以表现出能促进作物生长，提高产量。在某些病虫害胁迫下，诱抗素诱导植物叶片细胞 Pin 基因活化，产生蛋白酶抑制物阻碍病原或害虫进一步侵害，减轻植物机体的受害程度。

应用 在油菜播种前，每千克种子用 300 亿(蜡质芽孢杆菌)/g 15～20g 拌种，拌均匀后晾干，然后播种。在抽薹期或始花期，每公顷用 1.5～2.25kg 药粉，加水 450L 均匀喷雾于油菜叶面，可增加油菜的分枝数、角果数及籽粒数，有一定的增产作用，并可降低油菜霜霉病及油菜立枯病的发病率，有一定的防病作用。

注意事项 50℃以上失活，不可置于高温条件下，应贮存在阴凉、干燥处，切勿受潮。

主要制剂 90 亿（菌体）/g 母药。单剂有 8 亿（孢子）/g、20 亿（孢子）/g 可湿性粉剂；10 亿 CFU/mL 悬浮剂。复配制剂有 10％井冈·蜡芽菌悬浮剂；2.5％、12.5％井冈·蜡芽菌水剂；15％、37％、40％井冈·蜡芽菌可溶粉剂。

生产企业 现由河北三农农用化工有限公司、湖南省金穗农药有限公司、江苏东宝农药化工有限公司、江苏辉丰农化股份有限公司、江苏绿叶农化有限公司、江苏苏滨生物农化有限公司、江苏省新沂中凯农用化工有限公司、江西田友生化有限公司、山东泰诺药业有限公司、山东信邦生物化学有限公司、上海农乐生物制品股份有限公司、上海乐生生物制品有限公司、威海韩孚生化药业有限公司、浙江省桐庐汇丰生物科技有限公司等生产。

枯草芽孢杆菌 *Bacillus subtilis*

理化性质 枯草芽孢杆菌属于芽孢杆菌属。单个细胞大小为 $(0.7\sim0.8)\mu m\times(2\sim3)\mu m$，着色均匀，周生鞭毛，能运动。芽孢位于菌体中央或稍偏，椭圆至柱状，大小为 $(0.6\sim0.9)\mu m\times(1.0\sim1.5)\mu m$。制剂外观有紫红、普兰、金黄等；密度：$1.15\sim1.18g/mL$（20℃）；pH：$5\sim8$；悬浮率：75%；无可燃性、无爆炸性、冷热稳定性合格；常温贮存能稳定 1 年。

毒性 低毒，大鼠急性经口 $LD_{50} > 10000mg/kg$，急性经皮 $LD_{50} > 4640mg/kg$。

作用特征 专用于包衣处理水稻种子，具有激活作物生长，减轻水稻细菌性条斑病、白叶枯病、恶苗病等病菌危害的作用。对黄瓜、辣椒等病害也有防治作用。

应用 枯草芽孢杆菌是生物制剂类的植物生长调节剂。菌种从土壤或植物茎上分离得到，为短杆菌属。广泛分布在土壤及腐败的有机物中，易在枯草浸汁中繁殖，故名。可防治黄瓜白粉病、辣椒枯萎病，烟草黑胫病，三七根腐病，水稻纹枯病、稻曲病、稻瘟病等。列举如下：

(1) 黄瓜 防治白粉病用 $840\sim1260g$ 制剂（1000 亿孢子/g 可湿性粉剂）/hm^2 进行喷雾。

(2) 辣椒 防治枯萎病用 $2\sim4g$ 制剂（10 亿孢子/g 可湿性粉剂）/100g 种子进行拌种。

(3) 水稻 防治稻瘟病 $375\sim450g$ 制剂（1000 亿孢子/g 可湿性粉剂）/hm^2 进行喷雾。

注意事项

(1) 宜密封避光，在低温（15℃左右）条件贮藏。

(2) 在分装或使用前，将本品充分摇匀。

(3) 不能与含铜物质、402 或链霉素等杀菌剂混用。

(4) 包衣用种子需经加工精选达到国家等级良种标准，且含水量宜低于国标 1.5%左右。

(5) 本产品保质期 1 年，包衣后种子可贮存一个播种季节。若发生种子积压，可经浸泡冲洗后转作饲料。

主要制剂　1 万亿芽孢/g 母药。单剂有 10 亿芽孢/g、100 亿芽孢/g、200 亿芽孢/g、1000 亿芽孢/g 可湿性粉剂。复配制剂有 5％井冈・枯芽菌水剂。

生产企业　现由德强生物股份有限公司、湖北省武汉天惠生物工程有限公司、江西天人生态股份有限公司、江西田友生化有限公司、江苏省新沂中凯农用化工有限公司、山东惠民中联生物科技有限公司、武汉科诺生物科技股份有限公司等生产。

苯菌灵　benomyl

$C_{14}H_{18}N_4O_3$，290.3，17804-35-2

别名　苯来特，D1991，DuPont 1991

化学名称　1-(丁基氨基)羰基-1H-苯并咪唑-2-基-氨基甲酸甲酯。

理化性质　纯品为无色结晶体，熔点 140℃（分解）。蒸气压 $<5×10^{-3}$ Pa（25℃）。分配系数 K_{ow} lg$P=1.37$，Henry 常数（Pa・m^3・mol^{-1}，计算值）：$<4.0×10^{-4}$（pH 5）、$<5.0×10^{-4}$（pH 7）、$<7.7×10^{-4}$（pH 9）。相对密度 0.38。水中溶解度（μg/L，室温）：3.6（pH 5）、2.9（pH 7）、1.9（pH 9）。有机溶剂中溶解度（g/kg，25℃）：氯仿 94，N,N-二甲基甲酰胺 53，丙酮 18，二甲苯 10，乙醇 4，庚烷 0.4。稳定性：水溶液 DT$_{50}$ 3.5h（pH 5）、1.5（pH 5）、<1（pH 5）。对光稳定。在干燥环境下稳定。遇水、潮湿分解。

毒性　大鼠急性经口 LD$_{50}$ >5000mg/kg。兔急性经皮 LD$_{50}$ >5000mg/kg。对兔皮肤轻微刺激，对眼睛暂时刺激。大鼠吸入 LC$_{50}$（4h）：>2mg/L 空气。NOEL 数据［mg/(kg・d)2 年］：大鼠 >2500mg/kg（饲料），狗 500mg/kg（饲料）。ADI 值：0.1mg/kg。野鸭和山齿鹑 LC$_{50}$（8d）>2500mg/kg（饲料）。鱼 LC$_{50}$（mg/L）：虹鳟鱼（96h）0.27，金鱼 4.2（48h）。水蚤 LC$_{50}$（48h）$>640\mu$g/L，海藻 EC$_{50}$（mg/L）：2.0（72h）、3.1（120h）。对蜜蜂无毒，蜜蜂 LD$_{50}$（接触）：$>50\mu$g/只。

作用特征　苯菌灵可通过叶和根吸收。可作为杀菌剂和植物生长调节剂，也可作为保鲜剂应用于各种水果和蔬菜。苯菌灵由水果和蔬菜表面吸收，传导到病原菌入侵部位而起作用。苯菌灵还可延缓叶绿素分解。

应用　苯菌灵，商品名称 Benlate，是杜邦公司 1968 年开发的产品。

苯菌灵应用如表 2-3 所示。

表 2-3 苯菌灵应用技术

作物	浓度/(mg/L)	时间	方法	效果
苹果	300	收获后	浸果	延长贮存时间,防止腐烂
香蕉	300+GA$_{4+7}$10	收获时	浸果	延长贮存时间
大白菜	500+2,4-滴 5~10	收获后	由上向下浇灌	延长贮存时间,防止腐烂
胡萝卜	500	收获后	浸果	延长贮存时间(0~5℃)防止腐烂
橘子	500~1000+2,4-滴 10	收获后	浸果	延长贮存时间,防止腐烂

苯菌灵还可用于马铃薯和桃,延长贮存时间,使用浓度为 500～1000mg/L。

主要制剂 95%原药。单剂有 50%可湿性粉剂。复配制剂有 50%苯菌·福·锰锌可湿性粉剂。

生产企业 现由安徽华星化工股份有限公司、江苏安邦电化有限公司,江苏兰丰生物化工股份有限公司、陕西上格之路生物科学有限公司、兴农药业(中国)有限公司、允发化工(上海)有限公司等生产。

芸薹素内酯 brassinolide

$C_{28}H_{48}O_6$,480.7,72962-43-7

别名 金威丰素,408,天丰素,芸天力,果宝,油菜素内酯,保靓,金云大等

化学名称 $2\alpha,3\alpha,22(R),23(R)$-四羟基-$24(S)$-甲基-$\beta$-高-7-氧杂-$5\alpha$-胆甾烷-6-酮。

理化性质 外观为白色结晶粉,熔点 256～258℃,水中溶解度为 5mg/L,溶于甲醇、乙醇、四氢呋喃、丙酮等多种有机溶剂。

毒性 芸薹素内酯属低毒性物质,原药急性经口:大白鼠 $LD_{50}>2000$mg/kg,小白鼠 $LD_{50}>1000$mg/kg;大白鼠急性经皮 $LD_{50}>2000$mg/kg。Ames 试验没有致突变作用。鲤鱼(96h) $LC_{50}>10$mg/L。水蚤(3h) $LC_{50}>100$mg/L。

作用特征 芸薹素内酯是甾体化合物中生物活性较高的一种,广泛存在于植物体内。在植物生长发育各阶段中,既可促进营养生长,又能利于受精作

用。其一些生理作用表现有生长素、赤霉素、细胞激动素的某些特点。

应用 芸薹素内酯是一个高效、广谱、安全的多用途植物生长调节剂。芸薹素内酯处理秧苗，明显提高抗西草净的能力；同时芸薹素内酯还有提高水稻抗稻瘟病、纹枯病、黄瓜抗灰霉病、番茄抗疫病、白菜、萝卜抗软腐病的能力，应用详见表2-4所示。

表2-4 芸薹素内酯应用技术

作物	应 用 技 术
小麦	以0.05～0.5mg/L浸种24h，促进根系发育、增加株高
	以0.05～0.5mg/L分蘖期叶面喷洒，促进分蘖
	以0.01～0.05mg/L于开花、孕穗期叶喷，提高弱势花结实率、穗粒数、穗重、千粒重，同时增加叶片的叶绿素含量，从而增加产量
玉米	以0.01mg/L在玉米抽丝期喷全株或喷花丝，能明显减少穗顶端籽粒的败育率，抽雄前处理效果更好。处理后，叶片增厚，叶色深，叶绿素含量增加，光合作用增强，可明显增加产量
水稻	以0.01mg/L于水稻分蘖后期至幼穗形成期到开花期叶面喷洒，可增加穗重、每穗粒数、千粒重，若开花期遇低温，处理更明显地提高结实率
黄瓜	以0.01mg/L于苗期处理苗，提高幼苗抗夜间7～10℃低温的能力
番茄	以0.1mg/L于果实增大期叶面喷洒，可明显增加果实重量
茄子	以0.1mg/L浸低于17℃开花的茄子花，能促进正常结果
脐橙	以0.01～0.1mg/L于开花盛期和第一次生理落果后进行叶面喷洒，50d后，坐果率增加，还有一定增甜作用

注意事项 喷药可在上午8～10时或午后3～6时，6小时内不能遇雨；可与中性或弱酸性农药、化肥混合使用；喷洒注意防护，溅到皮肤合眼内，应用水冲洗。

主要制剂 90％、95％原药。单剂有0.01％可溶粉剂；0.01％可溶液剂；0.01％、0.15％乳油；0.1％水分散粒剂；0.0016％、0.0075％、0.004％、0.01％、0.04％水剂。复配制剂有1.51％芸薹·赤霉酸水分散粒剂；2.01％芸薹·嘌呤水分散粒剂；30％芸薹·乙烯利水剂；0.4％芸薹·赤霉酸水剂；0.136％赤·吲乙·芸薹可湿性粉剂。

生产企业 现由爱普瑞（焦作）农药有限公司、成都新朝阳作物科学有限公司、福建新农大正生物工程有限公司、广东省东莞瑞德丰生物科技有限公司、广东金农达生物科技有限公司、广西安泰化工有限责任公司、河南比赛尔农业科技有限公司、吉林省吉林市农科院高新技术研究所、江门市大光明农化新会有限公司、昆明云大科技农化有限公司、陕西韦尔奇作物保护有限公司、深圳诺普信农化股份有限公司、四川省兰月科技有限公司、上海威敌生化（南昌）有限公司等生产。

仲丁灵　butralin

$$(H_3C)_3C - \underset{NO_2}{\underset{|}{\overset{NO_2}{\overset{|}{\bigcirc}}}} - NHCH(CH_3)CH_2CH_3$$

$C_{14}H_{21}N_3O_4$，295.3，33629-47-9

别名　地乐胺，丁乐灵，双丁乐灵，止芽素

化学名称　N-仲丁基-4-叔丁基-2,6-二硝基苯胺

理化性质　原药纯度≥98%，熔点59℃。纯品为橘黄色、轻微芳香气味结晶体，熔点61℃，沸点134~136℃（66.7Pa），蒸气压0.77mPa（25℃），分配系数$K_{ow}\lg P=4.93$（23℃±2℃），Henry常数7.58×10^{-1}Pa・m^3・mol^{-1}（计算值）。相对密度1.063。水中溶解度为0.3mg/L（25℃）；有机溶剂中溶解度：甲醇98，乙醇73，己烷300（g/L，25~26℃）；二氯甲烷146，苯270，丙酮448（g/100mL，24℃）。稳定性：分解温度为265℃，对水解和光解稳定。在干燥条件下，常温贮藏超过3年，但不要低于-5℃或结冻。

毒性　大鼠急性经口LD_{50}（mg/kg，原药）：雄1170，雌1049。兔急性经皮LD_{50}≥2000mg/kg（原药）。对兔皮肤有轻度刺激性，对兔眼睛有中等程度刺激性，对豚鼠皮肤无刺激性。大鼠急性吸入LC_{50}＞9.35mg/L（空气）。NOLE数据（2年）：大鼠500mg/kg（饲料）。ADI值：0.5mg/kg。Ames试验和染色体畸变分析试验为阴性，对黏膜有轻度刺激性作用，但对皮肤未见作用。山齿鹑急性经口LD_{50}＞2250mg/kg，日本鹌鹑急性经口LD_{50}＞5000mg/kg。山齿鹑和绿头鸭饲喂试验LC_{50}（8d）＞10000mg/(kg・d)饲料。鱼毒LC_{50}（96h，mg/L）：蓝鳃翻车鱼1.0，虹鳟0.37。水蚤EC_{50}（48h）0.12mg/L，海藻EC_{50}（5d）0.12mg/L。蜜蜂LD_{50}：95μg/只（经口），100μg/只（接触）。

环境行为：进入动物体内的本品，其各个阶段的代谢物主要是通过尿和粪便排出。例如本品在大鼠体内代谢历程为：先经过N-脱烷基、氧化、还原，然后经过N-酰基化、葡萄糖醛酸共轭历程，48h内85%的本品通过尿排出，72h后，在大鼠器官中无检出，最终代谢物为CO_2。在土壤中通过微生物降解，最终产物为CO_2。田间DT_{50}＞3周（10~72.6d），水中30d分解小于10%，本品吸附性强，不易浸提。

作用特征　药剂进入植物体后，主要抑制分生组织的细胞分裂，从而

抑制杂草幼芽及幼根的生长。对双子叶植物的地上部分抑制作用的典型症状为抑制茎伸长，子叶呈革质状，茎或胚膨大变脆。对单子叶植物的地上部分产生倒伏、扭曲、生长停滞，幼苗逐渐变成紫色。烟草打顶后，将药液喷或淋在烟株顶端，使药液沿茎秆流下而与每个叶腋接触或涂于叶腋，吸收快，作用快，其作用主要抑制细胞分裂，使萌芽 2.5 叶内的腋芽停止生长而卷曲萎蔫，未萌发的腋芽无法生长出来，施药 1 次，能抑制烟草腋芽发生直至收获结束，能节省大量抹腋芽的人工，使养分集中供应叶片，叶片干物质积累增加，烟叶化学成分比人工抹杈更接近适应值，烟叶钾的含量及钾氯比人工抹杈高，使自然成熟变一致。提高烟叶上、中等级的比例及品质，提高烟叶燃烧性，还可减轻田间花叶病的接触传染，对预防花叶病有一定作用。适用于烧烟、晾烟、马丽兰、雪茄等烟草抑制腋芽生长。

应用 仲丁灵，商品名称 Amexine、Tamex，是一种二硝基苯胺类植物生长调节剂。1971 年由 S. R. Mclane 等报道其生物活性，美国 Amchem 公司（现为拜耳作物科学）开发，之后 CFPI（现为 Nufarm SA）生产。适宜作物如烟草、西瓜、棉花、大豆、玉米、花生、向日葵、蔬菜、马铃薯等。用 48％地乐胺乳油，涂抹烟草、西瓜等作物腋芽，可抑制侧端生长，减少人工抹芽抹杈，促进顶端优势，提高产品的产量和质量。

注意事项

（1）选晴天露水干后施药，雨后及气温 30℃ 以下及大风天不宜施药，避免药液与烟叶片接触。

（2）本剂会促进根系发达，对氮素吸收力强，可酌减氮肥的用量，不影响产量与品质。

（3）施药时，避免眼睛、皮肤接触；用药后用肥皂洗净暴露的皮肤，并以清水冲洗。

（4）贮藏于阴凉、干燥处，勿与食物、饲料同放。

主要制剂 95％、96％原药。单剂有 360g/L、36％、37.3％、48％乳油；复配制剂有 33％扑草·仲丁灵乳油；40％、50％仲灵·异噁松乳油；50％仲灵·乙草胺乳油。

生产企业 现由澳大利亚纽发姆有限公司、甘肃省张掖市大弓农化有限公司、济南天邦化工有限公司、江西盾牌化工有限责任公司、山东滨农科技有限公司、山东乔昌化学有限公司、山东华阳和乐农药有限公司、潍坊中农联合化工有限公司等生产。

2-氨基丁烷　butylamine

$$H_2N$$

$C_4H_{11}N$，73.14，13952-84-6

别名　仲丁胺

化学名称　2-氨基丁烷

理化性质　2-氨基丁烷（2-AB）为无色液体，有氨气味，易挥发。沸点63℃，密度0.724g/cm³。易溶于水和乙醇，可与大多数有机溶剂互溶。具有碱性，可形成盐。

毒性　高毒，大鼠急性经口LD$_{50}$：152g/kg。对大鼠和兔的繁殖无不良影响、无致畸、致癌作用。

作用特征　能使果蔬表皮孔缩小约1/2，从而减少水分的蒸发和抑制呼吸作用。对多种真菌的孢子萌发和菌丝生长都有抑制作用。

应用　可作保鲜剂和防腐剂在水果贮藏期内使用，使用时可熏蒸、洗果或涂蜡。

1975年联合国粮农组织（FAO）、世界卫生组织（WHO）召开的农药残留会议对2-氨基丁烷首次进行评价和推荐，认为2-氨基丁烷在允许的残留限度内是有效的防腐剂，并制定如下标准：①每日允许最大摄入量（ADI）0.2mg/kg；②在柑橘类水果中最高允许残留限量30mg/kg；③在橘汁中最高允许残留限量0.5mg/kg。

注意事项

（1）遇明火、高温、氧化剂易燃；燃烧产生有毒氮氧化物烟雾。储存时库房通风低温干燥；与氧化剂、酸、食品原料类分开存放。

（2）荔枝、柑橘、苹果（果肉）的残留量分别为≤0.009g/kg、0.005g/kg、0.001g/kg。

生产企业　目前国内尚无登记企业信息。

甲萘威　carbaryl

$$OCONHCH_3$$

$C_{12}H_{11}NO_2$，201.2，63-25-2

别名　Denapon，Dicarbam，Karbtox

化学名称　1-萘基甲基氨基甲酸酯

理化性质　原药纯度≥99%，无色至浅褐色结晶，熔点142℃，闪点193℃，相对密度1.232（20℃），蒸气压$4.1×10^{-2}$mPa（23.5℃）。分配系数$K_{ow}lgP=1.85$，Henry常数$7.39×10^{-5}$Pa·m^3·mol^{-1}（计算值）。水中溶解度120mg/L（20℃），易溶于N,N-二甲基甲酰胺（DMF）、二甲亚砜、丙酮、环己酮等有机溶剂。在中性和弱酸性条件下稳定，在碱性介质中水解为1-萘酚。对光、热稳定。

毒性　急性经口LD_{50}（mg/kg）：雄大鼠264，雌大鼠500，兔710。急性经皮LD_{50}（mg/kg）：大鼠>4000，兔>2000。对兔眼轻度刺激，对皮肤中度刺激。大鼠急性吸入LC_{50}（4h）3.28mg/L（空气）。NOEL数据（2年）：大鼠200mg/(kg·d) 饲料。ADI值：0.003mg/kg。鸟毒LD_{50}（mg/kg）：小绿头鸭>2179，小野鸡>2000，日本鹌鹑2230，鸽子1000~3000。鱼毒LC_{50}（96h, mg/L）：虹鳟鱼1.3，蓝鳃翻车鱼10，米诺鱼2.2。水蚤LC_{50}（48h）0.006mg/L，海藻EC_{50}（5d）1.1mg/L。对蜜蜂高毒，蚯蚓LC_{50}（28d）106~176mg/kg土壤，对益虫有毒。

环境行为：甲萘威在哺乳动物的体内组织中并不蓄积，而是很快代谢为没有毒性的物质，主要为1-萘酚，它和葡萄糖醛酸结合，主要通过尿和粪便排出。在植物体内主要代谢为4-羟基甲萘威、5-羟基甲萘威和甲氧基甲萘威。在好气条件下，本品从1mg/kg降解，DT_{50}沙壤土地为7~14天，黏土地为14~28天。

作用特征　甲萘威可经茎、叶吸收，传导性差，是苹果上常用的疏果剂。此外，它还是广谱触杀、胃毒性杀虫剂。

应用　甲萘威，曾用商品名Hexarin，是一种萘类植物生长调节剂。20世纪50年代由美国联合碳化公司开发。甲萘威主要用作苹果、梨大年疏果（表2-5）。

表2-5　甲萘威主要使用技术

作物	处理浓度/(mg/L)	处理时间/d	处理方式	效果
秋白梨	1500	在盛花后至成花后	从上向下叶面喷洒到滴水为止	大年疏果效果好
国光苹果	750~100	盛花后	从上向下叶面喷洒到滴水为止	大年疏果效果好
金冠苹果	1500	盛花后	从上向下叶面喷洒到滴水为止	大年疏果效果好
红星苹果	1500~2000	盛花后	从上向下叶面喷洒到滴水为止	大年疏果效果好

注意事项

（1）用甲萘威作疏果剂，在我国有多年应用历史，总的看效果波动较大，同一果树品种在不同果园因种植条件、树龄、开花时期、管理水平不一样，即使用同一浓度甲萘威作用也不一样，另外同一果树上、中、下、膛内、膛外也不一样。因此用甲萘威作疏果剂要经专门培训后使用。

（2）温度、湿度、光也影响其疏果作用，上午湿度大、无风、天好喷洒效果好。

主要制剂　90％、93％、95％、98％、99％原药。单剂有 25％、85％可湿性粉剂；5％颗粒剂。复配制剂有 24％吡蚜·甲萘威可湿性粉剂；6％、30％聚醛·甲萘威颗粒剂。

生产企业　安徽省瑞特农化有限公司、湖南岳阳安达化工有限公司、江苏常隆农化有限公司、江苏省南通立华农化有限公司、迈克斯（如东）化工有限公司、山东绿丰农药有限公司、山东东泰农化有限公司等。

8-羟基喹啉　chinosol

$C_{18}H_{16}N_2O_6S$，388.4，134-31-6

别名　Oxine sulfate，Oxychnolin，8-Quinolinol，Crytonol，Supero，Sunoxol

化学名称　双(8-羟基喹啉)硫酸盐

理化性质　纯品为微黄色粉末结晶体，熔点 175～178℃。在水中易溶解，微溶于乙醇，不溶于醚。与金属易反应。

毒性　对动物和人低毒。大鼠急性经口 LD_{50}：1200mg/kg。无致癌、致畸、致突变性。

作用特征　对于多年生植物，8-羟基喹啉可加速其切口的愈合。此外，8-羟基喹啉还可作为防治各种细菌和真菌的杀菌剂。其作用机制有待于进一步研究。

应用　8-羟基喹啉是喹啉类植物生长调节剂。可作为雪松、日本金钟柏属植物、樱桃、桐树等多年生植物切口处的愈合剂。每5cm 直径切口处用 0.2％制剂 2g。

注意事项　本剂不要和碱性药物混合使用。

生产企业　目前国内尚无登记企业信息。

几丁聚糖　**chitosan**

$$\left[\begin{array}{c}\text{HOH}_2\text{C}\\ \text{HO}\quad\text{NH}_2\end{array}\right]_n$$

$[C_6H_{11}NO_4]_n$，$(161.1)_n$，012-76-4

别名　甲壳胺，甲壳素，壳聚糖，海力源

化学名称　β-(1,4)-2-氨基-2-脱氧-D-葡聚糖

理化性质　几丁聚糖纯品为白色或灰白色无定形片状或粉末，无嗅无味。几丁聚糖可以溶解在许多稀酸中，如水杨酸、酒石酸、乳酸、琥珀酸、乙二酸、苹果酸、抗坏血酸等，加工成的膜具有透气性、透湿性、渗透性、拉伸强度高及防静电作用。总之分子越小、脱乙酰度越大，溶解度越大。几丁聚糖有吸湿性。几丁聚糖在盐酸水溶液中加热到100℃，能完全水解成氨基葡萄糖盐酸盐；甲壳质在强碱水溶液中可脱去乙酰成为几丁聚糖；几丁聚糖在碱性溶液或在乙醇、异丙醇中可与环氧乙烷、氯乙醇、环氧丙烷生成羟乙基化或羟丙基化的衍生物，从而更易溶于水；几丁聚糖在碱性条件下与氯乙酸生成羧甲基甲壳质，可制造人造红细胞；几丁聚糖和丙烯腈的加成反应，这种加成作用在20℃反应发生在羟基上，在60~80℃反应在氨基上；几丁聚糖还可与甲酸、乙酸、草酸、乳酸等有机酸生成盐。在化学上不活泼，不与液体发生变化，对组织不引起异物反应。它具有耐高温性，经高温消毒后不变性。

毒性　长期毒性试验均显示非常低的毒性，也未发现有诱变性、皮肤刺激性、眼黏膜刺激性、皮肤过敏、光敏性，其安全性详见表 2-6 所示。

表 2-6　几丁聚糖的安全性

项目	方法			结果
	动物	给药途径	操作法	
急性毒性 LD_{50}	小白鼠、大白鼠	口服		>15g/kg
	小白鼠、大白鼠	皮下		>10g/kg
	小白鼠	腹腔		5.2g/kg
	大白鼠	腹腔		3.0g/kg
亚急性毒性	大白鼠	皮下	连续给药三个月	除给药处有肥厚、结节外，无生理、生化、病理变化
诱变性	—		大肠杆菌变异试验，Ames 试验	无诱变性

项目	方法			结果
	动物	给药途径	操作法	
皮肤一次刺激性	豚鼠	皮肤给药	2d	无刺激性
皮肤累积刺激性	豚鼠	皮肤给药	5周	无刺激性
眼黏膜一次刺激	豚鼠	黏膜给药法	—	无刺激性,角膜、虹膜、眼底未见异常
光毒性	裸鼠	皮肤给药	—	无光毒性
皮肤过敏性	豚鼠	皮肤给药	—	无
光敏性	豚鼠	皮肤给药	—	无
人皮肤粘贴试验	人	皮肤给药	—	无刺激性
透波吸收性	人	皮肤给药	涂布后测定血、尿中浓度	不吸收

作用特征　几丁聚糖分子中的游离氨基对各种蛋白质的亲和力非常强,因此可以用来作酶、抗原、抗体等生理活性物质的固定化载体,使酶、细胞保持高度的活力;几丁聚糖可被甲壳酶、甲壳胺酶、溶菌酶、蜗牛酶水解,其分解产物是氨基葡萄糖及 CO_2,前者是生物体内大量存在的一种成分,故对生物无毒;几丁聚糖分子中含有羟基、氨基可以与金属离子形成螯合物,在pH2～6范围内,螯合最多的是 Cu^{2+},其次是 Fe^{2+},且随 pH 增大而螯合量增多。它还可以与带负电荷的有机物,如蛋白质、氨基酸、核酸起吸附作用。值得一提的是几丁聚糖和甘氨酸的交联物可使螯合 Cu^{2+} 的能力提高 22 倍。

应用　几丁聚糖是一种广泛分布在自然界的动、植物及菌类中的植物生长调节剂。例如甲壳动物的甲壳,如虾、蟹、爬虾(约含甲壳素 15%～20%)昆虫的表皮内甲壳,如鞘翅目、双翅目昆虫(含甲壳质 5%～8%)真菌的细胞壁,如酵母菌、多种霉菌以及植物的细胞壁。地球上几丁聚糖的蕴藏量仅次于纤维素,每年产量达 $1×10^{11}$ t。

早在 1811 年法国科学家 Braconnot 就从霉菌中发现了甲壳素,1859 年 Rouget 将甲壳素与浓 KOH 共煮,得到了几丁聚糖。几丁聚糖广泛分布在自然界,但有关几丁聚糖的结构直到 1960—1961 年才由 Dweftz 真正确定。几十年前发现了几丁聚糖的生物学应用价值。

(1)几丁聚糖广泛用于处理种子,在作物种子外包衣一层,不但可以抑制种子周围霉菌病原体的生长,增强作物对病菌的抵抗力,而且还有生长调节剂作用,可使许多作物增加产量。如将几丁聚糖的弱酸稀溶液用作种子包衣剂的黏附剂,具有使种子可以透气、抗菌及促进生长等多种作用,是种子现配现用优良的生物多功能吸附性包衣剂。例如：用 11.2g 几丁聚糖和 11.2g 谷氨酸混合物处理 22.68kg 作物种子，增产可达 28.9%；又如用 1% 几丁聚糖＋0.25% 乳酸处理大豆种子，促进早发芽。

(2) 由于几丁聚糖的氨基与细菌细胞壁结合，从而它有抑制一般细菌生长的作用。低分子量的几丁聚糖（相对分子质量≤3000）可有效控制梨叶斑病、苜蓿花叶病毒。如以 0.05% 浓度的几丁聚糖可抑制尖孢镰刀菌的生长，其具体情况见表 2-7 所示。

表 2-7　几丁聚糖不同浓度对尖镰菌生长情况的作用

几丁聚糖浓度/%	尖镰菌生长情况/%		
	3d 后	4d 后	6d 后
对照	100	100	100
0.025	84	87	92
0.050	17	35	54
0.100	0	0	0

(3) 几丁聚糖以 25μg/g 药液加入土壤，可以改进土壤的团粒结构，减少水分蒸发、减少土壤盐渍作用。梨树用 50mL 几丁聚糖、300d 锯末混合施用，有改良土壤作用。此外几丁聚糖的 Fe^{2+}、Mn^{2+}、Zn^{2+}、Cu^{2+}、Mo^{2+} 液肥可作无土栽培用的液体肥料。

(4) 用 N-乙酰几丁聚糖可使许多农药起缓释作用，一般时间延长 50～100 倍。

(5) 在苹果采收时，用 1% 几丁聚糖水剂包衣后晾干，在室温下贮存 5 个月后，苹果表面仍保持亮绿色没有皱缩，含水量和维他命 C 含量明显高于对照，好果率达 98%；用 2% 几丁聚糖 600～800 倍液（25～33.3mg/L）喷洒黄瓜，可增加产量，提高抗病能力。

主要制剂　单剂有 0.5%、2% 水剂；0.5% 可湿性粉剂。复配制剂有 16% 几糖·嘧菌酯悬浮剂；45% 几糖·戊唑醇悬浮剂；46% 咪鲜·几丁糖水乳剂。

生产企业　成都特普科技发展有限公司生产、河北上瑞化工有限公司、江西威力特生物科技有限公司、青岛中达农业科技有限公司、山东海利莱化工科技有限公司、山东科大创业生物有限公司、山东玉成生化农药有限公司等。

整形醇　chlorflurenol

$C_{14}H_9ClO_3$，260.7，2464-37-1

别名 IT3456

化学名称 2-氯-9-羟基芴-9-羧酸

理化性质 原药为浅黄色至棕色固体，熔点 $136 \sim 142℃$，蒸气压 $0.13\text{mPa}（25℃）$，纯品为白色结晶，熔点 $155℃$。溶解度（$20℃$）：水中 $21.26\text{mg/L}(\text{pH}5)$，丙酮 260g/L，苯 70g/L，乙醇 80g/L。在通常贮存下条件下稳定，在日光下快速分解。在 1.8% 有机介质及 pH7.3 时土壤吸附系数 K 为 1.2。

毒性 大鼠急性经口 LD_{50} 为 12800mg/kg，大鼠急性经皮 LD_{50}：$>10000\text{mg/kg}$。在 2 年饲喂试验中，大鼠接受 3000mg/kg（饲料）及狗接受 300mg/kg（饲料）未见不良影响。鹌鹑急性经口 LD_{50}：$>10000\text{mg/kg}$。鱼毒 LC_{50}（96h，mg/L）：蓝鳃翻车鱼 7.2，鲤鱼 9，虹鳟鱼 3.2。

作用特征 整形醇的甲酯可通过植物种子、叶片、幼茎和根吸收，向上和向下传导，最后在植物生长旺盛处停留。当种子吸收后，可诱导与种子萌发有关的酶，延迟萌发后抑制幼苗生长。当茎吸收后，抑制茎伸长生长和顶部生长，促进侧芽和侧枝生长，因此，可矮化植物。利用该特性，整形醇可用于控制草坪的生长，延长剪修时间，并保持草坪浓绿，同时还可杀死一年生禾本科杂草及阔叶杂草。整形醇被植物叶片吸收后，可减少叶表面积就延缓叶绿素分解。当根吸收后，抑制侧根生长，促进不定根生长。因此，可改变植物因引力、光等引起的定向生长。

应用 整形醇产品常以甲酯形式生产，通用名称为 chlorflurenol-methyl（简写为 CFM）。其作用机制是抑制细胞分裂和阻碍一些植物生长物质的正常传导。整形醇用于草坪，一般在建植的草坪长至 $5 \sim 8\text{cm}$ 时或春天成坪剪草后 $3 \sim 5\text{d}$，按 $0.225 \sim 0.3375\text{g/m}^2$ 商品药配成药液喷施叶面可获得良好的抑制生长效果（注意施药后暂不修剪），并保持草坪浓绿。

整形醇可防止椰子落果，促进水稻生长，促进黄瓜坐果和果实生长，并能增加菠萝果实中的营养物质。用作植物生长调节剂的推荐用量为 $0.2 \sim 0.4\text{g/m}^2$ 土壤施用。它能在土壤、谷物和水中降解。具体应用如表 2-8 所示。

表 2-8　整形醇的应用技术

作物	浓度/(mg/L)	应用时间	方法	效果
桃	$40 \sim 60$	开花后 1 周	喷花	促进落果
苹果	50	开花后 $1 \sim 2$ 周	喷花	促进落果
梨	10	5 月中旬	植株顶端喷药	抑制顶端生长
花椰菜	1000	有 $12 \sim 24$ 个小叶	整株喷药	提早收获

作物	浓度/(mg/L)	应用时间	方法	效果
松树	100~1000	4~5 小叶	整株喷药	提高果实品质
葡萄	4~10	种植前	浸枝	诱导不定根
番茄	0.1~10	—	—	无籽
黄瓜	100	3 小叶	整株喷药	无籽

注意事项

(1) 在施药后 12~24h 内下雨，要重喷。

(2) 应贮藏在冷凉干燥处。

生产企业 目前国内尚无登记企业信息。

矮壮素 chlormequat

$$\left[ClCH_2CH_2-\overset{\overset{\displaystyle CH_3}{|}}{\underset{\underset{\displaystyle CH_3}{|}}{N^+}}-CH_3\right]Cl^-$$

$C_5H_{13}Cl_2N$，158.07，999-81-5

别名 稻麦立

化学名称 α-氯乙基三甲基氯化铵

理化性质 纯品为白色结晶固体，有鱼腥味，熔点 240~245℃，可溶于水，微溶于二氯乙烷和异丙醇，不溶于乙醚、甲苯，在中性或酸性介质中稳定，遇碱则分解。

毒性 矮壮素属低毒性植物生长调节剂。原粉雄性大白鼠急性经口 LD_{50} 为 833mg/kg，大白鼠经皮 LD_{50} 为 4000mg/kg，大白鼠 1000mg/L 饲喂 2 年无不良影响。

作用特征 矮壮素可经由植株的叶、嫩枝、芽和根系吸收，然后转移到起作用的部位，主要作用是抑制赤霉素的生物合成。它的生理作用是控制植株徒长，使节间缩短，植株长得矮、壮、粗，根系发达，抗倒伏，同时叶色加深，叶片增厚，叶绿素含量增多，光合作用增强，促进生殖生长，从而提高某些作物的坐果率，也能改善某些作物果实、种子的品质，提高产量，还可提高某些作物的抗旱、抗寒及抗病虫害的能力。

应用 矮壮素是一种季铵盐类植物生长调节剂，1957 年美国氰胺公司开发，商品名 Cycocel，其他名有氯化氯代胆碱（chlorocholine）、Lihocin、稻麦立、三西（CeCeCe、Hico CCC）等。矮壮素是一个广谱多用途的植物生长调节剂。

（1）棉花　在初花期、盛花期以 20～40mg/L 药液喷洒 1～2 次，可矮化植株，代替人工打尖，增加产量。

（2）小麦　以 1500～3000mg/L 药液浸种，5kg 药液浸 2.5kg 种子 6～12h，或以 1500～3000mg/L 药液 50mg 拌 5kg 种子，可壮苗，防止倒伏，增加分蘖和产量；拔节前以 1000～2000mg/L 药液喷洒 1～2 次，矮化植株增加产量。

（3）玉米　以 5000～6000mg/L 药液浸种 6h，或者 250mg/L 药液在孕穗前顶部喷洒，可使植株矮化，减少秃顶，穗大粒满。

（4）高粱、水稻　在拔节或分蘖末以 1000mg/L 药液全株喷洒一次，也有矮化增产的效果。

（5）花生　在播种后 50d 以 50～100mg/L 药液全株喷洒，可以矮化植株，增加荚果数和产量。

（6）马铃薯　在开花前以 1600～2500mg/L 药液喷洒一次，可提高抗旱、寒、盐能力，增加产量。

（7）大豆　在开花期以 1000～2500mg/L 药液喷洒一次，可减少秕荚，增加百粒重。

（8）葡萄　开花前 15d，以 500～1000mg/L 药液全株喷洒一次，控制新梢旺长，使得果穗齐，果穗和粒重增加。

注意事项

（1）本品作矮化剂使用时，被处理的作物水肥条件要好，群体有旺长之势的应用效果才好；地力差、长势弱的请勿使用。

（2）在棉花上使用，用量大于 50mg/L 易使叶柄变脆，容易损伤。它作坐果剂虽提高坐果率，但果实甜度下降，需和硼（20mg/L）混用才能较好地克服其副作用。

（3）使用时勿将药液沾到眼、手、皮肤，沾到后尽快用清水冲洗，一旦中毒如头晕等，可酌情用阿托品治疗。

（4）勿与碱性农药混用。

主要制剂　95%、98% 原药；单剂有 18%、20%、45%、50% 水剂；80% 可溶性粉剂。复配制剂有 30% 矮壮·多效唑悬浮剂。

生产企业　安阳全丰生物科技有限公司、济南天邦化工有限公司、山东德州大成农药有限公司、山东省德州祥龙生化有限公司、山东荣邦化工有限公司、四川省兰月科技有限公司、浙江省绍兴市东湖生化有限公司。

硅丰环　chloromethylsilatrane

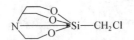

$C_7H_{14}ClNO_3Si$，223.5，42003-39-4

别名　妙福

理化性质　原药质量分数＞98％，外观为均匀的白色粉末；熔点211～213℃；溶解度1g（20℃，100g水），2.4g（25℃，100g丙酮），微溶于乙醇，易溶于N,N-二甲基甲酰胺（DMF）。堆积密度0.544g/mL。稳定性：在干燥环境下稳定，在酸性溶液中稳定，遇碱易分解。

毒性　硅丰环原药大鼠急性经口LD_{50}：雄性为926mg/kg，雌性为1260mg/kg；大鼠急性经皮LD_{50}：＞2150mg/kg；对兔皮肤、眼睛无刺激性；豚鼠皮肤变态反应（致敏）试验结果致敏率为0，无皮肤致敏作用。大鼠12周亚慢性喂养试验最大无作用剂量：雄性为28.4mg/（kg·d），雌性为6.1mg/（kg·d）；致突变试验结果：Ames试验、小鼠骨髓细胞微核试验、小鼠睾丸细胞染色体畸变试验、小鼠精子畸形试验均为阴性，无致突变作用。50％硅丰环湿拌种剂大鼠急性经口LD_{50}＞5000mg/kg，大鼠急性经皮LD_{50}＞2150mg/kg；对兔皮肤、眼睛均无刺激性；豚鼠皮肤变态反应（致敏）试验的致敏率为0，无致敏作用。

作用特征　硅丰环是一种具有特殊分子结构及显著的生物活性的有机硅化合物，分子中配位键具有电子诱导功能，其能量可以诱导作物种子细胞分裂，使生根细胞的有丝分裂及蛋白质的生物合成能力增强，在种子萌发过程中，生根点增加，因而植物发育幼期就可以充分吸收土壤中的水分和营养成分，为作物的后期生长奠定物质基础。当作物吸收该调节剂后，其分子进入植物的叶片，电子诱导功能逐步释放，其能量用以光合作用的催化作用，即光合作用增强，使叶绿素合成能力加强，通过叶片不断形成碳水化合物，作为作物生存的储备养分，并最终供给植物的果实。

应用　该产品经过田间药效试验，结果表明对冬小麦具有调节生长和增产作用。施药方法为拌种或浸种。用1000～2000mg/kg药液，拌种4h（种子：药液＝10∶1）；或用200mg/kg药液浸种3h（种子：药液＝1∶1）（50％硅丰环湿拌种剂2g加水0.5～1L，拌10kg种子，或加水5L浸5kg种子，浸3h），然后播种。可以增加小麦的分蘖数、穗粒数及千粒重，有明显的增产作用。

主要制剂　98％原药，50％硅丰环湿拌种剂。

生产企业　吉林省吉林市绿邦科技发展有限公司。

三丁氯苄鏻　chlorphonium

$$Cl-\!\!\!\!\bigcirc\!\!\!\!-CH_2\overset{+}{P}[(CH_2)_3CH_3]_3$$
$$Cl$$

$C_{19}H_{32}Cl_2P$，363.3，115-78-6

别名　Phosfon，phosfleur，phosphon

化学名称　三丁基（2,4-二氯苄基）鏻

理化性质　无色晶体，有芳香气味，熔点114～120℃。可溶于水、丙酮、乙醇，不溶于乙醚和乙烷。

毒性　大鼠急性经口 LD_{50}：210mg/kg，兔急性经皮 LD_{50}：750mg/kg，虹鳟鱼 LC_{50}（96h）115mg/L。原药对眼睛和皮肤均有刺激作用。

作用特征　可抑制一些盆栽观赏植物的株高，抑制种子发芽、花的形成等。

应用　三丁氯苄鏻是温室盆栽菊花和室外栽培的耐寒菊花的株高抑制剂。它还能抑制牵牛花、鼠尾草、薄荷科植物、杜鹃花、石楠属、冬青属的灌木或乔木和其他一些观赏植物的株高。抑制冬季油菜种子的发芽和葡萄藤的生长，抑制苹果树梢的生长及花的形成。盆栽植物土壤施用效果最好。

生产企业　目前国内尚无登记企业信息。

坐果酸　cloxyfonac

$$CH_2OH$$
$$Cl-\!\!\!\!\bigcirc\!\!\!\!-OCH_2COOH$$

$C_9H_9ClO_4$，216.6，6386-63-6

别名　番茄美素，CAPA-Na，CHPA，PCHPA

化学名称　4-氯-2-羟甲基-苯氧基乙酸

理化性质　纯品为无色结晶，熔点140.5～142.7℃，蒸气压0.089mPa（25℃）。溶解度（g/L）：水中2，丙酮100，二氧六环125，乙醇91，甲醇125；不溶于苯和氯仿。稳定性：40℃以下稳定，在弱酸、弱碱性介质中稳定，对光稳定。

毒性　雄性和雌性大、小鼠急性经口 LD_{50}＞5000mg/kg；雄性和雌性大、小鼠急性经皮 LD_{50}＞5000mg/kg。对大鼠皮肤无刺激性。

作用特征　属于芳氧基乙酸类植物生长调节剂，具有类生长素作用。

应用　在番茄或茄子花期施用，有利于坐果，并使果实大小均匀。

生产企业　目前尚无国内登记企业信息。

氯苯胺灵　chlorpropham

$$\text{Cl}$$

NHCOOCH(CH$_3$)$_2$

$C_{10}H_{12}ClNO_2$，213.7，01-21-3

别名　戴科

化学名称　3-氯苯基氨基甲酸异丙酯

理化性质　原药纯度为 98.5%，熔点 38.5～40℃。纯品为无色固体，熔点 41.4℃，沸点 256～258℃（纯度＞98%），蒸气压 24mPa（20℃，纯度98%），相对密度 1.180（30℃）。水中溶解度为 89mg/L（25℃），可与低级醇、芳烃和大多数有机溶剂混溶，在矿物油中有中等溶解度（如煤油 100g/kg）。稳定性：对紫外线稳定，150℃以上分解。在酸性和碱性介质中缓慢水解。

毒性　急性经口 LD_{50}（mg/kg）：大鼠 5000～7500，兔 5000。兔急性经皮 LD_{50}：＞2000mg/kg。对豚鼠眼睛和皮肤无刺激，但对皮肤有致敏性。狗和大鼠 2000mg/kg 饲料饲喂 2 年无不良反应。ADI 值：0.03mg/kg。绿头鸭急性经口 LD_{50}：＞2000mg/kg。鱼毒 LC_{50}（48h，mg/L）：蓝鳃翻车鱼 12，鲈鱼 10。水蚤 EC_{50}（48h）3.7mg/L。海藻 EC_{50}（96h）3.3mg/L。对蜜蜂低毒，蚯蚓 LC_{50}：62mg/kg 土壤。

环境行为：本品经口进入动物体内后，主要是氯苯胺灵对位羟基化，然后生成氯苯胺灵硫酸酯和一些氯苯胺灵的异丙基羟基化物。在豌豆中，本品代谢为 N-4-羟基-3-氯苯基氨基甲酸异丙酯、N-5-氯-2-羟基苯基氨基甲酸异丙酯和1-羟基-2-丙基-3-氯苯基异氰酸异丙酯。在黄瓜中，主要代谢物为 N-4-羟基-3-氯苯基氨基甲酸异丙酯。进入土壤中的本品，经微生物分解为 3-氯苯胺，最后分解为二氧化碳，DT_{50} 约 65d（15℃），30d（29℃）。

作用特征　氯苯胺灵可由芽尖、根和茎吸收，向上传导到活跃的分生组织，抑制细胞分裂、蛋白质和 RNA 的生物合成，抑制 β-淀粉酶的活性，最终导致抑制发芽。

应用　氯苯胺灵系一种氨基甲酸酯类植物生长调节剂，同时也是一种高度选择性苗前或苗后早期除草剂。作为生长调节剂的曾用商品名称为 Atlas Indigo、Decco Aerosol273、Neostop、Prevanol、Warefog，1951 年 E. D. Witman

和 W. F. Newton 报道其生物活性，由 Columbia-Southern Chemical Corp 开发。

氯苯胺灵为选择性除草剂和植物生长调节剂。作为生长调节剂使用，抑制马铃薯发芽。使用剂量：氯苯胺灵 1.75～2g(a.i.)/100kg 马铃薯，在马铃薯发芽前或收获后 2～4 周浸渍或拌块茎。

主要制剂 98.5%、99% 原药。单剂有 49.65%、50% 热雾剂；99% 熏蒸剂；2.5% 粉剂。

生产企业 美国仙农有限公司、美国阿塞托农化有限公司、四川国光农化有限公司、江苏省南通泰禾化工有限公司。

氯化胆碱 choline chloride

$$\left[CH_3-\overset{\overset{\displaystyle CH_3}{|}}{\underset{\underset{\displaystyle CH_3}{|}}{N^+}}-CH_2-CH_2-OH\right]Cl^-$$

$C_5H_{14}ClNO$，139.63，67-48-1

别名 高利达植物光合剂

化学名称 三甲基（2-羟乙基）铵氯化物

理化性质 70% 水溶液外观为浅黄色至棕色液体，相比密度 1.09～1.11，熔点 240℃，300℃ 以上分解。

毒性 低毒，小白鼠急性经口 LD_{50}：>5000mg/kg

作用特征 其主要作用原理是活化植物光合作用的关键酶，促使植物吸收光能和利用光能，更好地固定和同化 CO_2，提高光合速率，增加植物碳水化合物、蛋白质和叶绿素含量。

注意事项 可与弱酸性及中性农药混用。

主要制剂 60% 水剂、18% 氯胆·萘乙酸可湿性粉剂。

生产企业 现由重庆双丰化工有限公司生产。

柠檬酸钛 citricacide-titatnium chelate

$$\left[\begin{array}{c}CH_2-COO\\HO-C-COOH\\CH_2-COO\end{array}\right]_2 Ti$$

$TiC_{12}H_{12}O_{14}$，428.10，

别名 科资 891

化学名称 柠檬酸钛

理化性质 制剂外观为淡黄色透明均相液体，相对密度 1.05，pH 为 2～4。可与弱酸性或中性农药相混。

毒性 低毒，大鼠急性经口 $LD_{50} > 5000mg/kg$，大鼠急性经皮 $LD_{50} > 2000mg/kg$。

作用特征 本品为植物生长调节剂，用于黄瓜、油菜等上，植物吸收后，其体内叶绿素含量增加，光合作用加强，使过氧化氢酶、过氧化物酶、硝酸盐还原酶活性提高，可促进植物根系的生长加快，土壤中的大量元素和微量元素的吸收，促进根系的生长，达到增产的效果。

应用 在多种大田作物、蔬菜和果树上都可使用，具有增产和增进产品品质的作用。

注意事项 不能与碱性农药、除草剂混用。

生产企业 目前尚无国内登记企业信息。

调果酸 cloprop

$C_9H_9ClO_3$，200.6，101-10-0

别名 3-CPA、Fruitone-CPA、Peachthim

化学名称 (±)-2-(3-氯苯氧基)丙酸

理化性质 原药略带酚气味，熔点 114℃。纯品为无色无嗅结晶粉末，熔点 117.5～118.1℃。在室温下无挥发性，溶解度（22℃，g/L）：水中 1.2，丙酮 790.9，二甲基亚砜 2685，乙醇 710.8，甲醇 716.5，异辛醇 247.3；在 24℃条件下，苯 24.2，甲苯 17.6，氯苯 17.1；在 24.5℃条件下，二甘醇 390.6，二甲基甲酰胺 2354.5，二噁烷 789.2。本品相当稳定。

毒性 大鼠急性经口 LD_{50}（mg/kg）：雄 3360，雌 2140。兔急性经皮 LD_{50}：$>2000mg/kg$。对兔眼睛有刺激性，对皮肤无刺激性。大鼠于 1h 内吸入 200mg/L 空气无中毒现象。NOEL 数据：大鼠（2 年）8000mg/kg 饲料，小鼠（1.88 年）6000mg/kg 饲料，无致突变作用。绿头鸭和山齿鹑饲喂试验 LC_{50}（8d）：$>5620mg/kg$ 饲料。鱼毒 LC_{50}（96h，mg/L）：虹鳟约 21、蓝鳃翻车鱼约 118。

作用特征 调果酸具有生长素类活性，通过植物叶片吸收且不易向其他部位传导，低剂量下可提高产品品质，高剂量下可抑制冠部生长。它和 2,4-滴等苯氧羧酸类一样，高剂量下还具有除草活性。

应用 调果酸属苯氧羟酸类植物生长调节剂。商品名称 Fruitone。是由 Amchem Chemical Co. 于 1976 年开发的一种核果类植物蔬果剂，后来用于凤梨抑制冠部生长，增加果径和果重，延缓果实成熟。以 $240\sim700\text{g(a.i.)/hm}^2$ 剂量使用，通过抑制顶端生长，不仅可增加菠萝植株和根蘖果实大小与重量，而且可以推迟果实成熟。还可用于某些李属的疏果。

主要制剂 单剂如 7.5% 可溶液剂。

生产企业 目前国内尚无登记企业信息。

增色胺 CPTA

$C_{12}H_{19}Cl_2NS$，280.3，13663-07-5

化学名称 2-对氯苯硫基三乙胺

理化性质 纯品熔点 $123\sim124.5℃$。溶于水和有机溶剂。在酸介质中稳定。

作用特性 通过叶片和果实表皮吸收，传导到其他组织。可增加类胡萝卜素的含量。作用机制有待于进一步研究。

应用 1959 年增色胺首次在加拿大合成，后来发现它有增加水果色泽的作用。

增色胺可增加番茄和柑橘属植物果实的色泽。在橘子由绿转黄色时用 2500mg/L 药液喷雾。番茄绿色接近成熟时喷增色胺可诱导红色素产生，加速由绿向红转变。

生产企业 目前国内尚无登记企业信息。

环丙酰草胺 cyclanilide

$C_{11}H_9Cl_2NO_3$，274.1，113136-77-9

化学名称 1-(2,4-二氯苯胺基羰基)环丙羧酸

理化性质 纯品为白色粉状固体，熔点 195.5℃。蒸气压 $<1\times10^{-5}\text{Pa}$ (25℃)、$8\times10^{-6}\text{Pa}(50℃)$，分配系数 $K_{ow}\lg P=3.25$ (21℃)，Henry 常数

≤7.41×10⁻⁵Pa·m³·mol⁻¹（计算值）。相对密度 1.47（20℃）。水中溶解度（20℃，g/100mL）：0.0037（pH5.2），0.0048（pH7），0.0048（pH9）；有机溶剂中溶解度（20℃，g/100mL）：丙酮 5.29，乙腈 0.50，二氯甲烷 0.17，乙酸乙酯 3.18，正己烷<0.0001，甲醇 5.91，正辛烷 6.72，异丙醇 6.82。稳定性：本品相当稳定。pK_a3.5（22℃）。

毒性 大鼠急性经口 LD_{50}（mg/kg）：雌性 208，雄性 315。兔急性经皮 LD_{50}>2000mg/kg。对兔眼睛无刺激性，对兔皮肤有中度刺激性。大鼠急性吸入 LC_{50}（4h）>5.15mg/L 空气。NOEL 数据（2 年）：大鼠 7.5mg/kg。急性经口 LD_{50}（mg/kg）：绿头鸭>215，山齿鹑 216。饲喂试验 LC_{50}（8d，mg/L 饲料）：绿头鸭 1240，山齿鹑 2849。鱼毒 LC_{50}（96h，mg/L）：虹鳟鱼>11，翻车鱼>16，羊肉鲷 49。蜜蜂 LD_{50}（接触）>100μg/只。

环境行为：进入动物体内的本品迅速排出，残留在植物上的主要是未分解的本品，在土壤中有氧条件下，DT_{50}15～49d。主要由土壤微生物降解，移动性差，不易被淋溶至地下水。

作用特征 主要抑制极性生长素的转运。

应用 环丙酰草胺是由罗纳普朗克公司（现为拜耳公司）开发的酰胺类植物生长调节剂。主要用于棉花、禾谷类作物、草坪和橡胶等。与乙烯利混用，促进棉花吐絮、脱叶。使用剂量为 10～200g(a.i.)/hm²。

生产企业 与其他药剂如乙烯利等混用。

放线菌酮　cycloheximide

$C_{15}H_{23}NO_4$，281.3，66-81-9

别名 农抗 101 液剂，戊二酰亚胺环己酮，放线菌素酮，环己米特，Acti-dione RE，Acti-dione TGF，Acti-dione PM，KaKen，Actispray，Hizarocin

化学名称 4-[(2R)-2-[(1S,3S,5S)-(3,5-二甲基-2-氯代环己基)]-2-羟基乙基]-哌啶-2,6-二酮

理化性质 纯品是无色、薄片状的结晶体，熔点 119～121℃。相对密度 0.945（20℃）。其稳定性与 pH 有关。在 pH4～5 最稳定，pH5～7 较稳定。

pH>7 时分解。在 25℃ 条件下，丙酮中溶解度 33%，异丙醇 5.5%，水中 2%，环己胺 19%，苯<0.5%。

毒性 急性经口 LD_{50}：小鼠 133mg/kg，豚鼠 65mg/kg，猴子 60mg/kg。

作用特征 放线菌酮不仅可作为杀真菌剂，又是良好的植物生长调节剂。其作用机制是刺激乙烯的形成和加速落果和脱叶。

应用 放线菌酮是由产生放线菌酮的放线菌发酵液中提得的一种抗生素，过去在农业中作为杀真菌剂，也具有植物生长调节剂的作用。1946 年 A. Whitten 报道了该化合物。放线菌酮主要用来促进成熟的橘子落果。其使用浓度是 20mg/L，均匀地喷在水果上。处理后在水果梗和茎间产生离层，因此，容易脱落。在橄榄树上应用也可产生同样的效果。

注意事项

（1）勿与碱性药物混用。

（2）放线菌酮对哺乳动物毒性较高。

（3）放线菌酮在 20~30mg/L 浓度施用可使作物抵御疾病和加速落果。但剂量过高，可能会产生相反的结果。

生产企业 目前国内尚无登记企业信息。

单氰胺 cyanamide

$$H_2N—C≡N \rightleftharpoons H—N=C=N—H$$

CN_2H_2，42.04，420-04-2

化学名称 单氰胺

理化性质 原药外观为白色易吸湿性晶体，熔点 45~46℃，沸点 83℃（66.7Pa），蒸气压（20℃）：500mPa，纯有效成分在水中溶解度为 4.59kg/L（20℃）；溶于醇类、苯酚类、醚类，微溶于苯、卤代烃类，几乎不溶于环己烷；乙酸乙酯 424g/L、甲基乙基酮 505g/L、三氯甲烷 2.4g/L。对光稳定，遇碱分解生成双氰胺和聚合物，遇酸分解生成尿素；加热至 180℃分解。

毒性 单氰胺原药大鼠急性经口 LD_{50}：雄性 147mg/kg，雌性 271mg/kg；大鼠急性经皮 LD_{50}＞2000mg/kg。对家兔皮肤有轻度刺激性，眼睛重度刺激性，该原药对豚鼠皮肤变态反应试验属弱致敏类农药。

单氰胺对鱼和鸟均为低毒，田间使用浓度为 5000~25000mg/kg，对蜜蜂具有较高的风险性，在蜜源作物花期应禁止使用。对家蚕为低风险。

作用特征 可有效刺激植物体内的活性物质，从而加速植物体内基础性物质的生成，刺激作物生长，终止休眠，尤其对缺乏冬季寒冷气候的温带及暖棚种植的具有休眠习性的落叶果树等具有特殊作用。一般可使作物提前 7～15 天发芽，提前 5～12d 成熟，并使作物萌动初期芽齐、芽壮，还可增加作物产量，提高单果重和亩产量，还可作为果树的落叶剂。

应用 单氰胺是良好的植物生长调节剂，同时兼有杀虫、灭菌、除草、脱叶等功效。在葡萄、樱桃、油桃、毛桃、蟠桃、猕猴桃、杏等作物上可使用，使用时稀释一定浓度后对水喷雾。对特定地区、不同品种的使用方法请参照当地的实际情况。请谨慎使用或在专业技术人员的指导下使用。

施用时间主要取决于农业气候、作物以及施用的目的，南方落叶果树（葡萄）一般施用时间在正常发芽前 45～50d。北方暖棚作物，如葡萄、大樱桃、油桃等可在扣棚升温后 1～2d 内使用。最佳施用时间可能每年都不同，建议施用时请教专业技术人员或根据当地的施用经验确定。

注意事项

（1）过量的单氰胺会伤害花芽，如浓度＞6％时。过早应用该药能使果实提前成熟 2～6 周，但产量可能会由于花期低温造成的落花和授粉不良而降低。

（2）单氰胺极刺激腐蚀皮肤、呼吸道、粘膜；吸入或食入使面部瞬时强烈变红、头痛、头晕、呼吸加快、心动过速、血压过低，暴露后，症状潜伏 1～2d。

（3）对蜜蜂具有较高的风险性，在蜜源作物花期应禁止使用。

主要制剂 50％水剂。

生产企业 现由浙江龙游东方阿纳萨克作物科技有限公司，宁夏大荣化工冶金有限公司等生产。

胺鲜脂 diethyl aminoethyl hexanoate

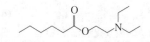

$C_{12}H_{25}NO_2$，215.33，10369-83-2

别名 贝壮，DA-6

化学名称 己酸二乙氨基乙醇酯

理化性质 胺鲜脂为白色或结晶体，含量在 98％以上，具有浅谈的油脂味和油腻感，易溶于水、醇和其他有机溶剂。在弱酸性和中性介质中稳定。

毒性 胺鲜脂原粉对人畜的毒性很低，大鼠急性经口 LD_{50}：8633～16570mg/kg，属实际无毒的植物调节剂。对白鼠、兔的眼睛及皮肤无刺激作用；经测定结果表明：胺鲜脂原粉无致癌，致突变和致畸性。

作用特征 促进细胞分裂和伸长，加速生长点的生化、分化，促进种子发芽、促进分蘖和分枝；提高过氧化物酶及硝酸还原酶的活性，提高叶绿素、核酸的含量及光合速率，延缓植株衰老；提高氮、碳代谢能力，促进根系发育，促进茎、叶生长，花芽分化，提早现蕾开花，提高坐果率，促进作物成熟；激活优良基因充分发挥作用，强化防御和抗逆机制，在逆境中也能苗壮成长，大幅度提高产量，改善品质；对作物枯萎病、病毒病有特效。

应用 广泛用于各种农作物、食用菌、花卉、药材等，可是用于所有植物及植物生长的各个季节。适用于植物的整个生育期，可以叶面喷洒、花房撒播、苗床灌注、种子浸渍，同时在各个季节里即使低温下仍能发挥很强的调节作用。

生产企业 目前国内尚无登记企业信息。

丁酰肼　daminozide

$$CH_2-C(=O)-NH-N(CH_3)_2$$
$$CH_2-C(=O)-OH$$

$C_6H_{12}N_2O_2$，160.0，1596-84-5

别名 比久，B_9，B995

化学名称 N-二甲氨基琥珀酸

理化性质 纯品带有微臭的白色结晶，不易挥发，熔点 157~164℃，蒸气压 22.7mPa（23℃）。在 25℃时，蒸馏水中溶解度为 100g/L，丙酮中溶解度为 25g/L，甲醇中溶解度为 50g/L。在 pH5~9 范围内较稳定，在酸、碱中加热分解。

毒性 丁酰肼工业品的大白鼠急性经口 LD_{50} 为 8400mg/kg（雌），家兔经皮 $LD_{50}>1600$mg/kg。用含工业品 3000mg/L 丁酰肼随饲料连续喂大白鼠和狗两年，没有发现不良影响。85% 丁酰肼产品对鹌鹑急性口服 $LD_{50}>5620$mg/kg，鳟鱼 LC_{50} 149mg/L（96h）。

作用特征 丁酰肼可经由根、茎、叶吸收，具有良好的内吸、传导性能。在叶片中，丁酰肼可使叶片栅栏组织伸长，海绵组织疏松，提高叶绿素含量，增强叶片的光合作用。在植株顶部可抑制顶端分生组织的有丝分裂。在茎枝内可缩短节间距离，抑制枝条的伸长。

应用 丁酰肼是一种琥珀酸类植物生长调节剂，是国内外应用较为广泛的植物生长调节剂，由于它在矮化坐果上与乙烯利、甲萘威、6-BA 巧妙地混用，在生根上与一些生根剂混用,使用一直比较平稳,说明合理混用可保持一个品种的生命力。丁酰肼是一个广谱性的生长延缓剂,可以作矮化剂、坐果剂、生根剂、及保鲜剂等。

(1) 苹果　在盛花后三周用1000~2000mg/L药液喷洒全株一次,可抑制新梢旺长,有益于坐果,促进果实着色,在采前45~60d以2000~4000mg/L药液喷洒全株一次,可防采前落果,延长贮存期。

(2) 葡萄　在新梢6~7片叶时以1000~2000mg/L药液喷洒一次,可抑制新梢旺长,促进坐果;采收后以1000~2000mg/L药液浸泡3~5min,可防止落粒,延长贮藏期。桃在成熟前以1000~2000mg/L药液喷洒一次,增加着色,促进早熟。

(3) 梨　盛花后两周和采前三周各用1000~2000mg/L药液喷洒一次,可防止幼果及采前落果。樱桃:盛花两周以2000~4000mg/L药液喷洒一次,可促进着色、早熟且果实均匀。

此外,丁酰肼能促进马铃薯块茎膨大,增加花生、草莓产量。生长2~3年人参在生长期以2000~3000mg/L药液喷洒一次,促进地下部分生长。菊花、一品红、石竹、茶花、葡萄等插枝基部在5000~10000mg/L药液中浸泡15~20s,可促进插枝生根,在这些花卉高生长初期以5000~10000mg/L喷洒叶面可矮化株高、节间缩短、株型紧凑、花多、花大。

注意事项

(1) 20世纪80年代中,人们怀疑丁酰肼有致畸作用,有些国家曾禁用或限制使用。1992年世界卫生组织(WHO)进行第二阶段评估,认为产品中的偏二甲基肼<30mg/kg,可以进行使用。勿食用刚处理的果实。

(2) 丁酰肼的应用效果与植株长势有关,水肥充足呈旺长趋势的使用效果好,水肥不足、干旱或植株长势瘦弱时使用反而减产。

(3) 丁酰肼不能与湿展剂、碱性物质、油类和含铜化合物混用。

主要制剂　98%、99%原药。单剂有50%、92%可溶粉剂。

生产企业　现由麦德梅农业解决方案有限公司、四川国光农化股份有限公司、邢台宝波农药有限公司、西安航天动力试验技术研究所等生产。

2,4-滴丙酸　dichlorprop

$C_9H_8Cl_2O_3$,235.1,120-36-5

别名　2,4-DP，Hormatox，Kildip，BASF-DP，Vigon-RS，Redipon，Fernoxone，Cornox RK，RD-406，防落灵

化学名称　(RS)-2-(2,4-二氯苯氧基)丙酸

理化性质　纯品为白色无嗅晶体，熔点117.5～118.1℃，在室温下无挥发性。在20℃水中溶解度为350mg/L，易溶于大多数有机溶剂。在光、热下稳定。

毒性　2,4-滴丙酸原药的大鼠急性经口LD_{50}为825～1470mg/kg，小鼠急性经口为400mg/kg。急性经皮LD_{50}：大鼠＞4000mg/kg，小鼠为1400mg/kg。大鼠急性经口吸入LC_{50}(4h)＞0.65mg/L空气。对兔眼睛和皮肤有刺激性，但不是皮肤致敏物。日本鹌鹑急性经口LD_{50}：504mg/kg。虹鳟鱼毒LC_{50}(96h)：521mg/L。对蜜蜂无毒。蚯蚓LC_{50}(14天)约1000mg/kg（干土）。

环境行为：动物代谢成2,4-二氯苯酚，苯环的羟基化和开环产物。DT_{50}为21～25d。

作用特征　2,4-滴丙酸为类生长素的植物生长调节剂，主要经由植株的叶、嫩枝、果吸收，然后传导到叶、果的离层处，抑制纤维素酶的活性，从而阻抑离层的形成，防止成熟前果和叶的脱落。

应用　2,4-滴丙酸为一种苯氧丙酸类植物生长调节剂，还可作为除草剂使用，1983年由日本日产化学公司开发。2,4-滴丙酸除了用作谷类作物田中蓼及其他双子叶杂草（2.5kg/hm²）防除外，还可作苹果、梨的采前防落果剂，以20mg/L浓度于采收前15～25天，作全面喷洒（药液75～100L/亩），红星、元帅、红香蕉苹果采前防落效果一般达到59%～80%，且有着色作用；此外在葡萄、番茄上也有采前防落果作用。

2,4-滴丙酸与醋酸钙混用既促进苹果着色又延长储存期。新红星、元帅苹果采收前落果严重，在采收前14～21天用2,4-滴丙酸和醋酸钙混合药液喷洒，可以防止采前落果、促进着色、增加硬度、改善果实品质，并可以减少储藏中软腐病的发生，延长贮藏期。在梨上使用也有类似效果。

注意事项

(1) 表面活性剂如0.1%吐温80可提高2,4-滴丙酸的作用效果。

(2) 用作苹果采前防落果剂，与钙离子混用可增加防落效果及防治苹果软腐病。

(3) 喷后24h内避开降雨，否则影响效果。

生产企业　目前国内尚无登记企业信息。

调呋酸 dikegulac

$C_{12}H_{18}O_7$，274.3，18467-77-1

别名　Atrinal，Ro07-6145/001，二凯古拉酸

化学名称　2,3:4,6-二-O-异亚丙基-α-L-木-2-己酮呋喃糖酸

理化性质　调呋酸钠为无色结晶，熔点＞300℃，蒸汽压＜1300mPa (25℃)。溶解度（25℃，g/L）水中590，丙酮、环己酮、二甲基甲酰胺、己烷＜10，氯仿63，乙醇230。在室温下密闭容器中3年内稳定；对光稳定；在pH7～9的介质中不水解

毒性　调呋酸钠大鼠急性经口 LD_{50}（mg/kg）：雄性31000、雌性18000；大鼠急性经皮 LD_{50}＞2000mg/kg。其水溶液对豚鼠皮肤和兔眼睛无刺激性。在90天饲喂试验中，大鼠接受2000mg/(kg·d)及狗接受3000mg/(kg·d)未见不良影响。日本鹌鹑、绿头鸭和雏鸡饲喂试验 LC_{50}（5d）＞50000mg/kg饲料。鱼毒 LC_{50}（96h）：蓝鳃翻车鱼＞10000mg/L，虹鳟鱼＞5000mg/L。对蜜蜂无毒，LD_{50}（经口和局部处理）＞0.1mg/只。

作用特征　调呋酸钠是内吸性植物生长调节剂，能被植物吸收并运输到植物茎端，从未打破顶端优势，促进侧枝生长。抑制生长素、赤霉素和细胞分裂素的活性；诱导乙烯的生物合成。

应用　调呋酸钠多用于促进观赏植物林木侧枝生长和花芽的形成和生长，抑制绿篱、木本观赏植物和林木的纵向生长，用4000～5000mg/L药液喷洒常绿杜鹃和矮生杜鹃，可使它们在整个生长季节，茎的伸长延缓。一般在春季修剪后2～5d处理，需要将药液喷洒全株，可促进侧枝多发，株型紧凑。在海棠花芽分化前，用600～1400mg/L药液叶面喷洒全株，既能起到整形作用，又不影响开花。本品对绿篱较低部分和较老部分的侧枝作用可提高叶的覆盖范围。

注意事项　施用时需加入表面活性剂。

生产企业　目前国内尚无登记企业信息。

噻节因　dimethipin

$C_6H_{10}O_4S_2$，210.3，55290-64-7

别名　Harvade，Oxydimethin，哈威达

化学名称　2,3-二氢-5,6-二甲基-1,4-二噻因-1,1,4,4-四氧化物

理化性质　纯品为白色晶体，熔点 $167\sim169℃$，蒸气压 0.051mPa（25℃），分配系数 $K_{ow}\lg P=-0.17$（24℃），Henry 常数 2.33×10^{-6} Pa·m^3·mol^{-1}（计算）。相对密度 1.59（23℃）。溶解度（25℃，g/L）：水 4.6，乙腈 180，二甲苯 9，甲醇 10.7。稳定性：在 pH3、6 和 9 条件下稳定；在 20℃稳定 1 年，55℃稳定 14 天，25℃，光照$\geqslant$7d。酸度系数 $pK_a=10.88$。

毒性　大鼠急性经口 LD_{50}：500mg/kg，兔急性经皮 LC_{50}：5000mg/kg。对兔眼睛刺激性严重；对豚鼠刺激性较弱。大鼠吸入 LC_{50}（4h）：1.2mg/L。NOEL 数据（2 年）：大鼠 2mg/(kg·d)，狗 25mg/(kg·d)，对这些动物无致癌作用。ADI 值：0.02mg/kg。野鸭和小齿鹑饲喂 LC_{50}（8 天）$>$5000mg/L。鱼毒 LC_{50}（96h，mg/L）：虹鳟 52.8，翻车鱼 20.9，羊肉鲷 17.8。蜜蜂 $LD_{50}>100\mu g$/只（25%制剂）。蚯蚓 LC_{50}（14d）$>$39.4mg/L（25%制剂）。

作用特征　植物生长调节剂，干扰植物蛋白质合成，作为脱叶剂和干燥剂使用。可使棉花、苗木、橡胶树和葡萄树脱叶，还能促进早熟，并能降低收获时亚麻、油菜、水稻和向日葵种子的含水量。

应用　作为脱叶和干燥时的用量一般为 $0.84\sim1.34$kg/hm^2。若用于棉花脱叶，施药时间为收获前 $7\sim14$d，棉铃 80% 开裂时进行，用量为 $0.28\sim0.56$kg/hm^2。若用于苹果树脱叶，在收获前 7d 进行。若用于水稻和向日葵种子的干燥，宜在收获前 $14\sim21$d 进行。

生产企业　目前国内尚无登记企业信息。

地乐酚　dinoseb

$C_{10}H_{12}N_2O_5$，240.2，88-85-7

别名 DN 289，Hoe 26150，Hoe 02904

化学名称 2-仲丁基-4,6-二硝基酚

理化性质 橙褐色液体，熔点 38～42℃。原药（纯度约 94%）为橙棕色固体；熔点 30～40℃。溶解度（室温下）：水中约 100mg/L；溶于石油和大多数有机溶剂。本品为酸性，pK_a 4.62，可与碱形成可溶性的盐。在水存在下对低碳钢有腐蚀性。其盐溶于水，对铁有腐蚀性。

毒性 对哺乳动物高毒。大鼠急性经口 LD_{50}：58mg/kg。兔急性经皮 LD_{50}：80～200mg/kg；以 200mg/kg 涂于兔皮肤上（5 次），没有引起刺激作用。180d 饲喂试验表明：每日 100mg/kg 对大鼠无不良影响；两年饲养试验表明：地乐酚乙酯对大鼠的无作用剂量为 100mg/kg 饲料；狗为 8mg/kg 饲料；鲤鱼 LC_{50}（48h）：0.1～0.3mg/L。

应用 地乐酚是硝基苯类化合物，曾被广泛用作除草剂。可用于谷物地中防除一年生杂草，也可做马铃薯和豆科作物的催枯剂。作为植物生长调节剂主要有以下应用：

(1) 收获前使用可加速马铃薯和其他豆类失水。

(2) 叶耳长出前叶片施药可刺激玉米生长，提高产量。

注意事项

(1) 地乐酚应放在通风良好的地方，远离食物和热源。

(2) 避免直接接触该药品。

生产企业 目前国内尚无登记企业信息。

二苯基脲磺酸钙 diphenylurea sulfonic calcium

$CaC_{13}H_{10}N_2O_7S_2$，

化学名称 （N,N'-二苯基脲)-4,4'-二磺酸钙

理化性质 固体，熔点 300℃（常压）；溶解度：122.47g/L（20℃）；稳定性：对酸碱热稳定，光照分解，密度 1.033g/mL（20℃）。

毒性 低毒，大鼠急性经口 LD_{50}＞5000mg/kg，急性经皮 LD_{50}＞4640mg/kg。

作用特征 该产品可影响植物细胞内核酸和蛋白质的合成，促进或抑制植物细胞的分裂和伸长。还可调节控制植物体内多种酶的活性、增加叶绿素含

量、促进根叶茎和芽的发育，从而提高农作物的产量。

应用

(1) 棉花　喷施 6.5％水剂 870～1300 倍液，能增产 13％以上。

(2) 小麦　喷施 6.5％水剂 450～650 倍液，能增产 15％以上。

(3) 玉米、燕麦、大豆等旱地作物只拌种　不喷雾，也能获得增产效果。

注意事项

(1) 本品可与一般农药混合使用。

(2) 本品低毒，但不得食用。

(3) 应通过试验来确定最佳浓度，特别在苗期更是不宜稀释过浓，以免产生药害。

(4) 喷药后 8h 内遇雨，需重喷。

生产企业　目前国内尚无登记企业信息。

敌草快　diquat

$C_{12}H_{12}N_2$，184.2，85-00-7

别名　Dextrone，Reglox

化学名称　1,1'-亚乙基-2,2'-双吡啶二鎓盐

理化性质　敌草快二溴盐以单水合物形式存在，为无色至浅黄色结晶体。在 325℃时分子开始分解。蒸气压＜0.01mPa（20℃），分配系数 $K_{ow}\lg P = -4.60$，Henry 常数 $5\times10^{-9}Pa\cdot m^3\cdot mol^{-1}$（计算值）。20℃，水中溶解度 700g/L，微溶于乙醇和羟基溶剂（25g/L），不溶于非极性有机溶剂（＜0.1g/L）。稳定性：在中性和酸性溶液中稳定，在碱性条件下易水解。DT_{50}：pH7，模拟光照下约 74d；pH5～7 时稳定；黑暗条件下 pH9 时，30d 损失 10％；pH9 以上时二溴盐不增加降解。对锌和铝有腐蚀性。

毒性　急性经口 LD_{50}（mg/kg）：大鼠 408，小鼠 234。大鼠急性经皮 LD_{50}：＞793mg/kg。延长接触时间，人的皮肤能吸收敌草快，引起暂时的刺激，可使伤口愈合延迟。对眼睛、皮肤有刺激。如果吸入可引起鼻出血和暂时性的指甲损伤。NOEL 数据：大鼠 0.47mg/(kg·d)（2 年），狗 94mg/kg 饲料（4 年）。ADI 值：0.002mg 阳离子/kg [1993]。急性经口 LD_{50}（mg/kg）：绿头鸭 155，鹌鹑 295。锦鲤 LC_{50}（96h）：125mg/L，虹鳟鱼 LC_{50}（96h）：39mg/L。水蚤 EC_{50}（48h）：2.2μg/L，海藻 EC_{50}（96h）：21μg/L。蜜蜂：

LD_{50}（经口，120h）：$22\mu g$/只。蚯蚓 LC_{50}（14d）：243mg/kg 土壤。

环境行为：本品对大鼠经口处理，可在 4d 通过尿和粪便完全排出；本品在大豆、葡萄、玉米和欧龙牙草中代谢物不少于九种，脲是最终代谢物；在 22℃ 条件下，本品施于土壤 6d 后，降解到 5.3％（沙壤土），7.85％（黏土壤），DT_{50} 7～8 周。

作用特征 敌草快可使叶片干枯，作用机制同百草枯。敌草快茎叶处理后，会产生氧自由基，破坏叶绿体膜，叶绿素降解，导致叶片干枯。

应用 敌草快一般用于传导性触杀灭生性除草剂，也可以用作马铃薯、地瓜和棉花的茎叶催枯。1957 年由英国 ICI 公司开发，商品名称 Reglone、aquacide、Pathclear。主要用做马铃薯或棉花的脱叶剂。使用技术如表 2-9 所示。

表 2-9 敌草快在马铃薯和棉花上的使用技术

作物	剂量/(kg/hm²)	应用时间	应用方法	效果
马铃薯	0.6～0.9	收获前 1～2 周	叶面喷洒	叶片干枯
棉花	0.6～0.8	60％棉荚张开	叶面喷洒	加速脱叶

敌草快与尿素混用促进马铃薯干燥与脱叶。马铃薯收获前一般需要干燥脱叶，单用 0.4kg/hm² 敌草快干燥脱叶效果一般，但若将敌草快与尿素混合（0.4kg/hm²＋20kg/hm²）使用，脱叶与干燥效果明显好于单用。

主要制剂 40％、41％敌草快母液。单剂有 150g/L、200g/L、20％、25％水剂。

生产企业 现由广东中讯农科股份有限公司、山东省联合农药工业有限公司、深圳诺普信农化股份有限公司、英国先正达有限公司、浙江永农化工有限公司等生产。

麦草畏甲酯 disugran

$C_9H_8Cl_2O_3$，235.1，6597-78-0

化学名称 3,6-二氯-2-甲氧基苯甲酸甲酯

理化性质 麦草畏甲酯纯品是白色结晶固体。熔点 31～32℃。在 25℃ 呈黏性液体。沸点 118～128℃（40～53Pa）。水中溶解度＜1％。溶于丙酮、二甲苯、甲苯、戊烷和异丙醇。

毒性 麦草畏甲酯相对低毒,大鼠急性经口 LD_{50}:3344mg/kg。兔急性经皮 LD_{50}>2000mg/kg。对眼睛有刺激性,但对皮肤无刺激。

作用特性 麦草畏甲酯可通过茎叶吸收,传导到活跃组织。作用机制仍有待于研究。其生理作用是可加速成熟和增加含糖量。

应用 麦草畏甲酯商品名 Racuza,由美国 Velsicol 化学公司开发。其应用如表 2-10 所示。

表 2-10 麦草畏在作物上的使用技术

作物	剂量/(kg/hm²)	时间	效果
甘蔗	0.25~1	收获前 4~8 周	增加含糖量
甜菜	0.25~1	收获前 4~8 周	增加含糖量,增加产量
甜瓜	1.0~2.0	瓜直径 7~13cm	增加含糖量
葡萄柚	0.25~0.5	收获前 4~8 周	通过改变糖/酸比例,增加甜度
苹果、桃	0.25~1	水果颜色出现时	均匀成熟
葡萄	0.2~0.6	开花期	增加含糖量,增加产量
大豆	0.25~1	开花后	增加产量
绿豆	0.25~1	开花后	增加产量
草地	0.25~1	旺盛生长期	增加草坪草分蘖

注意事项

(1) 最好的应用方法是叶面均匀喷洒。

(2) 不能和碱性或酸性植物生长调节剂混用。

(3) 处理后 24h 内下雨,需重喷。

主要制剂 42%油悬浮剂。

生产企业 目前国内尚无登记企业信息。

敌草隆　diuron

$C_9H_{10}Cl_2N_2O$,233.1,330-54-1

别名 Diurex

化学名称 3-(3,4-二氯苯基)-1,1-二甲基脲

理化性质 纯品为无色结晶固体,熔点 158~159℃,蒸气压 $1.1×10^{-3}$ mPa(25℃),分配系数 K_{ow} lg$P$ = 2.85±0.03(25℃),Henry 常数 $7.04×10^{-6}$ Pa·m³·mol⁻¹(计算值)。相对密度 1.48。水中溶解度 5.4mg/L

（25℃）。在有机溶剂，如热乙醇中的溶解度随温度升高而增加。敌草隆在180～190℃和酸碱中分解。不腐蚀，不燃烧。

毒性　大鼠急性经口 LD_{50}：3400mg/kg。大鼠以 250mg/kg（饲料）饲喂两年，无影响。敌草隆对皮肤无刺激。

作用特性　敌草隆是一种触杀性的除草剂，土壤处理可防除一年生禾本科杂草。作为植物生长调节剂，它可提高苹果的色泽；为甘蔗的开花促进剂。作用机制还有待进一步研究。

应用　敌草隆是一种脲类植物生长调节剂，1954年由美国杜邦公司生产，现在已经有多家国内企业生产。

敌草隆以 $4\times10^{-5}\sim4\times10^{-4}$ mol/L 药液（用柠檬酸调 pH3.0～3.8）喷洒，可促进苹果果皮花青素的形成；作为甘蔗开花促进剂，要在甘蔗开花早期，以 500～1000mg/L 喷洒花。

敌草隆与噻唑隆混剂可作棉花脱叶剂。敌草隆与噻唑隆可以制成混合制剂，用于棉花脱叶，并抑制顶端生长，促进吐絮。

敌草隆与柠檬酸或苹果酸混用（药液 pH3.8～3.0）在苹果着色前处理，能诱导花青素的产生，从而不仅可以增加苹果的着色面积，还可以提高优级果率。敌草隆的使用浓度以 $4\times10^{-5}\sim4\times10^{-4}$ mol/L 为宜，在敌草隆与柠檬酸混合液中加入 0.1% 吐温 20 更有利于药效的发挥。

注意事项

（1）不要使敌草隆飘移到棉田、麦田及桑树上。

（2）不要和碱性试剂接触，否则会降低敌草隆的效果。

（3）用过敌草隆的喷雾器要彻底清洗。

主要制剂　95%、97%、98.4%原药。单剂有 20%、25%、50%、80% 可湿性粉剂；20%、80%悬浮剂；80%水分散粒剂。复配制剂有 540g/L 噻苯·敌草隆悬浮剂等。

生产企业　现由安徽广信农化股份有限公司、广西弘峰合浦农药有限公司、广西乐土生物科技有限公司、黑龙江鹤岗市清华紫光英力农化有限公司、江苏常隆化工有限公司等生产、辽宁省沈阳丰收农药有限公司等生产。

调节安　DMC

$$O \underset{CH_2-CH_2}{\overset{CH_2-CH_2}{<}} \overset{+}{N} \underset{CH_3}{\overset{CH_3}{<}} \cdot Cl$$

$C_6H_{14}ClNO$，151.6，23165-19-7

化学名称 N,N-二甲基吗啉鎓氯化物

理化性质 纯品为无色针状晶体，熔点 344℃（分解），易溶于水，微溶于乙醇，难溶于丙酮及非极性溶剂。有强烈的吸湿性，其水溶液呈中性，化学性质稳定。工业品为白色或淡黄色粉末状固体，有效活性成份含量≥95％。

毒性 调节安毒性极低，雄性大鼠经口 LD_{50}：740mg/kg；雄性小鼠经口 LD_{50}：250mg/kg，经皮＞2000mg/kg；雌性大鼠经口 LD_{50}：840mg/kg。28d 蓄积性试验表明：雄大鼠和雌大鼠的蓄积系数均＞5，蓄积作用很低。经 Ames，微核试验和精子畸形试验证明：它也没有导致基因突变而改变体细胞和生殖细胞中的遗传信息。因而生产和应用均比较安全。

作用特征 调节棉花的生育，抑制营养生长，加强生殖器官的生长势，增强光合作用，增加叶绿素含量，增加结铃和铃重。使维管束发达，输导组织畅通，使养分快速地运往到生殖器官。能有效地调节营养生长和生殖生长。

应用 棉田中等肥力，后劲不足，或遇干旱，生长缓慢，盛花期亩用 2g 喷洒。中等肥力，后劲较足，稳健型长相，初花期用 30～45g/hm² 喷洒。肥水足，后劲好或棉花生长中期降水量较多，旺长型长相，第一次调控在盛蕾期，用 52.5～75g/hm² 喷洒，第二次调控在初花期至盛花期，视其长势用 22.5～37.5g/hm² 喷洒。肥水足，后劲好，降水量多，田间种植密度较大，第一次调控在盛蕾期，用 67.5～82.5g/hm² 喷洒，第二次在初花期用 22.5～45g/hm² 喷洒，第三次在盛花期视其田间长势，用 15～30g/hm² 补喷。

注意事项 棉花整个大田生长期内，用药量不宜超过 135g/hm²。50～250mg/L 为安全浓度，100～200mg/L 为最佳用药浓度，300mg/L 以上对棉花将产生较强的抑制作用。喷洒调节安后，叶片叶绿素含量增加，叶色加深，应注意这种假相掩盖了缺肥，栽培管理上应按常规方法及时施肥、浇水。

生产企业 目前尚无国内登记企业信息。

二硝酚　DNOC

$C_7H_6N_2O_5$，198.1，534-52-1

别名 DNC

化学名称 4,6-二硝基邻甲酚

理化性质 纯品为浅黄色无嗅的结晶体，熔点 88.2～89.9℃。水中溶解

度（24℃，6.94g/L）。溶于大多数有机溶剂。二硝酚和胺类化合物，碳氢化合物，苯酚可发生化学反应。易爆炸，有腐蚀性。

毒性 大鼠急性经口 LD_{50}：25～40mg/kg；山羊 100mg/kg；二硝酚钠盐绵羊 200mg/kg。对皮肤有刺激性，急性经皮 LD_{50}（mg/kg）：大鼠 200～600，兔 1000。NOEL 数据（mg/kg 饲料，0.5 年）：家兔>100，狗 20。日本鹌鹑 LD_{50}（14d）：15.7mg/kg，绿头鸭 LD_{50}：23mg/kg。水蚤 EC_{50}（24d）：5.7mg/L，海藻 EC_{50}（96h）：6mg/L。蜜蜂 LD_{50}：1.79～2.29mg/只。

环境行为：原药通过口服摄入，经动物体内代谢后，最终以葡糖酰胺和2-甲基-4，6 二胺基苯酚形式排出体外。对人 DT_{50} 为 150h。在植物体内，硝基还原成氨基。在土壤中，硝基被还原成胺基。DT_{50}：土壤中 0.1～12 天（20℃），水中 3～5 周（20℃）。

应用 二硝酚是一种硝基苯类化合物，商品名称：Antinnonin、Sinox。1892 年由 Fr Bayer&Co.（现 Bayer AG）公司作为杀虫剂开发，并长期生产和销售，1932 年作为除草剂使用。二硝酚作为植物生长调节剂可加速马铃薯和某些豆类作物在收获前失水。用量为 3～4kg/hm²。

注意事项 二硝酚对人和动物有毒，操作过程中避免接触。

生产企业 目前尚无国内登记企业信息。

二苯脲　DPU

$C_{13}H_{12}N_2O$，212.2，102-07-8

化学名称 1,3-二苯基脲

理化性质 纯品无色，菱形结晶体。熔点 238～239℃，相对密度 1.239，沸点 260℃，200℃升华。二苯脲易溶于醚、冰醋酸、但不溶于水、丙酮、乙醇和氯仿。

毒性 二苯脲对人和动物低毒。不影响土壤微生物的生长，不污染环境。

作用特性 二苯脲可通过植物的叶片、花、果实吸收。二苯脲可促进细胞分化。可延长果实在植株上的停留时间。这种作用在与赤霉素混用下提高。

应用 二苯脲商品名称 Carbanilide、Diphenyl carbamide，是一种脲类的植物生长调节剂。二苯脲可延长果实在植株上的停留时间，可促进细胞、组织分化，促进植株新叶的生长，延缓老叶片内叶绿素分解（表2-11）。

表 2-11 二苯脲的使用技术

作物	混配药剂	浓度/(mg/L)	应用时间
樱桃	DPU＋GA＋BNOA①	50＋250＋50	早期和开花盛期
樱桃	DPU＋GA	50＋250	早期和开花盛期
李子	DPU＋GA＋BNOA	50＋250＋10	开花盛期
桃	DPU＋GA＋BNOA	150＋100＋15	开花盛期
苹果	DPU＋GA＋BNOA	300＋200＋10	开花盛期

① 指 2-萘氧乙酸。

注意事项

（1）混配药剂不要和碱性药物接触，否则二苯脲在碱性条件下会分解。

（2）混配药剂喷洒要均匀，且只能在花和果实上喷洒。

（3）在施药 8～12h 内不要浇水，如下雨，要重喷。

生产企业 目前国内尚无登记企业信息。

烯腺嘌呤 enadenine

$C_{10}H_{13}N_5$，203.25，2365-40-4

别名 异戊烯腺嘌呤，富滋，玉米素

化学名称 6-氨基呋喃嘌呤

理化性质 纯品熔点 216.4～217.5℃。

毒性 烯腺嘌呤属低毒植物生长调节剂。原药小鼠急性经口 LD_{50}：＞10g/kg；大鼠喂养 90d 试验，无作用剂量 5000mg/kg。Ames 试验、小鼠骨髓嗜多染红细胞微核试验、精子畸变试验均为阴性。大鼠致畸：2.5g/kg（体重），0.625g/kg、0.156g/kg 对大鼠无致畸作用。大鼠 28d 蓄积性毒性试验，蓄积系数 $K>5$，属弱蓄积毒性。

作用特征 促进细胞分裂及生长活跃部位的生长发育，其特点与羟烯酰嘌呤相同。

应用 参考羟烯酰嘌呤。

注意事项 本药剂应贮存在阴凉、干燥、通风处，切勿受潮；不可与种

子、食品、饲料混放。

主要制剂 0.1％烯腺嘌呤母药；0.006％烯腺·羟烯腺母药。复配制剂有0.0001％、0.0025％、0.01％烯腺·羟烯腺可溶粉剂；0.0001％烯腺·羟烯腺可湿性粉剂；0.0001％、0.0002％、0.001％烯腺·羟烯腺水剂；40％烯·羟·吗啉胍可溶粉剂；6％烯·羟·硫酸铜可湿性粉剂。

生产企业 现由高碑店市田星生物工程有限公司、海南博士威农用化学有限公司、河南倍尔农化有限公司、黑龙江省齐齐哈尔四友化工有限公司、浙江惠光生化有限公司等生产。

乙烯硅　etacelasil

$C_{11}H_{25}ClO_6Si$，316.9，37894-46-5

别名 Alsol，CGA13586

化学名称 2-氯乙基三(2-甲氧基乙氧基)硅烷

理化性质 纯品为无色液体，沸点85℃，蒸汽压27mPa（20℃），密度1.10g/cm³（20℃）。溶解性（20℃）：水中25g/L，可与苯、二氯甲烷、乙烷、甲醇、正辛醇互溶。水解DT_{50}（20℃）：50（pH5），160（pH6），43（pH7），23（pH8）。

毒性 大白鼠急性经口LD_{50}：2066mg/kg，大白鼠急性经皮LD_{50}：＞3100mg/kg，对兔皮肤有轻微刺激，对兔眼睛无刺激。大鼠急性吸入LC_{50}（4h）：＞3.7mg/L空气。90天饲喂试验的无作用剂量：大鼠20mg/(kg·d)，狗10mg/(kg·d)。鱼毒LC_{50}（96h）：虹鳟鱼、鲫鱼、蓝鳃翻车鱼＞100mg/L。对鸟无毒。

作用特征 通过释放乙烯而促进落果。

应用 用作油橄榄的脱落剂，根据油橄榄的品种不同在收获前6～10d喷施。

注意事项 勿与碱性农药混用，以免导致乙烯硅过快分解。晴天干燥情况下应用效果好。有些水果、瓜果催熟会有失风味。

生产企业 目前国内尚无登记企业信息。

乙烯利　ethephon

$$Cl-CH_2-CH_2-\overset{\displaystyle O}{\underset{\displaystyle OH}{P}}-OH$$

$C_2H_6ClO_3P$，144.5，16672-87-0

别名　Ethrel，Florel，Cepha，CEPHA，一试灵

化学名称　2-氯乙基膦酸

理化性质　纯品为白色蜡针状晶体，熔点 $74\sim75℃$，工业品为浅黄色黏稠液体，相对密度 1.258，pH<3，易溶于水和乙醇，在酸性介质中十分稳定，在碱性介质中很快分解放出乙烯，pH>4 时开始分解。

毒性　乙烯利是低毒性植物生长调节剂，小白鼠急性口服 LD_{50}：5110mg/kg，乙烯利商品制剂小白鼠急性经皮 LD_{50}：6810mg/kg，无明显蓄积毒性，鲤鱼平均耐受极限 TLM（72h）：290mg/L。

作用特征　乙烯利是促进成熟和衰老的植物生长调节剂，它可经由植株的茎、叶、花、果吸收，然后传导到植物的细胞中，因一般细胞液 pH 皆在 4 以上，于是便分解生成乙烯，起植物体内内源乙烯的作用，如提高雌花或雌性器官的比例，促进某些植物开花、矮化水稻、玉米等作物，增加茎粗，诱导不定根形成，刺激某些植物种子发芽，加速叶、果的成熟、衰老和脱落。

应用　乙烯利在农作物上的应用见表 2-12。

表 2-12　乙烯利在农作物上的应用

作物	处理浓度	处理时间、方式	效果
橡胶树	40％液剂稀释 20～40 倍	割胶期，涂割胶、处理树皮	增产胶乳
棉花	500～1000mg/L，40％液剂稀释 400～800 倍	70％～80％吐絮期，喷叶	催熟、增产
水稻	1000mg/L，40％液剂稀释 400 倍	秧苗 5～6 叶，喷苗 1～2 次（移栽前 15～20d）	壮苗、矮化增产
番茄	1000mg/L，40％液剂稀释 400 倍	青番茄喷果 1 次	催熟
菠萝	800mg/L，40％液剂稀释 500 倍	收获前 1～2 周喷叶 1 次	催熟
香蕉	250～1000mg/L，40％液剂稀释 400～1600 倍	收获后喷果 1 次	催熟
柿子	250～1000mg/L	采收后浸沾 1 次	催熟、脱涩
蜜橘	40％液剂稀释 400 倍	着色前 15～20d，全株喷洒	早着色、催熟
梨	50～100mg/L，40％液剂稀释 8000～4000 倍	采收前 3～4 周，全树喷洒	早熟

作物	处理浓度	处理时间、方式	效果
苹果	400mg/L,40%液剂稀释1000倍	采收前3～4周,全树喷洒	早着色、催熟
黄瓜	100～250mg/L,40%液剂稀释4000～1600倍	在苗3～4片叶喷全株2次(间隔10d)	增加雌花
葫芦	500mg/L,40%液剂稀释800倍	在3叶期喷洒全株1次	增加雌花
瓠瓜	100～250mg/L,40%液剂稀释4000～1600	在苗3～4片叶喷全株1次	增加雌花
南瓜	100～250mg/L,40%液剂稀释4000～1600	在苗3～4片叶喷全株1次	增加雌花
甜瓜	500mg/L,40%液剂稀释800倍	在苗3～4片叶喷洒全株1次	形成两性花
甘蔗	800～1000mg/L,40%液剂稀释500～400	收获前4～5周,全株喷洒1次	增糖
甜菜	500mg/L,40%液剂稀释800倍	收获前4～6周,全株喷洒1次	增糖
冬小麦	500～1500mg/L,40%液剂稀释267～800	孕穗期至抽穗期,全株喷洒1次	雄性不育
玉米	800～1000mg/L,40%液剂稀释400～500倍	拔节后抽雄前	矮化、增产
茶	600～800mg/L	在10～11月茶树盛花期	摘蕾、落花、增加第二年春茶产量
漆树	8%水剂涂在1～2cm伤口处	7月中旬采漆初期	刺激多产漆
安息香	10%油剂注在距地面10～15cm处钻的1～1.5cm小洞里,每洞0.3～0.4mL	5～6月采脂初,注或涂	刺激多产脂
烟草	500～700mg/L 1000～2000mg/L	早、中熟品种烟草在夏季晴天喷洒 晚熟品种烟草在深秋晴天喷洒	催熟、着色

注意事项 勿与碱性药液混用,以免导致乙烯利过快分解。须在晴天干燥情况下应用效果好。有些水果、瓜类催熟会有失风味。

主要制剂 80%、85%、89%、91%原药。单剂有5%膏剂;5%糊剂;20%颗粒剂;10%可溶粉剂;30%、40%、70%水剂;2%涂抹剂。复配制剂有10%萘乙·乙烯利水剂;30%胺鲜·乙烯利水剂。

生产企业 现由甘肃省张掖市大弓农化有限公司、广东金农达生物科技有限公司、河北华灵农药有限公司、河北神华药业有限公司、河北中天邦正生物科技股份有限公司、河北瑞宝德生物化学有限公司、吉林省吉林市农科院高新技术研究所、江西金龙化工有限公司、江苏百灵农化有限公司、江苏辉丰农化股份有限公司、江苏南京常丰农化有限公司、江苏连云港立本农药化工有限公司、宁夏垦原生物化工科技有限公司、山东曹达化工有限公司、山东侨昌化学有限公司、山西奇星农药有限公司、陕西上格之路生物科学有限公司、陕西韦尔奇作物保护有限公司、上海升联化工有限公司、四川国光农化股份有限公司、云南天丰农药有限公司、浙江省绍兴市东湖生化有限公司等生产。

吲熟酯　ethychlozate

$$\text{Cl} \quad \begin{array}{c} \text{H} \\ \text{N} \\ \text{N} \end{array} \quad \text{CH}_2\text{COOCH}_2\text{CH}_3$$

$C_{11}H_{11}ClN_2O_2$，238.7，27512-72-7

别名　富果乐，Figaron，J-455

化学名称　5-氯-1H-吲唑-3 基乙酸乙酯

理化性质　原药为黄色结晶，熔点 76.6～78.1℃，250℃以上分解，遇碱也分解。

毒性　吲熟酯属低毒性植物生长调节剂。大白鼠急性口服 LD$_{50}$：4800mg/kg（雄）、5210mg/kg（雌），大白鼠经皮 LD$_{50}$＞10000mg/kg，对皮肤和眼无刺激作用。大白鼠三代繁殖致畸研究无明显异常均呈阴性，大白鼠口服或静脉注射给药的代谢实验表明药物可被消化道迅速吸收，15 分钟后在血液中测到最大浓度，24 小时内几乎全部由尿排出，残留极少。鲤鱼（48h）LC$_{50}$为 1.8mg/L。

作用特征　吲熟酯可阻抑生长素运转，促进生根，增加根系对水分和矿质元素的吸收，控制营养生长促进生殖生长，使光合产物进可能多地输送到果实部位，有早熟增糖等作用。

应用

（1）疏果作用（温州蜜橘）　盛花后 35～45d 喷施 50～200mg/L 的吲熟酯，可使较小的果实脱落，导致保留果实的大小均匀一致，且可调节柑橘的大小年。

（2）改善品质（温州蜜橘）　盛花后 70～80d 喷施 50～200mg/L 的吲熟酯，能使果实早着色 7～10d，糖分增加，也增加氨基酸总量，改善风味，增加可溶性固形物，降低柠檬酸含量。

（3）西瓜幼瓜 0.25～0.5kg 时，喷施浓度为 50～100mg/L 的吲熟酯，有促进早熟、提高品质、增产等作用。

（4）葡萄等在果实着色前处理，可增加甜度。对葡萄、柿子、梨等，在果实生长发育早期使用，也有改善果实品质的作用。

注意事项　本产品严禁与碱性农药混用。

生产企业　目前国内尚无登记企业信息。

氟节胺　**flumetralin**

$C_{16}H_{12}ClF_4N_3O_4$，421.73，62924-70-3

别名　抑芽敏，灭芽灵，Prime，CGA41056

化学名称　N-(2-氯-6-苄基)-N-乙基-2,6-二硝基-4-(三氟甲基)苯胺

理化性质　黄色至橙色晶体，熔点 101.0～103.0℃（原药 92.4～103.8℃），蒸气压 $3.2×10^5$ Pa（25℃），密度 1.54g/mL（20℃），溶解度：水 0.07mg/L（25℃），丙酮 560，甲苯 400，乙醇 18，辛醇 6.8（g/L，25℃）。大于 250℃时分解，pH5～9 时稳定。

毒性　低毒，大鼠急性经口 LD_{50}：>5000mg/kg，大鼠急性经皮 LD_{50}：>2000mg/kg。无特效解毒剂，需对症治疗。如误服本品，应给清醒的患者服用大量医用活性炭。

作用特征　氟节胺是接触兼局部内吸型烟草侧芽抑制剂。它经由烟草的茎、叶表面吸收，有局部传导性能。当它进入烟草叶芽部位，抑制叶芽内分生组织细胞的分裂、生长，从而控制叶芽的萌发。

应用　氟节胺是二硝基苯胺类化合物，属于低残留的植物生长调节剂，是烟草上专用的抑芽剂。在生产上，当烟草生长发育到花蕾伸长期至始花期时，便要进行人工摘除顶芽（打顶），但不久各叶腋的侧芽会大量发生，通常需进行人工摘侧芽 2～3 次，以免消耗养分，影响烟叶的产量与品质。氟节胺可以代替人工摘除侧芽，在打顶后 24h，每亩用 25％乳油 80～100mL 稀释 300～400 倍，可采用整株喷雾法、杯淋法或涂抹法进行处理，都会有良好的控侧芽效果。从简便、省工角度来看，顺主茎往下淋为好，从省药和控侧芽效果看，是用毛笔蘸药涂抹到侧芽上。

注意事项

（1）本品对 2.5cm 以上的侧芽效果不好，施药时应事先打去。

（2）本品对鱼有毒，应避免药剂污染水塘、河流。

（3）不能与其他农药混用。

主要制剂 95％、96％、98％原药。单剂有 125g/L、25％乳油；25％可分散油悬浮剂；25％悬浮剂。

生产企业 甘肃省张掖市大弓农化有限公司、江苏辉丰农化股份有限公司、美国默塞技术公司、瑞士先正达作物保护有限公司、陕西上格之路生物科学有限公司、浙江禾田化工有限公司。

芴丁酸　flurenol

$C_{14}H_{10}O_3$，226.2，467-69-6

化学名称 9-羟基芴-9-羧酸

理化性质 熔点 71℃，蒸汽压 3.1×10^{-2} mPa（25℃），分配系数 $K_{ow}\lg P = 3.7$，$pK_a 1.09$。溶解度：水中 36.5mg/L（20℃）；甲醇 1500，丙酮 1450，苯 950，乙醇 700，氯仿 550，环己酮 35（g/L，20℃）。在酸碱介质中水解。

毒性 大鼠急性经口 LD_{50}：＞6400mg/kg，小鼠急性经口 LD_{50}：＞6315mg/kg。大鼠急性经皮 LD_{50}＞10000mg/kg。NOEL 数据：大鼠（117d）：大于 10000mg/kg（饲料）；狗（119d）：大于 10000mg/kg（饲料）。鳟鱼 LC_{50}（96h）：318mg/L。水蚤 LC_{50}（24h）：86.7mg/L。

作用特征 通过被植物根、叶吸收而产生对植物生长的抑制作用，但它主要用于与苯氧链烷酸除草剂一起使用。

应用 可防除谷物作物中杂草。

生产企业 目前国内尚无登记企业信息。

调嘧醇　flurprimidol

$C_{15}H_{15}F_3N_2O_2$，312.3，56425-91-3

别名 EL-500

化学名称 (RS)-2-甲基-1-嘧啶-5-基-1-(4-三氟甲氧基苯基)丙-1-醇

理化性质 本品为无色结晶，熔点 93.5～97℃，沸点 264℃，蒸气压

4.85×10^{-2} mPa（25℃）。分配系数 K_{ow} lgP＝3.34（pH7，20℃），相对密度1.34（24℃），溶解度（20℃，mg/L）：水 114（蒸馏水）、104（pH5）、114（pH7）、102（pH9）。溶解度（20℃，g/L）：正己烷 1.26，甲苯 144，二氯甲烷 1810，甲醇 1990，丙酮 1530，乙酸乙酯 1200。稳定性：在 pH4、7 和 9（50℃）时，5d 水解率＜10％。室温下至少能稳定存在 14 个月。在水中见光分解，DT_{50} 约 3h。

毒性 雄大鼠急性经口 LD_{50}：914mg/kg，雌大鼠急性经口 LD_{50}：709mg/kg，雄小鼠急性经口 LD_{50}：602mg/kg，雌性小鼠急性经口 LD_{50}：702mg/kg，兔急性经皮 LD_{50}（4h）：＞5mg/L。NOEL 数据：狗（1 年）：7mg/kg（饲料）；大鼠（2 年）：4mg/kg（饲料），小鼠（2 年）：1.4mg/kg（饲料）。ADI 值：未在食用作物上使用。以 200mg/(kg·d) 剂量饲养大鼠或者 45mg/(kg·d) 剂量饲养兔均无致畸作用。Ames 试验，DNA 修复，大鼠原初肝细胞和其他体外生测试验均为阴性。鹌鹑和绿头鸭急性经口 LD_{50}＞2000mg/kg，饲喂试验鹌鹑 LC_{50}（5d）560mg/kg（饲料），绿头鸭 LC_{50}（5d）1800mg/kg（饲料），蓝鳃翻车鱼 LC_{50}（96h）17.2mg/L，鳟鱼 LC_{50}（96h）18.3mg/L。水蚤 LC_{50}（48h）11.8mg/L，海藻 EC_{50} 0.84mg/L。蜜蜂：LD_{50}（接触，48h）＞100μg/只。

环境行为：哺乳动物皮肤形成一个重要的吸收屏障。口服，48h 内经尿和粪便排泄，经检测含有 30 多种代谢产物。在体内无积累。土壤中，在好气环境下降解产生 30 多种代谢产物。沙壤土 K_d 1.7。

作用特征 本品是赤霉素合成抑制剂，可使植株高度降低，诱发分蘖，增进根生长，提高水稻抗倒伏能力。

应用 调嘧醇商品名 Cutless，是一种嘧啶醇类植物生长调节剂，R. Cooper 等报道，Eli Lilly & Co. 开发，1989 年在美国投产。以 0.5～1.5kg/hm² 施用，可改善冷季和暖季草皮的质量，也可注射树干，减缓生长和减少观赏植物的修剪次数。以 0.45kg/hm² 喷于土壤，可抑制大豆、菊的生长；以 0.84kg/hm² 调嘧醇＋0.07kg/hm² 伏草胺桶混施药，可减少早熟禾混合草皮的生长，与未处理对照相比，效果达 72％。本品用于 2 年火炬松和湿地松的叶面和皮部，能降低高度，而且无毒性。当以水剂作叶面喷洒或以油剂涂于树皮时，均能使 1 年的生长量降低到对照树的一半左右。本品的最大抑制作用在性繁殖阶段。对水稻具有生根和抗倒伏作用，在分蘖期施药，主要通过根吸收，然后转移至水稻植株顶部，使植株高度降低，诱发分蘖，增进根的生长；在抽穗前 40d 施药，提高水稻的抗倒伏能力，不会延迟孕穗或影响产量。

生产企业 目前国内尚无登记企业信息。

氯吡脲　forchlorfenuron

$C_{12}H_{10}ClN_3O$，247.68，68157-60-8

别名　吡效隆醇，调吡脲，施特优，吡效隆

化学名称　1-(2-氯-4-吡啶)-3-苯基脲

理化性质　白色至灰白色晶状粉末，熔点 165～170℃，蒸气压 $4.6×10^{-8}$ Pa（25℃饱和），溶解度水 39mg/L（pH6.4，21℃），对热、光和水稳定。

毒性　低毒，兔急性经口 LD_{50} 4918mg/kg，急性经皮 $LD_{50}>2000$mg/kg

作用特征　新的植物生长调节剂，具有细胞分裂素活性，能促进细胞分裂、分化、器官形成，蛋白质合成，提高光合作用，增强抗逆性和抗衰老。用于瓜果类植物，具有良好的促进花芽分化、保花、保果和使果实膨大的作用。

应用　氯吡脲为广谱、多用途的植物生长调节剂，具有细胞分裂素活性，能促进细胞分裂、分化和扩大，促进器官形成、蛋白质合成。

（1）膨大果实、改善品质　葡萄：用 5～20mg/kg 药液浸幼果穗，促进果实生长，增产。猕猴桃、柑橘：猕猴桃谢花后 20～25d，柑橘谢花后 3～7d 及谢花后 25～35d 分别用 5～20mg/kg 药液浸渍幼果，可增加单果重，增加产量。

（2）提高坐果率、增加产量　西瓜：用 10～20mg/kg 药液喷瓜胎，可提高坐瓜率。黄瓜、甜瓜：用 5～20mg/kg 药液喷瓜胎，可调节生长，提高坐瓜率，提高产量。

注意事项　可与其他农药、肥料混用。使用时应按规定时期、浓度、用量和方法，浓度过高可引起果实空心，畸形。使用时应现配现用。

主要制剂　97％原药。单剂有 0.1％、0.3％、0.5％可溶液剂。

生产企业　重庆双丰化工有限公司、重庆市诺意农药有限公司、宁夏裕农化工有限责任公司、四川国光农化股份有限公司、四川省兰月科技有限公司、四川施特优化工有限公司、宁夏裕农化工有限责任公司。

杀木膦　fosamine ammonium

$C_3H_{11}N_2O_4P$，170.1，25954-13-6

别名　膦铵素，蔓草膦，调节膦

化学名称　氨基甲酰基膦酸乙酯铵盐

理化性质　工业品纯度大于 95％。纯品为白色结晶，熔点 173～175℃，蒸气压 0.53mPa(25℃)，Henry 常数 9.5×10^{-9}Pa·m^3·mol^{-1} (25℃)，相对密度 1.24。溶解度（g/kg，25℃）：水中 > 2500，甲醇 158，乙醇 12，N,N-二甲基甲酰胺 1.4，苯 0.4，氯仿 0.04，丙酮 0.001，正己烷 < 0.001。稳定性：在中性和碱性介质中稳定，在稀酸中分解，pK_a 9.25。

毒性　大鼠急性经口 LD_{50}：> 5000mg/kg，兔急性经皮 LD_{50}：> 1683mg/kg。对兔皮肤和眼睛没有刺激。对豚鼠皮肤无致敏现象。雄大鼠急性吸入 LC_{50}(1h)：> 56mg/L 空气（制剂产品）。1000mg/kg 饲料喂养大鼠 90d 未见异常。绿头鸭和山齿鹑急性经口 LD_{50} > 10000mg/kg。绿头鸭和山齿鹑饲喂试验 LD_{50}：5620mg/kg（饲料）。鱼毒 LC_{50}(96h)：蓝鳃翻车鱼 590mg/L，虹鳟鱼 300mg/L，黑头呆鱼 > 1000mg/L。水蚤 LC_{50}(48h)：1524mg/L。蜜蜂 LD_{50}：> 200mg/只局部施药。杀木膦可被土壤中微生物迅速降解，半衰期约 7～10d。

作用特性　杀木膦主要经由茎、叶吸收，进入叶片后抑制光合作用和蛋白质的合成。进入植株的幼嫩部位抑制细胞的分裂和伸长，也抑制枝条里的花芽分化。低浓度（100mg/L）可抑制过氧化物酶的活性。它还影响光合能量的转换，对非循环磷酸化，在低浓度（0.85～8.5mg/L）有促进作用，而在高浓度（850～8500mg/L）则明显起抑制作用，在循环磷酸化中也呈类似现象。然而从 0.85～8500mg/L 浓度范围内，电子传递速度却随浓度的增高而加快，表现出明显解偶联剂的效应。

应用　杀木膦是一种有机膦类植物生长调节剂，商品名称 Krenite，1974 年由美国杜邦公司首先开发。杀木膦可以防除和控制多种杂草及灌木生长，以促进目的树种的生长发育。其防控的杂灌木如胡枝子、黑桦、山杨、柞树、山丁子、榛子等，用量 2～7kg(a.i)/hm^2，有效控制时间 2～3 年。

用作植物生长调节剂，它可以控制柑橘夏梢，减少刚结果柑橘的"6 月生理落果"，在夏梢长出 0.5～1.0cm 长时，以 500～750mg/L 喷洒一次就能有效地控制住夏梢的发生，增产 15％以上。

它还能有效地控制花生后期无效花，减少养分消耗，在花生扎针期用 500～1000mg/L 喷洒一次，增产 10％以上，杀木膦处理也能使花生叶片增加厚度，上、中部叶片尤其明显。在结荚中期喷洒浓度为 500mg/L，喷液量为 750L/hm^2，则明显促进荚果增大，饱果数多，百果重及百仁重均增加。

在 1～2 年龄胶树于顶端旺盛生长时用 1000～1500mg/L 喷洒一次，促进侧枝生长，起矮化胶树的作用。此外，在番茄、葡萄旺盛生长时期用 500～

1000mg/L 药液喷洒一次，可促进坐果，提高果实含糖量。

注意事项

（1）药液稀释时必须用清水，切勿用浑浊河水。

（2）喷后 24h 勿有雨，6h 内下雨须补喷。

（3）注意保护，勿让药液溅到眼内，施药后用肥皂水清洗手、脸。

生产企业　目前国内尚无登记企业信息。

赤霉酸　**gibberellic acid**

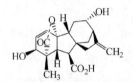

C₁₉H₂₂O₆，346.0，77-06-5

$C_{19}H_{22}O_6$，346.0，77-06-5

别名　赤霉素，九二 O，奇宝

理化性质　晶状固体，熔点 223～225℃（分解），溶解度水 5g/L，溶于甲醇，乙醇，丙酮，微溶于乙醚，乙酸乙酯。不溶于氯仿。迅速溶于水（钾盐为 50g/L）。干赤霉素在室温下稳定，在水溶液中或醇溶液中分解，在碱液中失去活性，遇热分解。

毒性　低毒，小白鼠急性经口 LD_{50}：＞15000mg/kg

作用特征　广谱性植物生长调节剂。植物体内普遍存在着内源赤霉素，是促进植物生长发育的重要激素之一，是多效唑、矮壮素等生长抑制剂的拮抗剂。该药可促进细胞，茎伸长，叶片扩大，单性结实、果实生长，打破种子休眠，改变雌、雄花比率，影响开花时间，减少花、果的脱落。外源赤霉素进到植物体内，具有内源赤霉素同样的生理功能。赤霉素主要经叶片、嫩枝、花、种子或果实进入到植株体内，然后传导到生长活跃的部位起作用。

应用

（1）促进坐果或无籽果的形成　黄瓜开花期用 50～100mg/kg 药液喷花 1 次促进坐果、增产。葡萄开花后 7～10d，玫瑰香葡萄用 200～500mg/kg 药液喷果穗 1 次，促进无核果形成。

（2）促进营养生长　芹菜收获前 2 周用 50～100mg/kg 药液喷叶 1 次；菠菜收获前 3 周喷叶 1～2 次，可使茎叶增大。

（3）打破休眠促进发芽　土豆播前用 0.5～1mg/kg 药液浸块茎 30min；大麦播前用 1mg/kg 药液浸种，都可促进发芽。

（4）延缓衰老及保鲜作用　蒜薹用 50mg/kg 药液浸蒜薹基部 10～30min，

柑橘绿果期用 5～15mg/kg 药液喷果 1 次，香蕉采收后用 10mg/kg 药液浸果，黄瓜、西瓜采收前用 10～50mg/kg 药液喷瓜，都可起到保鲜作用。

（5）调节开花　菊花春化阶段用 1000mg/kg 药液喷叶，仙客来蕾期用 1～5mg/kg 药液喷花蕾可促进开花。

（6）提高杂交水稻制种的结实率　一般在母本 15％抽穗时开始，到 25％抽穗结束用 25～55mg/kg 药液喷雾处理 1～3 次。先用低浓度，后用高浓度。

注意事项　赤霉酸（GA）纯品水溶性低，85％结晶粉剂用前先用少量酒精溶解再加水稀释至所需浓度。赤霉酸遇碱分解在偏酸和中性溶液中较稳定。使用时最好现配现用，贮存在低温干燥处。

主要制剂　90％赤霉酸原药；75％、85％结晶粉。单剂有 3％、4％乳油；20％可溶性粉剂；40％可溶性粒剂；75％、85％粉剂；10％、15％、20％可溶片剂。复配制剂有 0.3％赤霉·氯吡脲可溶液剂；3.2％赤霉·多效唑可湿性粉剂；0.136％赤·吲乙·芸薹可湿性粉剂。

生产企业　澳大利亚纽发姆有限公司、江苏百灵农化有限公司、山东鲁抗生物农药有限责任公司、四川国光农化股份有限公司、四川省兰月科技有限公司、浙江钱江生物化学股份有限公司、中农立华（天津）农用化学品有限公司。

赤霉酸 4（GA₄）

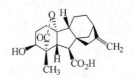

C₁₉H₂₄O₅，332.39，468-44-0

化学名称　3α,10β-二羟-20-十碳赤霉-16-烯-7,19-双酸-19,10-内酯

理化性质　赤霉酸 4（GA₄）纯品为白色结晶体，熔点 222℃（另一种结晶熔点 255℃），溶于乙醇、乙酸乙酯等。不溶于水、氯仿、煤油。热和碱加速其分解。

作用特征　GA₄ 是促进植物生长发育的重要的植物激素，外源 GA₄ 可被叶、花、果吸收，有良好的传导性，它促进植物的茎薹伸长，打破种子休眠，诱导某些作物雄蕊的增加，促进坐果或禾本科作物的结实率等。

应用　GA₄ 是一个广谱的植物生长调节剂。它促进烟草、莴苣种子萌发上比赤霉酸 3（GA₃）活性还高；促进矮生豌豆的生长上，它也比赤霉酸 3（GA₃）、赤霉酸 7（GA₇）高；在促进坐果上没有赤霉酸 3（GA₃）和赤霉酸 7

（GA$_7$）高。在雌雄同株的黄瓜上应用可使之成为雄花。GA$_4$进入生产实用性的混剂有6-BA＋GA$_4$＋GA$_7$，可促进苹果坐果，增加着色。作香蕉保鲜剂使用赤霉酸（GA$_4$＋GA$_7$）10mg/L＋250mg/L苯菌灵浸泡后晾干、冷藏7周好果率达95%，而单用赤霉酸（GA$_4$＋GA$_7$）有80%好果率，单用苯菌灵仅40%好果率，对照（水）只有20%好果率，促进水稻结实施用GA$_4$10mg/L＋芸薹素内酯0.01mg/L，其效果呈现增效作用。

注意事项　勿与碱性药液进行混用。

主要制剂　2%膏剂；10%水分散粒剂；2.7%涂抹剂；2%、2.7%脂膏。

生产企业　北京比荣达生化技术开发有限责任公司、江苏丰源生物工程有限公司、江西新瑞丰生化有限公司、陕西汤普森生物科技有限公司、浙江升华拜克生物股份有限公司。

赤霉酸 7（GA$_7$）

$C_{19}H_{22}O_5$，330.38，510-75-8

别名　保美灵

化学名称　2,4a,7-三羟基-1-甲基-8-亚甲基赤霉-3-烯-1,10-二羧-1,4a-内酯。

理化性质　工业品为白色结晶粉末，密度0.528～0.577g/m³，熔点214～215℃，可溶于甲醇、丙酮等多种有机溶剂，难溶于水，环乙烷、二氯甲烷等。GA$_7$在pH3～4的溶液中最稳定，pH过高或过低都会使GA$_7$无生理活性。

毒性　低毒，大鼠急性经口LD$_{50}$＞5000mg/kg，兔急性经皮LD$_{50}$＞2000mg/kg。对蜜蜂、授粉昆虫、人、畜等安全。

作用特征　广谱性植物生长调节剂，可促进细胞生长，改变果实形态，提高品质。

应用　赤霉素7（GA$_7$）是一种植物体内普遍存在的内源激素，属贝壳杉烯类化合物。诱导勿忘草属、矢车菊属、落地生根属等二年生植物开花；可促进苹果坐果，果形正色泽好；改善黄瓜的性别比例，使雌花比率大大提高。

注意事项　遇碱分解，勿混用其他碱性农药或肥料。掌握好使用剂量、时间。

主要制剂 单剂无登记，复配制剂有 3.6%、3.8% 苄胺·赤霉酸乳油；2% 赤霉酸(GA_4＋GA_7) 膏剂；2% 赤霉酸 (GA_4＋GA_7) 脂膏；2.7% 赤霉酸 (GA_4＋GA_7) 涂抹剂；1.51% 芸薹·赤霉酸水分散粒剂；10% 赤霉酸 (GA_4＋GA_7) 水分散粒剂。

生产企业 江苏省农垦生物化学有限公司、江西新瑞丰生化有限公司、四川国光农化股份有限公司、陕西汤普森生物科技有限公司、陕西韦尔奇作物保护有限公司等。

草甘膦 glyphosate

$$HO-\overset{\overset{O}{\|}}{\underset{HO}{P}}-CH_2NHCH_2CO_2H$$

$C_3H_8NO_5P$，169.1，1071-83-6

别名 Polado，镇草宁，农达，草干膦，膦甘酸

化学名称 *N*-(膦酰基甲基) 甘氨酸

理化性质 纯品为无色结晶，含量≥95%，熔点 (189.5℃±0.5℃)，加热超过200℃分解，蒸汽压 $1.31×10^{-2}$ mPa (25℃)，分配系数 K_{ow} lg$P$＜－3.2 (pH2～5，20℃)，Henry 常数＜$2.1×10^{-7}$ Pa·m^3·mol^{-1}，相对密度 1.705 (20℃)。水中溶解度 (pH1.9，20℃) 为 10.5g/L，溶于常用的有机溶剂，如丙酮、乙醇和二甲苯。其碱金属和胺盐稳定地溶于水中。稳定性：草甘膦及其所有盐均为非挥发性物质，见光不分解，在空气中稳定存在。在 pH 3、6、9 (5～35℃) 时稳定不水解。pK_a 2.34(20℃)，5.73(20℃)，10.2(25℃)，不燃烧。

毒性 大鼠急性经口 LD_{50}(mg/kg)：5600，小鼠急性经口 LD_{50}(mg/kg)：11300，山羊急性经口 LD_{50}(mg/kg)：3530。兔急性经口 LD_{50}：＞5000mg/kg。对眼睛有刺激性，对皮肤无刺激 (兔)，大鼠急性吸入 LC_{50} (4h)：＞4.98mg/L (空气)。NOEL 数据：大鼠 (2 年) 410mg/kg (饲料)，狗 (1年) 500mg/kg (饲料)。ADI 值：0.3mg/kg。不致癌、致畸、致突变，对繁殖无影响。山齿鹑急性经口 LD_{50}：＞3851mg/kg，鹌鹑和绿头鸭饲喂试验 LC_{50}(8d)：＞4640mg/kg(饲料)，鱼毒 LC_{50}(96h)：鲑鱼 86mg/L，翻车鱼 120mg/L，高体波鱼 168mg/L，杂色鳉 ＞ 1000mg/L。水蚤 LC_{50} (48h) 780mg/L，海藻 EC_{50}(72h) 485mg/L。其他水生生物：LC_{50}(96h) 小糠虾＞1000mg/L，草虾 281mg/L，招潮蟹 934mg/L。海胆 EC_{50}(96h)：＞1000mg/L；蝌蚪 EC_{50}(48h) 111mg/L。蜜蜂：LD_{50}(接触和经口)＞100 μg/只。

作用特征　草甘膦是一种内吸传导型广谱灭生性除草剂，广泛应用于免耕田、果园、茶园、非耕地等场所防除杂草。作为植物生长调节剂可以通过植物的茎叶吸收，传导到分生组织，抑制细胞生长，促进乙烯形成，加速成熟。可增加甜菜和甘蔗中的含糖量。

应用　草甘膦作为生长抑制剂增加甘蔗、甜菜等作物的含糖量，加速部分作物叶片脱落，促进成熟。草甘膦 $50\sim70mg/kg$ 和增甘膦 $900\sim1000mg/kg$ 浓度范围内在西瓜幼果直径 $7\sim10cm$ 时对植株进行整株喷洒，可明显提高西瓜的含糖量。相关应用技术见表 2-13 所示。

表 2-13　草甘膦作为植物生长调节剂的应用技术

作物	应用时间	浓度/(mg/L)	应用方法	效　果
甘蔗	收获前 4～5 周	200～250	叶片喷药	增加含糖量,加速成熟
甜菜	根开始膨大期	50～90	叶片喷药	增加含糖量
小麦、玉米、水稻、高粱	成熟期	50～150	叶片喷药	加速成熟
花生、大豆、甘薯	收获前	150～250	叶片喷药	促进脱叶

注意事项　在植物叶片上施药，避免喷到植物其他部位，因为草甘膦会抑制植物幼嫩部位的生长；若药后 6～12h 内下雨，需重喷；用草甘膦要看植物的生长情况，植物须生长得健康，旺盛。

主要制剂　95％、97％草甘膦原药；86.8％草甘膦铵盐原药。单剂有30％草甘膦可溶粉剂；30％、68％草甘膦铵盐可溶粉剂；30％草甘膦异丙胺盐水剂。

生产企业　安徽省益农化工有限公司、广西金裕隆农药化工有限公司、哈尔滨市益农生化制品开发有限公司、海南正业中农高科股份有限公司、江苏辉丰农化有限公司、江苏克胜集团股份有限公司、江苏南通飞天化学实业有限公司、江苏省扬州市苏灵农药化工有限公司、南京华洲药业有限公司、四川迪美特生物科技有限公司、四川广新农化有限公司、上海沪江生化有限公司、天津施普乐农药技术发展有限公司。

果绿啶　glyodin

$$C_{17}H_{35}$$

N　NH · HOCOCH$_3$

$C_{22}H_{44}N_2O_2$，368.6，556-22-9

别名　果绿定，Crag Fruit Fungicide 314，Glyodex，Glyoxalidine

化学名称 醋酸-2-十七烷基-2-咪唑啉（1：1）

理化性质 纯品为柔软的蜡状物质，熔点94℃。果绿啶醋酸盐是桔黄色粉末，熔点62～68℃。相对密度1.035（20℃）。不溶于水，二氯乙烷和异丙醇中溶解度39%。在碱性溶液中分解。

毒性 大鼠急性经口LD_{50}＞6800mg/kg。对鱼和野生动物低毒。狗210mg/（kg·d）饲喂1年，大鼠270mg/（kg·d）饲喂2年无不良反应。

作用特征 果绿啶可由植物茎叶和果实吸收，曾作为杀菌剂被使用。作为植物生长调节剂，可促进水分吸收，及增加吸附和渗透性。因此，它可增加叶面施用的植物生长调节剂的效果。

生产企业 目前国内尚无登记企业信息。

乙二肟 glyoxime

$$O=N-CH=CH-N(H)-OH$$

$C_2H_4N_2O_2$，88.1，557-30-2

别名 CGA22911，Pik-Off，glyoxal dioxime

化学名称 乙二肟

理化性质 白色片状结晶，易溶于水和有机溶剂，熔点178℃，水溶剂呈弱酸性。

毒性 大鼠急性经口LD_{50} 180mg/kg。

作用特征 乙二肟是乙烯促进剂，也是柑橘的果实脱落剂，在果实和叶片之间有良好的选择性。乙二肟由果实吸收，积累在果实表皮，使果实表面形成凹陷，促进乙烯形成，使果实基部形成离层，加速果实脱落。

应用 用作柑橘和凤梨的脱落剂。用200～400mg/L的药液在采收前5～7d施于柑橘树可使果实选择性脱落，易于采摘，而对未成熟的果实和叶片无害。

生产企业 目前国内尚无登记产品信息。

增甘膦 glyphosine

$C_4H_{11}NO_8P_2$，263.1，2439-99-8

别名 草甘二磷，催熟磷

化学名称 N, N-双(膦羧基甲基) 甘氨酸

理化性质 密度：$1.952g/cm^3$，熔点：263℃，沸点：668.4℃(760mmHg)，闪点：358℃。

毒性 小白鼠急性经口 LD_{50}：3925mg/kg，家兔急性经皮 LD_{50}：5010mg/kg。对皮肤和眼睛稍有刺激。

作用特征 抑制生长，在叶、茎内抑制酸性转化酶活性，增加蔗糖含量，同时促进 α-淀粉酶的活性，而且还能促进甘蔗成熟。在高浓度时其是一种除草剂。

应用 增甘膦适用于甘蔗、甜菜、西瓜增加含糖量，也可作棉花落叶剂。

(1) 甘蔗 增甘膦 $3750g/hm^2$ 于收获前 4~8 周，叶面处理，可增加糖含量，对产量无明显影响。

(2) 甜菜：增甘膦 $750g/hm^2$ 于 11~12 叶片（块根膨大初期），叶面喷洒，可促进叶片蔗糖运转到根部，促进甜菜根部生长和提高蔗糖含量。

(3) 西瓜 增甘膦 $750g/hm^2$ 于西瓜直径 5~10cm 时，叶面喷洒。

(4) 棉花 增甘膦 $600g/hm^2$ 于棉花吐絮时喷洒，促进棉花落叶。

注意事项 增甘膦是抑制营养体旺长的植物生长调节剂，一是所处理的作物应有足够的营养体，切不可早喷；二是处理的作物一定要水肥充足并呈旺盛生长势，其效果才好，瘦弱或长势不旺的勿要用药；三是晴天处理效果好，应用时须适量加入表面活性剂。

生产企业 目前国内尚无登记产品信息。

超 敏 蛋 白

别名 康壮素

毒性 超敏蛋白是一种无毒、无害、无残留、无抗性风险的生物农药。由于该产品用量低，且在土壤中容易降解，在实验作物中不出现残留，所以它对人的健康和周围环境无影响。此外，实验证明该产品对野生动物（如鸟、鱼、蜜蜂、水蚤等和藻类植物）无害。

作用特征 超敏蛋白并不直接作用于靶标作物，而是刺激作物产生天然的免疫机制，使得植物能抵抗一系列的细菌、真菌和病毒病害。其作用机理是粘结在植物叶子的特殊受体上，产生植物防御的信号。激发子受体识别是植物抗病防卫反应产生的第一步，然后通过构型变化激活细胞内有关酶的活性和蛋白质磷酸化，形成第二信使，信号得到放大，最终通过对特殊基因的调节而激发植物产生防卫反应。

超敏蛋白能诱导多种植物的多个品种产生过敏反应，如诱导烟草、马铃薯、番茄、矮牵牛、大豆、黄瓜、辣椒以及拟南芥菜产生过敏反应。超敏蛋白既能诱导非寄主植物产生过敏反应，其本身又是寄主的一种致病因子。从病原菌中清除它们的基因，会降低或完全消除病原对寄主的致病力和诱导非寄主产生过敏反应的能力。超敏蛋白还具有调节离子通道、引起防卫反应和细胞死亡的功能。此外，超敏蛋白还能激发在细胞悬浮培养中活性氧的产生。已证明活性氧有三方面的抗病功能：①传递诱导防卫反应的互作信号；②修饰寄主的细胞壁以抵御病原菌的侵染；③直接抑制病原菌的侵入。对超敏蛋白受体的研究报道不多，已报道烟草细胞壁上存在超敏蛋白的结合位点。

应用 超敏蛋白可用于大田或温室的所有农产品，以及草皮、树木和观赏植物，是一种广谱杀菌剂，对大部分的真菌、细菌和病毒病有效，同时具有抑制昆虫、螨类和线虫以及促进作物生长的作用。45 种以上作物田间试验结果表明，超敏蛋白具有促进作物生长与发育、增加作物生物量的积累、增加净光合效率以及激活多途径的防卫反应等作用。对番茄的试验表明，产量平均增加10％～22％，化学农药用量可减少 71％。

主要制剂 3％微粒剂。

生产企业 江苏省农垦生物化学有限公司、美国伊甸生物技术公司。

增产肟 heptopargil

$C_{13}H_{19}NO$，205.3，73886-28-9

别名 Limbolid，EGYT 2250

化学名称 (E)-$(1RS,4RS)$-莰-2-酮-O-丙-2-炔基肟

理化性质 增产肟为浅黄色油状液体，沸点 95℃/133Pa，相对密度0.9867，水中溶解性 1g/L（20℃），易溶于有机溶剂。

毒性 大鼠急性经口 LD_{50}：2100mg/kg（雄），2141mg/kg（雌）。大鼠急性吸入 LC_{50}：>1.4mg/L（空气）。

作用特征 可由萌芽的种子吸收，促进发芽和幼苗生长。

应用 本品可提高作物产量，用于玉米、水稻和甜菜的种子处理。

生产企业 目前国内尚无登记产品信息。

腐植酸 humic acid

别名 富里酸、抗旱剂一号、旱地龙

理化性质 为黑色或棕黑色粉末，含有碳（50％左右）、氢（2％～6％）、氧（30％～50％）、氮（1％～6％）和硫等，主要官能团有羧基、羟基、甲氧基、羰基等。相对密度为 1.330～1.448。可溶于水、酸、碱。

毒性 对人畜安全，对环境污染小。

作用特征 腐植酸能被植物的根、茎、叶吸收，可促进生根，提高植物呼吸作用，减少叶片气孔开张度，降低作物蒸腾，调节某些酶如过氧化氢酶、吲哚乙酸氧化酶等的活性。

应用 腐植酸可以用于改良土壤。以 300mg/L 浸种，可以使水稻苗呼吸作用加强，促进生根和生长；葡萄、甜菜、甘蔗、瓜果、番茄等以 300～400mg/L 浇灌，可不同程度提高含糖量或甜度；杨树等插条以 300～500mg/L 浸渍，可促进插枝生根；小麦在拔节后以 400～500mg/L 喷洒叶面，可提高其抗旱能力，提高产量。腐植酸与核苷酸混合使用，研制成 3.25％黄（腐酸）·核（甘酸）合剂，已经取得农药登记，注册商品名为 3.25％绿满丰水剂。在小麦生长发育期以 150～200 倍液喷洒 2～3 次，可提高小麦抗旱能力，增加叶绿素含量及光合作用效率，又可健壮植株，促进根系发育，最终提高产量；以 400～600 倍液喷洒黄瓜植株，可加快植株生长发育进程，促进营养生长和生殖生长，增加黄瓜产量。腐植酸与吲哚丁酸混用，促进苹果插枝生根的作用比二者单用明显。

注意事项 这类物质有一定生理活性，但又达不到显而易见的程度，在不同地区和作物上的应用效果也不够稳定，有待与某些其他有抗旱作用等的生长调节剂混用，以保证其应用效果。应用时添加表面活性剂有助于效果的发挥。

主要制剂 2.12％、2.4％、3.3％、4.5％水剂。

生产企业 兰州润泽生化科技有限公司、山东烟台绿云生物化学有限公司、陕西恒田化工有限公司、山西省阳泉市双泉化工厂等。

噁霉灵　hymexazol

$C_4H_5NO_2$，99.1，10004-44-1

别名 Tachigaren，土菌消，F-319，SF-6505。

化学名称 5-甲基异噁唑-3-醇；5-甲基-1,2-噁唑-3-醇

理化性质 无色结晶体，熔点 86～87℃，沸点 202℃±2℃，蒸气压 182mPa（25℃），分配系数 K_{ow} lg$P$ = 0.480，Henry 常数 2.77×10^{-4} Pa·m^3·mol^{-1}

（20℃，计算值）。溶解度（g/L，20℃）水中为 65.1（纯水）、58.2(pH 3)、67.8(pH 9)，丙酮 730，二氯甲烷 602，乙酸乙酯 437，己烷 12.2，甲醇 968，甲苯 176。稳定性：在碱性条件下稳定，酸性条件下相对稳定，对光、热稳定。酸解离常数 pK_a 5.92（20℃），闪点（205±2）℃。

毒性 噁霉灵对人和动物安全。急性经口 LD_{50}（mg/kg）：雄大鼠 4678，雌大鼠 3909，雄小鼠 2148，雌小鼠 1968。急性经皮 LD_{50}：雌、雄大鼠 >10000mg/kg，雌、雄小鼠 >2000mg/kg。对皮肤无刺激性，对眼睛及黏膜有刺激性。NOEL 数据（mg/kg 饲料，2 年）：雄大鼠 19，雌大鼠 20，狗 15。无致突变、致癌、致畸作用。急性经口 LD_{50}：日本鹌鹑 1085mg/kg，绿头鸭 >2000mg/kg。虹鳟鱼 LC_{50}（96h）：460mg/L，鲤鱼 LC_{50}（48h）：165mg/L。水蚤 EC_{50}（48h）：28mg/L。对蜜蜂无毒，LD_{50}（48h，经口，接触）>100μg/只。蚯蚓 LC_{50}（14d）>15.7mg/kg 土壤。

作用特征 可能的作用机理是 DNA/RNA 合成抑制剂，可由植物的根和萌芽种子吸收，传导到其他组织。在生长早期可预防真菌疾病及由镰刀状细菌引起的植物病害。噁霉灵在植物体内代谢可形成 *N*-葡糖苷和 *O*-葡糖苷两个产物。这两个化合物可促进细胞生长、形成分枝、根的生长及增加根毛。

应用 噁霉灵是土壤杀真菌剂和植物生长促进剂。当用有效成分 300～600mg/L 的药剂施用于栽种稻苗、甜菜、树苗等的地中则能防治由镰刀霉菌、丝囊霉属、腐霉属和伏革菌属引起的病害。含噁霉灵 0.5%～1% 有效成分的药剂可作甜菜的种子处理剂。主要应用于水稻。每 5 L 土壤混拌 4～8g 40% 该剂装入盒子中，培养幼苗。水稻移栽后可促进根的形成。

另一应用方法是在移栽前用 10mg/L 噁霉灵和 10mg/L 生长促进剂浸根。日本有 80% 水稻田都应用该技术。噁霉灵与萘乙酸混合使用，对栀子插枝生根有明显促进作用。单用 10mg/L 萘乙酸或 300mg/L 噁霉灵浸栀子扦插条基部，基本没有促进生根的效果，而萘乙酸与噁霉灵混合（10mg/L＋300mg/L）使用，处理栀子插枝基部，不仅促进生根，根的数量也明显增加。

注意事项 不要用噁霉灵浸种。用于水稻田壮苗和防病，和稻瘟灵混用可提高作用效果。

主要制剂 95%、99% 原药。单剂有 30% 悬浮种衣剂；70% 可湿性粉剂；70% 可溶粉剂；8%、15%、30% 水剂。复配制剂有 3%、3.2%、30% 甲霜·噁霉灵水剂；20% 噁霉·稻瘟灵乳油；68% 噁霉·福美双可湿性粉剂。

生产企业 北京北农天风农药有限公司、河北冠龙农化有限公司、河北华灵农药有限公司、河北三农农用化工有限公司、黑龙江五常农化技术有限公司、京博农化科技股份有限公司、吉林邦农生物农药有限公司、日本三井化学

AGRO 株式会社、山东中农民昌化学工业有限公司、山西恒田化工有限公司、陕西美邦农药有限公司、深圳诺普信农化股份有限公司、中农立华（天津）农用化学品有限公司等。

抗倒胺   inabenfide

$C_{19}H_{15}ClN_2O_2$，338.79，82211-24-3

别名   CGR-811，Seritard

化学名称 N-[4-氯-2-(α-羟基苄基)]-4-吡啶甲酰胺

理化性质   淡黄色至棕色晶体，熔点 210～212℃，蒸气压 0.063mPa. 溶解性（30℃）：水 1mg/L，丙酮 3.6mg/L，乙腈 580mg/L，氯仿 590mg/L，N,N-二甲基甲酰胺 6.72g/L，乙醇 1.61g/L，乙酸乙酯 1.43g/L，乙烷中 0.8ml/L，四氢呋喃 1.15g/L，二甲苯 580mg/L。对光稳定，对碱稍不稳定。

毒性   低毒，急性经口 LD_{50}：大鼠＞15000mg/kg；小鼠＞15000mg/kg，对兔皮肤和眼睛无不良刺激。

作用特征   抑制水稻植株赤霉素的合成，对水稻有很强的选择性抗倒伏作用，应用本品后，每穗谷粒数减少，但谷粒成熟率提高，使实际产量增加。

应用   用在水稻上：制剂用量 1.2～2.4kg/hm²。

主要制剂   6％颗粒剂。

生产企业   目前国内尚无登记产品信息。

吲哚乙酸   indol-3-ylacetic acid

$C_{10}H_9NO_2$，175.2，87-51-4

别名   茁长素，生长素，异生长素

化学名称   吲哚-3-基乙酸或 β-吲哚乙酸

理化性质   纯品无色结晶，工业品为玫瑰色或黄色，有吲哚臭味，纯品熔

点 159～162℃，溶于乙醇、丙酮、乙醚、苯等有机溶剂，不溶于水。在光和空气中易分解，不耐贮存。

毒性 吲哚乙酸是对人、畜安全的植物激素，小白鼠腹腔注射 LD_{50} 为 1000mg/kg，鲤鱼 LC_{50}（48h）：>40mg/L。对蜜蜂无毒。

作用特征 吲哚乙酸有多种生理作用：诱导雌花和单性结实，使子房壁伸长，刺激种子的分化形成，加快果实生长，提高坐果率；使叶片扩大，加快茎的伸长和维管束分化，叶呈偏上性，活化形成层，伤口愈合快，防止落花落果落叶，抑制侧枝生长；促进种子发芽和不定根、侧根和根瘤的形成。

应用 在盛花期，以 3000mg/L 药液浸花，形成无籽番茄果。以 100～1000mg/L 药液浸泡插枝的基部，可促进茶树、胶树、柞树、水杉、胡椒等作物不定根的形成，加快营养繁殖速度。1～10mg/L 吲哚乙酸和 10mg/L 噁霉灵混用，促进水稻秧苗快生根，防止机插秧苗倒伏。

注意事项 吲哚乙酸见光分解，产品须用黑色包装物，存放在阴凉干燥处。吲哚乙酸进入到植物体内易被过氧化物酶吲哚乙酸氧化酶分解，尽量不要单独使用。碱性物也降低它的应用效果。

主要制剂 50％可溶粉剂、0.136％可湿性粉剂、0.11％水剂。

生产企业 北京艾比蒂生物科技有限公司、德国阿格福莱农林环境生物技术股份有限公司、广东省佛山市盈辉作物科学有限公司、乌克兰国家科学院和科教部联合科技中心。

稻瘟灵 isoprothiolane

$C_{12}H_{18}O_4S_2$，290.4，0512-35-1

别名 Fuji-one，富士一号，SS11946，IPT，NNF-109

化学名称 1,3-二硫戊环-2-亚基-丙二酸二异丙酯

理化性质 纯品为无色结晶体（工业级产品桔黄色固体）。熔点 54～54.5℃（工业级产品，50～51℃）。沸点 167～169℃（0.5mmHg）。蒸气压 18.7mPa(25℃)。分配系数（25℃）$K_{ow}lgP=3.3$，Henry 常数 $8.91×10^{-9}$ Pa·m^3·mol^{-1}（计算值）。在水中溶解度（25℃）约 54mg/L，易溶于苯、醇、丙酮和其他有机溶剂。对酸、碱、光、热稳定。

毒性 急性经口 LD_{50}（mg/kg）：雄大鼠 1190，雌大鼠 1340，雄小鼠 1340。急性经皮 LD_{50}（mg/kg）：雄、雌大鼠>10000。对眼睛有轻微刺激，对

皮肤无刺激。大鼠急性吸入 LC_{50}（4h）＞2.7mg/L 空气。Ames 试验表明无致突变作用。对大鼠的繁殖及致畸研究表明无影响。急性经口 LD_{50}（mg/kg）：雄性日本鹌鹑 4710，雌性日本鹌鹑 4180。鱼类 LC_{50}（48h，mg/L）：虹鳟鱼 6.8，鲤鱼 6.7。水蚤 LC_{50}（3h）：62mg/L。

作用特征　可通过植物茎叶吸收，然后传导到植物的基部和顶部。可阻止病菌通过植物的叶片和穗感染作物，对于水稻有壮苗的作用。与噁霉灵混用，可以提高水稻防御某些疾病的能力。

应用　在日本，稻瘟灵主要用于稻田起壮苗作用。每 5L 土壤用 50 倍该油悬浮剂的稀释液 500mL。

注意事项　不能与强碱性农药混用，鱼塘附近使用该药要慎重，安全间隔期为 15d。

主要制剂　40％、41％、50％可湿性粉剂；20％、30％、35％、40％、52％乳油；35％、40％悬浮剂；18％、20％、33％微乳剂。

生产企业　北京北农天风农药有限公司、广西田园生化股份有限公司、河北三农农用化工有限公司、黑龙江省哈尔滨市农丰科技化工有限公司、湖南绿叶化工有限公司、江苏华农生物化学有限公司、江苏龙灯化学有限公司、日本农药株式会社、四川省成都海宁化工实业有限公司、山东科大创业生物有限公司、陕西美邦农药有限公司、陕西上格之路生物科学有限公司、中农立华（天津）农用化学品有限公司、深圳诺普信农化股份有限公司、深圳诺普信农化股份有限公司、中农立华（天津）农用化学品有限公司等。

茉莉酸　jasmonic acid

$C_{12}H_{18}O_3$，210.3，6894-38-8

化学名称　（＋）-茉莉酸

理化性质　纯品为有芳香气味的黏性的油状液体。沸点为 125℃。紫外吸收波长 234～235nm。可溶于丙酮。

作用特征　茉莉酸可通过植物根、茎、叶吸收。可促进几种蛋白质的生物合成，如促进抗病和抗虫酶的生物合成。诱导二次生长物质的生物合成，如诱导花色素、酮类、生物碱的合成。促进溶解酵素的基因表达，溶解酵素可分解病菌的细胞壁，从而可抑制病菌增殖。在逆境情况下，为作物提供信号激活防御体系。

应用　应用茉莉酸可使作物抵御干旱。在 $1 \times 10^{-8} \sim 1 \times 10^{-3}\,mol/L$ 浓度下，茉莉酸可抑制植物茎的生长，使将萌芽种子转为休眠，加速叶片气孔关闭，推迟成熟。可诱导色素合成，提高水果品质。茉莉酸和脱落酸的结构有相似之处，其生理也有相似之处。可增加植物的抗寒力。

生产企业　目前国内尚无登记产品信息。

糠氨基嘌呤　kinetin

$C_{10}H_9N_5O$，215.21，525-79-1

别名　6-糠氨基嘌呤，激动素

化学名称　N-（2-呋喃甲基）-1H-嘌呤-6-氨基

理化性质　纯品为白色片状结晶，从乙醇中获得的结晶，熔点 $266 \sim 267\,℃$，从甲苯、甲醇中获得的结晶，熔点 $214 \sim 215\,℃$。加热到 $220\,℃$ 升华。难溶于水、乙醇、乙醚和丙酮。可溶于稀酸或稀碱及冰醋酸。最大紫外光吸收光谱 268nm，最小为 233nm。常压或常温下分子稳定。

毒性　纯品毒理学数据未见报导，由于它是微生物、植物体内含有的，对人、畜安全。另外，含有激动素的细胞激动素混液的大白鼠急性经口 $LD_{50} > 5000\,mg/kg$。

作用特征　激动素可被作物的叶、茎、子叶和发芽的种子吸收，移动缓慢。主要生理作用：促进细胞分化、分裂、生长；诱导愈伤组织长芽；解除顶端优势；促进种子发芽、打破侧芽的休眠；延缓叶片衰老及植株的早衰；调节营养物质的运输；促进结实；诱导花芽分化；调节叶片气孔张开等。

应用　它是一种嘌呤类天然植物激素。激动素是有多种应用效果的，最早以 0.5mg/L 放入愈伤组织培养基内（需生长素的配合）诱导长出芽；用 20mg/L 激动素喷洒多种作物的幼苗有促进生长的作用；$300 \sim 400\,mg/L$ 处理开花苹果，促进坐果；以 $40 \sim 80\,mg/L$ 处理玉米等离体叶片，延长叶片变黄的时间。芹菜、菠菜、莴苣以 20mg/L 喷洒叶片，保绿，延长存放期。白菜、结球甘蓝以 40mg/L 喷洒叶片，延长存放期。

注意事项

（1）由于激动素的生物活性没有 6-BA 高，合成的收率偏低，至今未见商品化，它在生产上的应用报导也少；

（2）激动素只有与其他促进型激素混用，应用效果才更为理想。

生产企业　目前国内尚无登记产品信息。

氯酸镁　magnesium chlorate

$Cl_2H_{12}MgO_{12}$，299.3，10326-21-3

化学名称　六水合氯酸镁

理化性质　纯品为无色针状或片状结晶，熔点118℃，相对密度1.80。易溶于水，微溶于丙酮。118℃以上分解，在35℃析出水分而转化为四水合物。由于具有很强的吸湿性，不易引起爆炸和燃烧。对金属有腐蚀性。

毒性　大鼠急性经口 LD_{50}：5250mg/kg。

应用　本品为脱叶剂和除草剂，用于棉田，使棉株脱叶。

生产企业　目前国内尚无登记产品信息。

抑芽丹　maleic hydrazide

$C_4H_4N_2O_2$，112.1，10071-13-3

别名　马拉酰肼，青鲜素，MH-30，MH，Sucker-Stuff，Retard，Sprout Stop，Royal MH-30，S10-Gro 等

化学名称　6-羟基-$2H$-哒嗪-3-酮

理化性质　纯品为白色晶体，相对密度1.60，熔点298～300℃。蒸气压 $<1\times10^{-5}$ Pa（25℃）。在25℃时水中的溶解度为4500mg/L、乙醇为1000mg/L、DMF为24000mg/L，其钾盐溶于水，光下25℃时半衰期为58d，强酸、氧化剂可促进它的分解，室温结构稳定，耐贮藏。

毒性　抑芽丹属低毒性植物生长调节剂，纯品大白鼠急性经口 LD_{50} 为5000mg/kg。其盐对大白鼠急性经口 LD_{50} 为6950mg/kg。抑芽丹慢性毒性实验中，发现对猴子有潜在的致肿瘤危险，而限制仅在花卉、烟草等非直接食用作物上使用。

作用特征　抑芽丹主要经由植株的叶片、嫩枝、芽、根吸收，然后经木质部、韧皮部传导到植株生长活跃的部位累积起来，进入到顶芽里，可抑制顶端优势，抑制顶部旺长，使光合产物向下输送；进入到腋芽、侧芽或块茎块根的芽里，可控制这些芽的萌发或延长这些芽的萌发期。其作用机理是抑制生长活跃部位中分生组织的细胞分裂。

应用

(1) 控制发芽　在收获前 2～3 周喷施 2000～3000mg/L 药液，可有效地控制马铃薯、元葱、大蒜发芽，延长贮藏期。甜菜、甘薯在收前 2～3 周喷施 2000mg/L 的药液，可防止发芽或抽薹。烟草摘心后，以 2500mg/L 药液喷洒上部 5～6 叶，每株 10～20mL，能控制腋芽生长。胡萝卜、萝卜等在抽薹前或采收前 1～4 周，喷施 1000～2000mg/L 的药液，可抑制抽薹或发芽。

(2) 促进坐果　柑橘在夏梢发生初以 2000mg/L 全株喷洒 2～3 次，可控制夏梢，促进坐果。

(3) 杀雄　棉花现蕾后、及开花初期各喷施 800～1000mg/L 药液，可以杀死棉花雄蕊，玉米在 6～7 叶，以 500mg/L 每 7 天喷 1 次，共 3 次，可以杀死玉米的雄蕊。另外，西瓜在 2 叶 1 心，以 50mg/L 药液喷洒 2 次，间隔 1 周，可增加雌花。

(4) 苹果苗期，以 500mg/L 药液全株喷洒 1 次，可诱导花芽形成，矮化，早结果。草莓在移栽后，以 5000mg/L 喷洒 2～3 次，可使草莓果明显增加。

注意事项　抑芽丹作烟草控芽剂，最适浓度较窄，低了效果差，高了有药害。它与氯化胆碱混用效果更为理想。因毒性问题，应尽量避免在直接食用的农作物上使用。

主要制剂　30.2%水剂。

生产企业　广东省英德广农康盛化工有限责任公司、连云港市金囤农化有限公司、麦德梅农业解决方案有限公司、潍坊中农联合化工有限公司。

2 甲 4 氯丁酸　MCPB

$$Cl-\!\!\!\!\bigcirc\!\!\!\!-O(CH_2)_3CO_2H$$
$$CH_3$$

$C_{11}H_{13}ClO_3$，228.6，94-81-5

别名　Bexane, France, Lequmex, MCPD, Thistrol, Triol, Tropotox, Trotox

化学名称 4-(4-氯邻甲苯氧基)丁酸

理化性质 纯品为无色结晶固体，熔点 101℃，沸点＞280℃，密度 1.233g/cm³(22℃)，蒸气压 $5.77×10^{-2}$ mPa(20℃)。分配系数 K_{ow} lg$P$＞2.37(pH 5)，1.32(pH 7)，-0.17(pH 9)，Henry 常数 $5.28×10^{-4}$ Pa·m³·mol⁻¹(计算值)。溶解度(20℃，g/L)：水中 0.11(pH 5)、4.4(pH 7)、444(pH 9)；有机溶剂(g/L，室温)：丙酮 313，二氯甲烷 169，乙醇 150，正己烷 0.26，甲苯 8。本品具有很好的化学稳定性，在 pH 5~9(25℃)的条件下不易水解，日照下固体原药稳定，其水溶液 DT_{50} 2.2d，最高温度达到 150℃时，对铝、锡和铁金属无腐蚀。可形成溶于水的铵盐和碱金属盐，但在硬水中产生钙盐，镁盐沉淀。

毒性 纯品大鼠急性口服 LD_{50}：4700mg/kg，大鼠急性经皮 LD_{50}：＞2000mg/kg。对眼睛有刺激，皮肤无刺激和无过敏。大鼠急性吸入 LC_{50}(4h)：＞1.14mg/L 空气。NOEL 数据：大鼠(90d)100mg/kg 饲料。鸟类 LC_{50}：＞20000mg/kg 饲料。鱼毒 LC_{50}(48h)：虹鳟鱼 75mg/L，黑头呆鱼 11mg/L。对蜜蜂无毒。

作用特征 通过茎叶吸收，传导到其他组织。高浓度下，可作为除草剂。低浓度下，作为植物生长调节剂，可防止收获前落果。

应用 可防止落果，且可延长苹果、梨和橘子的贮存时间。苹果收获前 15~20d，20％制剂 6000 倍稀释液喷两次，防止落果。梨收获前 7 天，20％制剂 6000 倍稀释液 200~300L/1000m² 喷两次，防止落果。橘子收获前 20 天以 20mg/L 剂量喷洒，防止落果，延长收获后贮存时间。

注意事项 严格按照推荐剂量使用，不能随意增加使用剂量。用过 2 甲 4 氯丁酸的喷雾器械要彻底清洗。

生产企业 目前国内尚无登记产品信息。

氟磺酰草胺 mefluidide

$C_{11}H_{13}F_3N_2O_3S$, 310.3, 53780-34-0

别名 Embark，MBR-12325

化学名称 5′-(1,1,1-三氟甲基磺酰基氨基)乙酰-2′,4′-二甲苯胺

理化性质 纯品为无色无嗅结晶固体，熔点：183~185℃，蒸气压＜10mPa(25℃)。分配系数 K_{ow} lg$P$=2.02(25℃)，Henry 常数＜1.72×

10^{-2} Pa·m^3·mol^{-1}（计算值）。溶解度：水中（23℃，mg/L）：180；有机溶剂（23℃，g/L）：丙酮350，苯0.31，二氯甲烷2.1，甲醇310，正辛醇17。本品对热稳定，在酸或碱性溶液中回流则乙酰胺基基团水解，水溶液在紫外光照射下降解。

毒性 急性经口 LD$_{50}$（mg/kg）：大鼠4000，小鼠1920。兔急性经皮 LD$_{50}$：＞4000mg/kg。对兔眼有中等刺激，对兔皮肤没有刺激。NOEL数据（90d）：大鼠6000mg/kg饲料，狗1000mg/kg饲料。无致畸、致突变作用。对鼠伤寒沙门（氏）杆菌没有致突变性。绿头鸭和山齿鹑急性经口 LD$_{50}$：＞4620mg/kg。绿头鸭和山齿鹑饲喂试验 LC$_{50}$（5d）：＞10000mg/kg饲料。虹鳟鱼和蓝鳃翻车鱼 LC$_{50}$（96h）：＞100mg/L。对蜜蜂无毒。

作用特征 本品经由植株的茎、叶吸收，抑制分生组织的生长和发育。在草坪、牧场、工业区等场所抑制多年生禾本科杂草的生长以及杂草种子的产生。作为生长调节剂可以抑制观赏植物和灌木的顶端生长和侧芽生长，增加甘蔗含糖量。也可作为除草剂使用。

应用 主要作为草皮、观赏植物、小灌木的矮化剂。一般用量为300～1100g/hm^2。也可作为烟草腋芽抑制剂。另外，在甘蔗收获前6～8周，以600～1100g/hm^{2}喷洒，可增加含糖量。

注意事项 国内尚未开发和应用，具体使用技术有待完善。

生产企业 目前国内尚无登记产品信息。

甲哌鎓　mepiquat chloride

C$_7$H$_{16}$NCl，149.66，24307-26-4

别名 助壮素，缩节胺，调节啶，壮棉素，甲呱啶

化学名称 1,1-二甲基哌啶氯化物

理化性质 无色无味吸湿性晶体，熔点223℃（原药），蒸气压＜0.01mPa（20℃），密度1.187g/cm^3（原药20℃），溶解度水（20℃）＞500g/kg，乙醇162，丙酮＜1.0，氯仿10.5，苯＜1.0，乙酸乙酯＜1.0，环己烷＜1.0(g/kg，20℃)，水溶液中稳定（pH1～2，pH12～13，95℃时7d），285℃分解，人工光照下稳定。

毒性 低毒，不燃、无腐蚀，对呼吸道、皮肤、眼睛无刺激。对鱼、鸟、

蜜蜂无害。小白鼠急性经口 LD_{50}：464mg/kg，急性经皮 LD_{50}：2000mg/kg。

作用特征　为内吸性植物生长延缓剂能抑制细胞伸长，抑制赤霉素的生物合成。延缓营养体生长，抑制茎叶疯长、控制侧枝、塑造理想株型，使植株矮小化，株型紧凑，能增加叶绿素含量，提高叶片同化能力。提高根系数量和活力，使果实增重，品质提高。

应用　甲哌鎓是一个性情温和，在作物花期使用，对花期没有副作用的调节剂，不易出现药害。对植物有较好的内吸传导作用，可被根、嫩枝、叶片吸收，很快传导到其他部位，不残留，不致癌。

广泛应用于棉花、小麦、水稻、花生、玉米、马铃薯、葡萄、蔬菜、豆类、花卉等农作物。20％甲哌鎓＋0.8％烯效唑乳剂用于调节冬小麦生长，每亩用 30～40mL。

注意事项　甲哌鎓在水肥条件好，棉花徒长的地块使用增产效果明显。该药遇潮易分解，需贮存于干燥阴凉处。

主要制剂　96％、98％、99％原药。单剂有 18％、20％、25％、27.5％、45％水剂；10％、98％可溶粉剂。

生产企业　北京市东旺农药厂、甘肃华实农业科技有限公司、江苏龙灯化学有限公司、江苏省南通金陵农化有限公司、昆明云大科技农化有限公司、山东九洲农药有限公司、天津市绿亨化工有限公司等生产。

萘乙酸　naphthylacetic acid

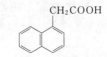

$C_{12}H_{10}O_2$，186.20，86-87-3

别名　NAA-800

化学名称　α-萘乙酸

理化性质　纯品为白色结晶，无臭无味，熔点 130℃，溶于乙醇、丙酮、乙醚、氯仿等有机溶剂，溶于热水不溶于冷水，其钠盐水溶性好，结构稳定耐贮性好。

毒性　萘乙酸（NAA）属低毒植物生长调节剂，大鼠急性经口 LD_{50} 为 3580mg/kg，兔急性经皮 LD_{50} 为 2000mg/kg（雌），鲤鱼 LC_{50}（48h）＞40mg/L，对皮肤、黏膜有刺激作用。

作用特征　萘乙酸可经由叶、茎、根吸收，然后传导到作用部位，其生理作用和作用机理类似吲哚乙酸：它刺激细胞分裂和组织分化，促进子房膨大，诱导形成无籽果实，促进开花。在一定浓度范围内抑制纤维素酶，防止落花落果落叶。诱发枝条不定根的形成，加速树木的扦插生根。低浓度促进植物的生长发育，有矮化和催熟增产作用，还可提高某些作物的抗旱、寒、涝及盐的能力。

应用 萘乙酸是广谱多用途植物生长调节剂。

（1）促进坐果 番茄在盛花期以 50mg/L 浸花促进坐果，授精前处理形成无籽果。西瓜在花期以 20～30mg/L 浸花或喷洒促进坐果，授精前处理形成无籽西瓜。辣椒在开花期以 20mg/L 全株喷洒，防落花促进结椒。菠萝在植株营养生长完成后，从株心处注入 30mL 15～20mg/L 药液，促进早开花。棉花从盛花期开始，每 10～15d 以 10～20mg/L 喷洒 1 次，共喷 3 次，防止棉铃脱落，提高产量。

（2）疏花疏果、防采前落果 苹果大年花多、果密，在花期用 10～20mg/L 药液喷洒 1 次，可代替人工疏花疏果。有些苹果、梨品种在采收前易落果，采前 2～3 周以 20mg/L 喷洒 1 次，可有效防止采前落果。

（3）诱导不定根 桑、茶、油桐、柠檬、柞树、侧柏、水杉、甘薯等以 10～200mg/L 浓度浸泡插枝基部 12～24h，可促进扦插枝条生根。

（4）壮苗 小麦以 20mg/L 浸种 12h 时，水稻以 10mg/L 浸种 2h，可使种子早萌发，根多苗健，增加产量。对其他大田作物及某些蔬菜如玉米、谷子、白菜、萝卜等也有壮苗作用。还可提高有些作物幼苗抗寒、抗盐等能力。

（5）催熟 用 0.1％药液喷洒柠檬树冠，可加速果实成熟提高产量。豆类在以 100mg/L 药液喷洒 1 次，也有加速成熟增加粒重的作用。

注意事项

（1）本品虽在插枝生根上效果好，但在较高浓度下有抑制地上茎、枝生长的副作用，故它与其他生根剂混用为好。

（2）用作叶面喷洒，不同作物或同一作物在不同时期其使用浓度不尽相同，一定要严格按使用说明书用，切勿任意增加使用浓度，以免发生药害。

（3）本品用作坐果剂时，注意尽量对花器喷洒，以整株喷洒促进坐果，要少量多次，并与叶面肥、微肥配用为好。

主要制剂 80％、85.8％、87％原药。单剂有 0.03％、0.1％、0.6％、1％、5％水剂；5％、40％、50％可溶性粉剂；3.315％涂抹剂；90％粉剂；10％泡腾片剂。

生产企业 安阳全丰生物科技有限公司、重庆双丰化工有限公司、广东大丰植保科技有限公司、河北省农药化工有限公司、河南绿宝科技发展有限公司、四川国光农化股份有限公司、四川省兰月科技有限公司等。

正癸醇　n-decanol

$C_{10}H_{22}O$，158.3，112-30-1

化学名称　癸-1-醇

理化性质　黄色透明黏性液体，有甜花香气，6.4℃固化形成长方形片状体，沸点233℃。微溶于水，极易溶于大多数有机溶剂。

毒性　急性经口LD_{50}大鼠18000mg/kg，小鼠6500mg/kg。对皮肤和眼睛有刺激性。

应用　正癸醇由Procter & Gamble Co及Panorama Chemicals（Pty）Ltd. 开发，是一种植物生长调节剂。

本品为接触性植物生长抑制剂，用以控制烟草腋芽。施药在烟草拔顶前约1周或拔顶后进行。在第1次喷药后7～10d，有时需再喷第2次。一般在施药后30～60min即可杀死腋芽。

主要制剂　79%乳油。

生产企业　目前国内尚无登记产品信息。

烟酰胺　nicotinamide

$C_6H_6N_2O$，122.1，98-92-0

别名　Vitamin B_3，维生素PP，尼克酰胺

化学名称　吡啶-3-甲酰胺

理化性质　白色粉状或针状结晶体，微有苦味，熔点129～131℃。室温下，水中溶解度100%，也溶于乙醇和甘油，不溶于醚。

毒性　烟酰胺对人和动物安全。急性经口LD_{50}（mg/kg）：大鼠3500，小鼠2900。大鼠急性经皮LD_{50} 1700mg/kg。

作用特征　烟酰胺可通过植物根、茎和叶吸收。可提高辅酶Ⅰ活性，促进生长和根的形成。

应用　移栽前每5kg土混5～10g烟酰胺可促进根的形成，提高移栽苗成活率。用0.001%～0.01%药液处理，可促进低温下棉花的生长。

注意事项　低剂量下，烟酰胺促进植物生长；高剂量下会抑制植物生长。

不同作物的推荐剂量不一，应用前应做试验加以确定适宜的剂量。作为生根剂时，最好和其他生根剂混合使用。

生产企业　目前国内尚无登记产品信息。

甲苯酞氨酸　NMT

C₁₅H₁₃NO₃，255.3，85-72-3

别名　Duraset，Tmomaset

化学名称　N-间甲苯基邻氨羰基苯甲酸

理化性质　本品为结晶固体，在25℃水中溶解度为1g/L，在25℃丙酮中溶解度为130g/L。

毒性　雄性大鼠急性经口LD_{50} 5230mg/kg。

作用特征　甲苯酞氨酸是内吸性植物生长调节剂，有防止落花和增加坐果率的作用，在不利的气候条件下，可防止花和幼果的脱落。

应用　用于番茄、白扁豆、樱桃、梅树等，能促使植物多开花，增加坐果率。果树在开花80％时喷药，施药浓度为0.01％～0.02％。蔬菜则在开花盛期喷药，如在番茄花簇形成初期喷0.5％药液，使用药液量为500～1000L/hm²，可增加坐果率。

注意事项　在高温天气条件下，喷药宜在清晨或傍晚进行。施药要注意勿过量，不宜与其他农药混合使用。

生产企业　目前国内尚无登记产品信息。

核苷酸　nucleotide

理化性质　核苷酸干制剂容易吸水，但并不溶于水，在稀碱液能完全溶解。核苷酸不溶于乙醇，能在水溶液pH 2.0～2.5时形成沉淀。

毒性　核苷酸为核酸水解产物，属天然生物制剂，它对人、畜安全，不污染环境。

作用特征　可经由植物的根、茎、叶吸收，它进入体内的主要生理作用一是促进细胞分裂；二是提高植株的细胞活力；三是加快植株的新陈代谢。从而表现为促进根系较多，叶色较绿，加快地上部分生长发育，最终可不同程度地提高产量。

应用　核苷酸为核酸的分解混合物，一类是嘌呤或嘧啶-3′-磷酸；另一类是嘌呤或嘧啶-5′-磷酸。核苷酸是一个老的农业应用产品。籼稻在移栽前1～3天苗期、幼穗分化期、抽穗始期、灌浆初期，叶面喷洒5～100mg/L核苷酸都有一定增产效果，以苗期处理增产效果较为稳定。黄瓜用0.05％药液稀释400倍，喷洒幼苗提高瓜果产量。其他作物也在试用。

注意事项

(1) 核苷酸使用对作物安全，使用浓度安全范围宽，可多次喷洒，不同水解产品效果有差异。

(2) 核苷酸应用后确有作用，但外观上表现不很明显。

主要制剂　产品制剂为0.05％水剂。

生产企业　目前国内尚无登记产品信息。

8-羟基喹啉柠檬酸盐　oxine citrate

$C_{15}H_{15}NO_8$，337.3，134-30-5

化学名称　2-羟基-8-羟基喹啉-1,2,3-丙烷三羧酸盐

理化性质　纯品是微黄色粉状结晶体，熔点175～178℃。在水中易溶解。微溶于乙醇，不溶于醚。与重金属反应。

毒性　对人和动物安全。毒性与8-羟基喹啉硫酸盐相近。

作用特征　8-羟基喹啉柠檬酸盐能被任何切花吸收。其能抑制乙烯的生物合成，促进气孔张开，从而减少花和叶片的水分蒸发。

应用　可用作切花的保存液，针对不同的花应用方法如下：

(1) 康乃馨　8-羟基喹啉柠檬酸盐200mg/L＋糖70g/L＋$AgNO_3$ 25mg/L（康乃馨切花用1∶4 $Ag_2S_2O_3$处理，放在聚乙烯袋中0～1℃保存12周，再放入保存液中）。

(2) 玫瑰　8-羟基喹啉柠檬酸盐250mg/L＋糖30g/L＋$AgNO_3$ 50mg/L＋$Al_2(SO_4)_3 \cdot 16H_2O$ 300mg/L＋PBA100mg/L。

(3) 金鱼草　8-羟基喹啉柠檬酸盐300mg/L＋糖15g/L＋丁酰肼10mg/L。

(4) 菊花　8-羟基喹啉柠檬酸盐250mg/L＋糖40g/L＋苯菌灵100mg/L。

注意事项　8-羟基喹啉柠檬酸盐不要和碱性试剂混用。定期为切花加入新鲜的保存液，可延长切花的寿命。

生产企业　目前国内尚无登记产品信息。

羟烯腺嘌呤　oxyenadenine

$$C_{10}H_{13}N_5O，219.2，1637-39-4$$

化学名称　(E)-2-甲基-4-(1H-嘌呤-6-基氨基)-2-丁烯-1-醇

理化性质　纯品熔点 209.5～213℃；溶于甲醇、乙醇，不溶于水和丙酮。在 0～100℃时热稳定性良好。

毒性　羟烯腺嘌呤属于低毒植物生长调节剂，纯生物发酵而成。大鼠急性经口 LD_{50}>10000mg/kg。

作用特征　刺激植物细胞分裂，促进叶绿素形成，加速植物新陈代谢和蛋白质的合成，从而达到有机体迅速增长，促使作物早熟丰产，提高植物抗病抗衰抗寒能力。

应用

（1）柑橘谢花期和第一次生理落果后期各喷施 300～500 倍药液一次，对温州蜜橘、红橘、脐橙、血橙、锦橙等均可提高坐果率。在果实着色期喷施 600 倍药液，可使果实外观色泽橙红，且含糖量增加。

（2）西瓜始花期用 600 倍药液进行茎叶喷雾，每隔 10d 处理一次，重复三次，可使西瓜藤早期健壮，中后期不衰，减轻枯萎、炭疽病等病害，使含糖量和产量增加。

注意事项　本药剂应贮存在阴凉、干燥、通风处，切勿受潮；不可与种子、食品、饲料混放。

主要制剂　0.5% 母药。单剂有 0.0001% 可湿性粉剂；复配制剂 0.0025%、0.0001%、0.001%、0.004% 烯腺·羟烯腺可溶粉剂；16% 井冈·羟烯腺可溶粉剂；40% 羟烯·乙烯利水剂。10.0001% 羟烯·吗啉呱水剂。

生产企业　高碑店市田星生物工程有限公司、海南博士威农用化学有限公司、黑龙江省齐齐哈尔四友化工有限公司、河南倍尔农化有限公司、江苏安邦电化有限公司、陕西绿盾生物制品有限责任公司、浙江慧光生化有限公司等。

多效唑　paclobutrazol

$$C_{15}H_{20}ClN_3O,\ 293.5,\ 76738\text{-}62\text{-}0$$

别名　氯丁唑，PP333

化学名称　（2RS,3RS）-1-(4-氯苯基)-4,4-二甲基-2-(1H-1,2,4-三-1-基)戊-3-醇

理化性质　原药为白色晶状固体，密度 1.22g/mL，熔点 165～166℃。溶解度水中为 26mg/L(20℃)，甲醇150、丙酮110、环己酮180、二氯甲烷100、己烷10、二甲苯60(g/L，20℃)。纯品在 20℃下存放 2 年以上稳定，50℃下存放 6 个月不分解，稀释液在 pH4～9 范围内及紫外光下不水解或降解。

毒性　多效唑属低毒性植物生长调节剂。原药大白鼠急性经口 LD_{50} 为 2000mg/kg（雄）、1300mg/kg（雌）；急性经皮大白鼠及兔＞1000mg/kg；对大白鼠及兔的皮肤、眼睛有轻度刺激；大白鼠亚急性经口无作用剂量为 250mg/(kg·d)，大白鼠慢性经口无作用剂量为 75mg/(kg·d)；无致畸、致癌、致突变作用；鳟鱼 LC_{50}（96h）为 27.8mg/L；野鸭急性 LD_{50}＞7900mg/kg；蜜蜂 LD_{50}＞0.002mg/头。

作用特征　多效唑可经由植物的根、茎、叶吸收，然后经木质部传导到幼嫩的分生组织部位，抑制赤霉素的生物合成。主要生理作用是矮化植株、促进花芽形成、增加分蘖、促花保果、根系发达，也有一定的防病作用（霉病和锈病）。

应用　多效唑是一种三唑类广谱性植物生长调节剂。主要应用技术如下。

（1）水稻　二季晚稻秧苗，300mg/L（15％药剂 200g 加 100kg 水）于稻苗一叶一心前，落水后淋洒，施后 12～24h 后灌水；早稻用 187mg/L 于稻苗一叶一心前，落水后淋洒，12～24h 时后灌水。达到控苗促蘖、"带蘖壮秧"、矮化防倒、增加产量的功效。

（2）油菜　以 200mg/L 于油菜三叶期进行叶面喷雾，每亩药液 100kg，抑制油菜根茎伸长，促使根茎增粗，培育壮苗。

（3）大豆　以 100～200mg/L 于大豆 4～6 叶期叶面喷雾，植株矮化、茎秆变粗、叶柄短粗，叶柄与主茎夹角变小，绿叶数增加，光合作用增强，防落花落荚，增加产量。用 200mg/L 多效唑拌种（药液与种子质量比为 1:10），阴干种皮不皱缩即可播种，也有好的效果。

（4）苹果、梨　大树（旺盛结果龄），土壤施用（树四周沟或穴施），15％多效唑用量为15g/株，使用多效唑还可矮化草皮，减少修剪次数；还可矮化菊花、一品红等许多观赏植物使之早开花，花朵大。

注意事项　多效唑是我国应用广泛的一个调节剂。开始人们先看到它的奇妙作用，如矮化、蘖多、叶绿、花多、果多，但经过几年连续使用，一些后茬敏感作物生长受到抑制，苹果等果变小，形状变扁，其副作用要应用几年之后才暴露出来。目前，由于其副作用的发现，有人认为应限制它的应用，有人则主张禁用。但只要注意如下几个方面，就可扬长避短，发挥其有效调控作用。

（1）残留时间较长，田块收获后必须翻耕，以防对后茬作物有抑制作用。

（2）用作果树矮化坐果，作叶面处理时，应注意与细胞激动素、赤霉素、蔬果剂等混用或交替应用，既矮化植株，控制新梢旺长，促进坐果，又不使果实结得太多，果型保持原貌；可以发展树干注射，以减少对土壤的污染，也要注意与上述调节剂合理配合使用。

（3）用作水稻、小麦、油菜矮化分蘖、防倒伏之用，应注意与生根剂混用，以减少多效唑的用量，或者制成含有机质的缓慢释放剂作种子处理剂，既对种子安全，又会大大减轻对土壤的污染。

（4）在草皮、盆栽观赏植物及花卉上，多效唑有应用前景。建议制剂为乳油、悬浮剂、膏剂、缓释剂，尽量作叶面处理或涂抹处理，以减轻对周围敏感花卉的不利影响。

主要制剂　95％原药。5％乳油；10％、15％可湿性粉剂；25％悬浮剂；复配制剂0.78％多·多唑拌种剂；3.2％赤霉·多效唑可湿性粉剂。

生产企业　河南力克化工有限公司、海南润禾农药有限公司、吉林省八达农药有限公司、江苏剑牌农化股份有限公司、江苏龙灯化学有限公司、江苏七洲绿色化工公司、江苏省盐城利民农化有限公司、山东邹平农药有限公司、四川国光农化股份有限公司、四川兰月科技有限公司等。

百草枯　paraquat dichloride

$$H_3C-N^+ \text{〈〉}-\text{〈〉} N^+-CH_3 \quad 2\ Cl^-$$

$C_{12}H_{14}Cl_2N_2$，257.2，1910-42-5

别名　克芜踪，Gramoxone，Dextrone X，Esgram，PP148，Methyl viologen

化学名称　1,1′-二甲基-4,4′-联吡啶二氯鎓盐

理化性质　工业品纯度＞95％。无色易吸潮结晶体，约在340℃下分解，蒸气

压＜1×10^{-2}mPa（25℃），分配系数K_{ow}lg$P$＝－4.5（20℃），Henry常数＜4×10^{-9}Pa·m^3·mol^{-1}（计算值），相对密度1.24～1.26（20℃）。水中溶解度（20℃）约620g/L，不溶于大多数有机溶剂。在酸性和中性介质中稳定，碱性介质中水解。不挥发，不燃烧，原药对普通金属如铁、锌、铝和锡有腐蚀性，当稀释后对喷雾器具无明显的危害。本品不能与阴离子表面活性剂混配。

毒性 急性经口LD$_{50}$（mg/L）：大鼠157～129，豚鼠30～58。大鼠急性经皮LD$_{50}$（mg/kg）：911。对兔眼睛、皮肤有刺激性。人体皮肤接触有微量吸收，暴露其中有刺激性，延缓伤口愈合，可引起指甲暂时性损害，对豚鼠无皮肤过敏。无蒸气毒性，长期暴露于本品雾滴中可引起鼻出血。NOEL数据[mg/(kg·d)]：狗0.65（1年），大鼠1.7（2年）。ADI值：0.004mg/kg（百草枯离子）。急性经口LD$_{50}$（mg/kg）：山齿鹑175，绿头鸭199。LC$_{50}$（5d，mg/kg）：山齿鹑981，日本鹌鹑970，绿头鸭4048，环颈雉1468。LC$_{50}$（96h，mg/L）：镜鲤135，虹鳟鱼26。水蚤EC$_{50}$（48h）＞6.1mg/L，海藻E$_b$C$_{50}$（96h）0.10mg/L；E$_r$C$_{50}$ 0.28mg/L。蜜蜂：LD$_{50}$（72h）（经口）36μg/只，LD$_{50}$（接触）150μg/只。蚯蚓LC$_{50}$（mg/kg）土壤＞1380。

作用特征 百草枯茎叶处理后，会破坏叶绿体膜，叶绿素降解，导致叶片干枯。

应用 百草枯是一种灭生性的除草剂，也可作为棉花等作物的脱叶剂。百草枯作为植物生长调节剂可使叶片失水干枯，应用技术如表2-14所示。

表2-14 百草枯作为植物生长调节剂的应用

作物	剂量/(g/hm^2)	应用时间	使用方法	效果
棉花	80～120	60%棉荚张开	叶面喷洒	加速叶片脱落，促进成熟
大豆	40～60	收获前2～3周	叶面喷洒	加速叶片脱落，加速成熟
小麦	60～80	成熟期	叶面喷洒	加速成熟
芦苇	80～120	收获前2～3周	叶面喷洒	加速叶片脱落

注意事项 避免皮肤接触，不要飘移到其他绿色作物上。和表面活性剂混用会提高脱叶效果。

主要制剂 30.5%、42%母药。单剂有200g/L、250g/L水剂；20%可溶胶剂；50%可溶粒剂。

生产企业 湖北沙隆达股份有限公司、江苏省南京红太阳生物化学有限责任公司、山东大成农化有限公司、山东科信生物化学有限公司、山东绿丰农药有限公司、山东侨昌化学有限公司、山东省潍坊绿霸化工有限公司、山东潍坊润丰化工股份有限公司、英国先正达有限公司、浙江永农化工有限公司等生产等。

对溴苯氧乙酸 PBPA

Br—⬡—OCH₂CO₂H

C₈H₇BrO₃，231.0，1878-91-7

化学名称　4-溴苯氧乙酸

理化性质　亮白色的结晶粉末，熔点 160～161℃。微溶于水，溶于乙醇和丙酮。对溴苯氧乙酸盐溶于水。20 世纪 70～80 年代在我国应用广泛。

作用特征　对溴苯氧乙酸通过植物茎、叶吸收。

应用　对溴苯氧乙酸应用技术见表 2-15 所示。

表 2-15　对溴苯氧乙酸应用技术

作物	处理浓度/(mg/L)	应用时间	使用方法	效果
水稻	30	—	叶片喷雾	增加产量
玉米	30	开花前	叶片喷雾	增加产量
小麦	27	抽穗期	叶片喷雾	增加产量
甘薯	30	茎膨大期	叶片喷雾	增加产量
大麻	20	植株 2.28m 高	叶片喷雾	增加产量

注意事项　加入表面活性剂（如 0.1‰ Tween 80）可提高对溴苯氧乙酸的作用效果。

生产企业　目前国内尚无登记产品信息。

苯肽胺酸 phthalanillic acid

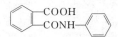

C₁₄H₁₁NO₃，241.24，4727-29-1

别名　果多早

化学名称　邻-（N，苯甲酰基）苯甲酸

理化性质　本品原药外观为白色或淡黄色固体粉末，易溶于甲醇、乙醇、丙酮等有机溶剂，不溶于石油醚。熔点 167～169℃，20℃ 水中，溶解度 20mL/L。

毒性　低毒，大鼠急性经口 LD_{50}，9000mg/kg，急性经皮 LD_{50} > 10000mg/kg。

作用特征　本品为一种内吸性的植物生长调节剂，通过叶面喷施迅速进入植物体内，促进营养物质向花的生长点调动，利于授精授粉，具有诱发花蕾成花结果，并能提早成熟期，诱导单穗植物果实膨大，具明显保花保果作用。

应用 将20％水剂稀释270～400倍，每亩用药液40～60kg，在大豆盛花期和结荚期分别叶面喷雾1次。

注意事项 避免在烈日下喷雾，喷后3h内下雨，需重喷。贮存于避光、阴凉处。

主要制剂 20％水剂。

生产企业 目前国内尚无登记产品信息。

氨氯吡啶酸　picloram

$C_6H_3Cl_3N_2O_2$,241.5,1918-02-1

别名 Tordon

化学名称 4-氨基-3,5,6-三氯吡啶-2-羧酸

理化性质 氨氯吡啶酸是浅棕色固体，有氯的气味，熔化前约190℃分解，蒸气压$8×10^{-11}$mPa（25℃），分配系数K_{ow} lg$P$＝1.9（20℃，0.1mol/L HCl，中性介质），堆密度0.895（25℃）。饱和水溶液pH值为3.0（24.5℃），溶解度（20℃，g/100mL）：水中0.056，己烷小于0.004，甲苯0.013，丙酮1.82，甲醇2.32。在酸碱溶液中很稳定，但在热的浓碱中分解。其水溶液在紫外光下分解，DT_{50}为2.6d（25℃）。pK_a为2.3（22℃）。

毒性 急性经口LD_{50}（mg/kg）：雄大鼠＞5000，小鼠2000～4000，兔约2000，豚鼠约3000，羊大于1000，牛＞750。兔急性经皮LD_{50}＞2000mg/kg。对兔眼睛有中度刺激，对兔皮肤有轻微刺激。对皮肤不引起过敏。雄、雌大鼠吸入LC_{50}＞0.035mg/L空气。NOEL数据［mg/(kg·d)，2年］：大鼠20。ADI值：0.2mg/kg。小鸡急性经口LD_{50}约6000mg/kg。饲喂试验绿头鸭、山齿鹑LC_{50}＞5000mg/kg饲料。蓝鳃翻车鱼LC_{50}（96h）：14.5mg/L，虹鳟鱼LC_{50}（96h）：5.5mg/L，羊角月牙藻EC_{50}：36.9mg/L，粉虾LC_{50}：10.3mg/L。蜜蜂LD_{50}＞100μg/只。对蚯蚓无毒，对土壤微生物的呼吸作用无影响。

作用特征 氨氯吡啶酸可通过植物根、茎和叶吸收，传导和积累在生长活跃的组织。高浓度下，抑制或杀死分生组织细胞，可作为除草剂。低浓度下，

可防止落果，增加果实产量。

应用 作为植物生长调节剂，其应用见表 2-16 所示。

表 2-16　氨氯吡啶酸的应用技术

作物	浓度/(mg/L)	应用时间	使用方法	效果
柠檬	5～24.5	收获后	浸果	防落果，延长贮存时间
无花果	10～20	生长早期	幼嫩植株上喷洒	形成单性果实
洋葱	20	—	加入培养介质	诱导愈伤组织的形成

注意事项 作为柠檬、橘子保鲜剂时，和杀菌剂苯菌灵混用效果更佳。应用于洋葱，可使洋葱形成有特殊味道的化合物，这方面的应用会有很大前景。

生产企业 目前国内尚无登记产品信息。

松脂二烯　pinolene

$$(H_3C)_2HC - \text{环己烯} - CH(CH_3)_2$$

$(C_{20}H_{34})_2$，274.5，34363-01-4

别名 Vapor-Gard，Miller Aide，NU FILM 17

化学名称 2-甲基-4-（1-甲基乙基）-环己烯二聚物

理化性质 松脂二烯是存在于松脂内的一种物质，为环烯烃二聚物。沸点 175～177℃。相对密度 0.8246。溶于水和乙醇。

毒性 对人和动物安全。

作用特征 在植物叶面喷施松脂二烯，会很快地形成一薄层黏性的展布很快的分子。因此，松脂二烯与除草剂或杀菌剂混用，叶面施用会提高作用效果。松脂二烯可作为抗蒸腾剂防止水分从叶片的气孔蒸发。

应用 松脂二烯主要用作抗蒸腾剂。在冬季来临前在常绿植物叶面喷洒松脂二烯，可防止叶片枯萎变黄，也可防止受到空气污染。相关应用技术见表 2-17 所示。

表 2-17　松脂二烯的应用技术

作物	应用时间	使用方法	效果
橘子	收获时	浸果或喷果	防止果皮变干，延长贮存时间
桃	收获前 2 周	喷一次	增加色泽，提高味感

作物	应用时间	使用方法	效果
葡萄	收获前	浸果或喷果一次	抗疾病,延长贮存时间
蔬菜或果树	移植前	叶面喷洒	防止移栽物干枯,提高存活率

生产企业 目前国内尚无登记产品信息。

对氯苯氧乙酸 4-CPA

$C_8H_7ClO_3$,186.5,122-88-3

别名 坐果灵,促生灵,防落素

化学名称 4-氯苯氧乙酸

理化性质 纯品为白色结晶,熔点157～159℃,能溶于热水、乙醇、丙酮,其盐水溶性更好,商品多以钠盐形式加工成水剂使用。在酸性介质中稳定,耐贮藏。

毒性 低毒,大鼠急性经口LD_{50}:850mg/kg。其盐的毒性比酸更低,钾盐大鼠急性经口LD_{50}:2330mg/kg,急性经皮LD_{50}:4640mg/kg;钠盐大鼠急性经口LD_{50}:雌1260mg/kg,急性经皮LD_{50}:>1000mg/kg。

作用特征 对氯苯氧乙酸可经由植株的根、茎、叶、花、果实吸收,生物活性持续时间较长,其生理作用类似内源激素,刺激细胞分裂和组织分化,刺激子房膨大,诱导单性结实,形成无籽果实,促进坐果及果实膨大。

应用 对氯苯氧乙酸是一种苯氧乙酸类植物生长调节剂,主要用于防止落花、落果,促进坐果,诱导无核果,并有催熟作用。

(1) 防止落花落果 在上午9时前,用30～40mg/kg的药液浸蘸开放的西葫芦雌花;在茄子开花当日上午,用30～50mg/kg的药液浸蘸开放的茄花。采用类似方法可用于豇豆、番茄、葡萄、辣椒、黄瓜,具体用量参考产品说明。

(2) 增强耐贮性 在大白菜收获前3～10d,选晴天下午,用40～100mg/kg的药液从大白菜基部自下向上喷洒,以叶片润湿而药液不下滴为宜,可减少大白菜贮存期脱叶。

注意事项

(1) 氯苯氧乙酸水溶性较差,商品多先制成钠盐或钾盐直接溶于水。

(2) 严格要求掌握用药时期和用药量,喷施要均匀一致,以喷湿而不滴流为最佳。

（3）本品对作物上柔嫩梢叶较敏感，故不可喷在尚未老化新梢嫩叶上，以免产生药害。

（4）留种作物，不可使用。

（5）不可与中性或碱性药液一起施用。

生产企业　目前国内尚无登记产品信息。

调环酸钙　prohexadione calcium

$C_{10}H_{10}CaO_5$，250.3，127277-53-6

别名　调环酸钙盐，调环酸，环己酮酸钙

化学名称　3，5-二氧代-4-丙酰基环己烷羧酸钙

理化性质　纯品为无味白色粉末，熔点大于360℃，蒸气压1.33×10^{-2}mPa（20℃），分配系数K_{ow} lg$P=-2.90$，Henry常数为1.92×10^{-5} Pa·m³·mol⁻¹（计算）。相对密度1.460。溶解度（20℃，mg/L）：水中174，甲醇1.11，丙酮0.038。稳定性：在水溶液中稳定。DT_{50}（20℃）：5d（pH5），83d（pH9）。200℃以下稳定，水溶液光照DT_{50}：4d。pK_a5.15。

毒性　大、小鼠急性经口LD_{50}：＞5000mg/kg。大鼠急性经皮LD_{50}：＞2000mg/kg。对兔皮肤无刺激性，对兔眼睛有轻微刺激性。大鼠急性吸入LC_{50}（4h）：＞4.21mg/L。NOEL数据[2年，mg/(kg·d)]：雄大鼠93.9，雌大鼠114，雄小鼠279，雌小鼠351；雄或雌狗（1年）80mg/(kg·d)。对大鼠和兔无致突变和致畸作用。野鸭和小齿鹑急性经口LD_{50}＞2000mg/kg，野鸭和小齿鹑饲养LC_{50}（5d）：＞5200mg/kg饲料。鱼毒LC_{50}（96h，mg/L）：虹鳟和大翻车鱼＞100，鲤鱼＞150。水蚤LC_{50}（48h）：＞150mg/L。海藻EC_{50}（120h）：＞100mg/L。蜜蜂LD_{50}（经口和接触）：＞100μg/只。蚯蚓LC_{50}（14d）：＞1000mg/kg土壤。

作用特征　通过干扰赤霉素生物合成的最后步骤起作用，即阻断赤霉素GA_{12}醛至赤霉素GA_8酸的合成，使赤霉素活化过程受阻，并可使诱抗素、玉米素和异戊烯腺苷型的细胞分裂素水平增加，起到抑制地上部生长，促进生殖生长的效果，达到增产和改善品质的目的，并且具有较好的抗病害能力。调环酸钙能促进生殖生长，减轻倒伏，促进侧芽生长和发根，使茎叶保持浓绿，控

制开花时间，提高坐果率，促进果实成熟。它还具有增强植株的抗病害、抗寒冷和抗旱的能力，减轻除草剂的药害，提高植物的抗逆性。

应用 要用于禾谷类作物如小麦、大麦、水稻抗倒伏以及花生、花卉、草坪等控制旺长，使用剂量为 $75\sim400g(a.i.)/hm^2$。

生产企业 目前国内尚无登记产品信息。

二氢茉莉酸正丙酯 prohydrojasmon

$C_{15}H_{26}O_3$，254.4，158474-72-7

别名 PDJ

化学名称 3-氧-2-戊烷环戊乙酸正丙酯

理化性质 原药外观为无色或淡黄色液体，相对密度 $0.97\sim0.98$，沸点 $136℃$（1mmHg），闪点 $165℃$（开口），溶解度（25℃）：水中 $0.06g/L$，丙酮、乙腈、氯仿、乙酸乙酯、甲醇、DMSO 等 $>100g/L$。

毒性 低毒，大鼠急性经口 LD_{50}：$>5000mg/kg$，急性经皮 $>2000mg/kg$。

作用特征 本品在发芽不良条件下（低温、水分不足），能够促进发芽发根，提高出苗率及着活率，并促进发芽发根后的生育。对水稻、棉花等作物有生长调节作用。

应用

（1）$0.01\sim0.1mg/L$ 二氢茉莉酸正丙酯浸种对发根（田间条件下）、幼苗生长表现促进效果，但大于 $1mg/L$ 表现抑制。它可促进乙烯生成和 α-淀粉酶活性提高，启动种子萌发代谢。

（2）促进苗期生长，增强抗逆性。低浓度时与低浓度赤霉素 GA_3 对营养生长与生殖生长有相乘效果。

（3）促进幼果脱落。

（4）促进果实成熟，直接或间接提高乙烯释放量。

（5）与迟效油菜素内酯（TS-303）混用还可促进发芽、发根，提高成苗率，提高植物耐冷性和抗病性。目前日本已经将这种混用剂开发成商品 TNZ-303。

注意事项

（1）忌与碱性农药混用，忌用碱性水（pH>7.5）对水稀释使用。

（2）请在晴天傍晚使用，或在阴天使用。

（3）喷洒后 6h 内下雨应补喷。

生产企业　目前国内尚无登记产品信息。

吡啶醇　pyripropanol

$C_8H_{11}NO,137.08,2859-68-9$

别名　丰啶醇，增产醇

化学名称　3-（2'-吡啶基）-丙醇

理化性质　纯品为无色透明油状液体。沸点260℃（101.3kPa）；98℃（133.32Pa）。相对密度1.070，蒸气压66.66Pa（90～95℃）。微溶于水（3.0g/L，16℃），易溶于乙醚、丙醇、乙醇、氯仿、苯、甲苯等有机溶剂，不溶于石油醚。原药为浅黄色至棕色油状液体。

毒性　中等毒性，大鼠急性经口LD_{50}：111.5mg/kg，急性经皮LD_{50}：147mg/kg。积蓄毒性弱，对白鲢鱼高毒。

作用特征　本品为新型植物生长调节剂，对大豆、花生等作物有良好的增产作用。作物受药后营养生长受到抑制，从而促进生殖生长和产量的提高。

应用　吡啶醇是一种人工合成的植物生长调节剂。

在秋植花生播后40d，喷洒250mg/L的丰啶醇药液，增加结荚期和收获前的根瘤固氮活性，分别增加单株荚果数14.58%和饱果数19.06%。它还可促进花生同化物和磷、氮营养物向荚果运转和积累，提高对氮和磷的吸收利用率；增加开花数、结实率和饱果率，增产较显著。用于西瓜，可控制蔓陡长，促进瓜大，早熟3～5d。也可用于玉米，小麦，水稻，果树等作物。

丰啶醇的使用时期、用量、浓度要严格控制，用量过大会抑制细胞分裂素的活性，抑制幼苗生长，使大豆出现簇叶、轮生叶、无叶柄，植株矮小，根腐烂。

注意事项　本品应贮存在阴凉干燥处，避免阳光直射；使用时，配制浓度应符合要求不宜过高或过低；本品对鱼类毒性较大，使用时应避免药剂流入鱼池。

主要制剂　80%乳油。

生产企业　目前国内尚无登记产品信息。

水杨酸　salicylic acid

$C_7H_6O_3,138.1,69-72-7$

别名 柳酸，沙利西酸，撒酸

化学名称 2-羟基苯甲酸

理化性质 纯品为白色针状结晶或结晶状粉末，有辛辣味，易燃，见光变暗，空气中稳定。熔点 157～159℃，沸点 211℃/20mmHg，76℃升华。它微溶于冷水，易溶于热水，乙醇中溶解度为 370mg/L、丙酮中溶解度为 330mg/L。水溶液呈酸性。与三氯化铁水溶液生成特殊紫色。

毒性 原药大白鼠急性经口 LD_{50}：890mg/kg。

作用特征 水杨酸可被植物的叶、茎、花吸收，有传导作用。它能够提高作物的抗逆能力，还有利于花的授粉。

应用

（1）促进生根 将水杨酸制成粉沾菊花插枝，可促进插枝生根。

（2）提高作物抗逆能力 甘薯块根膨大初用 0.4mg/L（加 0.1％吐温 20）的水杨酸溶液处理，可增加叶绿素含量，减少水分蒸腾，增加产量；水稻幼苗以 1～2mg/L 处理，能促进生根，减少蒸腾，增加幼苗的抗寒能力；小麦用 0.05％乙酰水杨酸处理，能促进生根，减少蒸腾，增加产量。

注意事项 本品须密封暗包装，产品存放阴凉、干燥处。

生产企业 目前国内尚无登记产品信息。

调节硅 silaid

$C_{15}H_{17}ClO_2Si$,292.8,41289-08-1

化学名称 （2-氯乙基）甲基双（苯氧基）硅烷

作用特征 调节硅可经植物的绿色叶片，小枝条，果皮吸收，进入植物体内能很快形成乙烯，尤其是橄榄树。调节硅还可增加橘子树花青素的含量。

应用 在橄榄收获前 6～10d 以 1kg/hm² 剂量喷果，使果实易于脱落，利于收获。在橘子收获前 10d 以 500～2000mg/L 剂量叶面喷施，可增加果皮花青素含量，增加色泽。

生产企业 目前国内尚无登记产品信息。

杀雄啉　**sintofene**

$$H_3COCH_2CH_2O$$

$C_{18}H_{15}ClN_2O_5$,374.8,130561-48-7

别名　Axhor，Croisor，津奥啉

化学名称　1-(4-氯苯基)-1,4-二氢-5-(2-甲氧基乙氧基)-4-氧-喹啉-3-羧酸。

理化性质　原药纯度为99.7%。纯品为淡黄色粉末，熔点261.03℃，蒸气压0.0011mPa（25℃），分配系数 K_{ow} lg$P$＝1.44±0.06（25℃±1℃），Henry常数 $7.49×10^{-5}$ Pa·m³·mol^{-1}（计算值）。相对密度1.461（20℃，原药）。溶解度（20℃，g/L）：水中＜0.005，甲醇、丙酮和甲苯中＜0.005，1，2-二氯乙烷中0.01～0.1。稳定性：其水溶液稳定，DT_{50}＞365d（50℃，pH5，7和9）。pK_a7.6。

毒性　按我国农药毒性分级标准，杀雄啉属低毒植物生长调节剂。大鼠急性经口 LD_{50}：＞5000mg/kg，大鼠急性经皮 LD_{50}：＞2000mg/kg。对眼睛、皮肤无刺激作用，对皮肤无致敏作用。大鼠急性吸入 LC_{50}（4h）：＞7.34mg/L空气。NOEL数据（2年）：大鼠12.6mg/（kg·d）。ADI值：0.126mg/kg。绿头鸭和山齿鹑急性经口 LD_{50}：＞2000mg/kg。山齿鹑饲喂 LC_{50}（8d）：＞5000mg/kg饲料。鱼毒 LC_{50}（96h，mg/L）：虹鳟793，大翻车鱼1162。水蚤 EC_{50}（48h）：331mg/L。海藻 EC_{50}（96h）：11.4mg/L。蜜蜂 LD_{50}（经口和接触）：＞100μg/只。蚯蚓 LC_{50}（14d）：＞1000mg/kg土壤。

作用特征　杀雄啉能通过抑制孢粉质前体化合物的形成来阻滞小麦及小粒禾谷类作物的花粉发育，抑制其自花授粉，以便进行异花授粉，获取杂交种子。药剂由叶面吸收，并主要向上运输，大部分存在于穗状花序及地上部分，根部及分蘖极少。该化合物在叶内半衰期为40h。湿度大时，利于该物质吸收。

应用　春小麦幼穗长到0.6～1.0cm，处于雌雄蕊原基分化至药隔分化期之间（5月上旬，持续5～7d），为适宜用药期。用33%水剂0.7kg(a.i.)/hm²，

加软化水 250～300L，均匀喷雾，小麦叶面雾化均匀不得见水滴。冬小麦适宜在药隔期施药，即 4 月上旬，穗长 0.55～1cm。用 33％水剂 0.5～0.7 kg(a.i.)/hm²，加水 250～300L，均匀喷雾。

注意事项 本剂应在室温避光保存，使用前若发现有结晶，可加热溶解后再使用。用前随配随用，配制液要当天用完，避免保存过久失效。严格控制用药量，不可过大。小麦不同品种对津奥啉的敏感性不同，在配制杂交种之前，应对母本基本型进行适用剂量的试验研究。严格控制施药时期，适时施药。

生产企业 目前国内尚无登记产品信息。

复硝酚钠　sodium nitrophenolate

① $C_6H_4NO_3Na$,161.09　② $C_6H_4NO_3Na$,161.09　③ $C_7H_6NO_4$,191.12,67233-85-6

化学名称 ①邻硝基苯酚钠，②对硝基苯酚钠，③5-硝基邻甲氧基苯酚钠。

理化性质 ①98％红色针状结晶，有芳香烃气味。熔点 44.9℃。溶于水、丙酮、乙醇。②98％黄色片状，结晶，无味，熔点 113～114℃，溶于水、丙酮、乙醇。③98％橘红色片状结晶，无味，熔点 105～106℃，溶于水、丙酮、乙醇等。

毒性 复硝酚钠为低毒性植物生长调节剂。

作用特征 为单硝化愈创木酚钠盐植物细胞赋活剂。可经由植株的根、叶及种子吸收，很快渗透到植物体内，以促进细胞原生质流动。在作物各个发育阶段均有不同程度的促进作用。尤其对于花粉管的伸长的促进，帮助受精结实的作用尤为明显。可促进植物的发根、生长、生殖和结果。复硝酚钠是一个广谱的植物生长调节剂。广泛用于粮、棉、豆、果、蔬菜等作物喷雾和浸种处理。

应用 复硝酚钠是一种复合型植物生长调节剂，主要成分有邻硝基苯酚钠、对硝基苯酚钠和5-硝基邻甲氧基苯酚钠。

该产品可以用叶面喷洒、浸种、苗床灌注及花蕾撒布等方式进行处理。由于其与植物激素不同，在植物播种开始至收获之间的任何时期，皆可使用。

（1）粮食作物　小麦、水稻播前浸种 2h；在幼穗形成和出齐穗时叶面喷洒。浓度均为 3000 倍。

（2）棉花 2 叶、8～10 片叶、开第一朵花时，分别用 3000、2000、2000 倍药液喷雾。

（3）大豆及其他豆类 幼苗期及开花前用 6000 倍药液处理叶片及花蕾。

（4）甘蔗 插苗时用 8000 倍药液浸苗 8h。分蘖时，用 2500 倍药液叶面喷雾。

（5）果树 在发新芽之后，花前期 20d 至开花前夕、结果后，用 5000～6000 倍药液处理两次。此浓度范围适用于葡萄、李、柿、梅、龙眼、番石榴。但是，梨、桃、橙、荔枝则需 2000～1500 倍液。

（6）蔬菜 多数蔬菜种子可浸 6000 倍药液中 8～12h。但大豆只浸 3h，土豆完整块茎浸种 5～12h。

注意事项

（1）制剂使用时浓度过高，将会对作物幼芽及生长有抑制作用。

（2）可与一般农药化肥混用。喷洒处理时要注意均匀，蜡质多的植物要适当加入展着剂后再喷。

（3）球茎类叶菜和烟草，应在结球前和收烟叶前一个月前停止使用。

（4）烟草采收前一个月停用，免使生殖生长过旺。

（5）存放在阴凉处。

（6）复硝钠有生物活性，应用范围较广，但就其效果而言，直观性较差，各地使用有好有差，且处理要多次。

主要制剂 98％原药。单剂有 0.7％、1.4％、1.8％、2.1％、2.85％水剂；复配制剂硝钠·萘乙酸水剂。

生产企业 现由重庆双丰化工有限公司、广西易多收生物科技有限公司、桂林桂开生物科技股份有限公司、河南欣农化工有限公司、山东奥得利化工有限公司、山西德威生化有限责任公司等生产。

丁二酸 succinic acid

$C_4H_6O_4$，118.1，110-15-6

别名 琥珀酸，亚乙基二羧酸，1,2-乙烷二甲酸，乙二甲酸

化学名称 丁二酸

理化性质 纯品为白色菱形结晶体，有酸味。熔点 187～189℃。沸点 235℃，相对密度 1.572。溶于水、乙醇和甲醇。不溶于苯、二硫化碳、石油醚和四氯化碳。

毒性　大鼠急性经口 LD_{50} 为 2260mg/kg。饲喂猫 1g/kg 饲料剂量，未见不良影响。猫最小的致死注射剂量为 2g/kg。

作用特征　琥珀酸可作为杀菌剂、表面活性剂、增味剂。作为植物生长物质，琥珀酸可通过植物根、茎、叶吸收，加速植物体内的代谢，可加快作物生长。

应用　琥珀酸 10～100mg/L 浸种或拌种 12h 可促进根的生长，增加棉花、玉米、春大麦、大豆、甜菜的产量。

注意事项　琥珀酸和其他生根剂混用效果更佳。琥珀酸低剂量多次施用或和其他叶面肥混合施用效果更佳。遇明火、高热可燃。受高热分解，放出刺激性烟气。粉体与空气可形成爆炸性混合物，当达到一定的浓度时，遇火星会发生爆炸。

生产企业　目前国内尚无登记产品信息。

四环唑　tetcyclacis

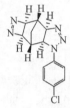

$C_{13}H_{12}ClN_5$，273.7，77788-21-7

化学名称　(1R,2R,6S,7R,8R,11S)-5-(4-氯苯基)-3,4,5,9,10-五氮杂四环[5.4.1.0^{2.6}.0^{8.1}]十二-3,9-二烯

理化性质　四环唑为无色结晶固体，熔点 190℃。溶解性（20℃）：水中 3.7mg/kg，氯仿 42g/kg，乙醇中 2g/kg。在阳光和浓酸下分解。

毒性　大鼠急性经口 LD_{50} 261mg/kg，大鼠急性经皮 LD_{50}＞4640mg/kg。

应用　本品抑制赤霉素的合成。在水稻抽穗前 3～8d 起每周施一次，以出穗前 10d 使用效果最好。

生产企业　目前国内尚无登记产品信息。

三氟吲哚丁酸酯　TFIBA

$CH(CF_3)CH_2COOCH(CH_3)_2$

$C_{15}H_{16}F_3NO_2$，299.3，164353-12-2

化学名称　1-氢-吲哚-3-丙酸-β-三氟甲基-1-甲基乙基酯

作用特征　植物生长调节剂，能促进作物根系发达，从而达到增产目的。

应用　主要用于水稻、豆类、马铃薯等。此外，还能提高水果甜度，降低水果中的含酸量，且对人安全。

生产企业　目前国内尚无登记产品信息。

噻菌灵　thiabendazole

$C_{10}H_7N_3S, 201.3, 48-79-8$

别名　特克多，Mertecdt，Tecto，Storite，TBZ

化学名称　2-（4-噻唑基）-苯并咪唑

理化性质　纯品为灰白色粉末状固体，熔点 $297\sim298℃$，蒸气压 $4.6\times10^{-4}mPa$（25℃），分配系数 $K_{ow} \lg P = 2.39$（pH7），Henry 常数 2.7×10^{-8} $Pa \cdot m^3 \cdot mol^{-1}$，相对密度为 1.3989。溶解度（20℃，g/L）：水中 0.16（pH4）、0.03（pH7）、0.03（pH10），正庚烷＜0.01，甲醇 8.28，1，2-二氯乙烷 0.81，丙酮 2.43，乙酸乙酯 1.49，二甲苯 0.13，正辛醇 3.91。在酸、碱性水溶液中均稳定。

毒性　小鼠急性经口 LD_{50} 为 3600mg/kg，大鼠急性经口 LD_{50} 为 3100mg/kg，兔急性经口 LD_{50}＞3800mg/kg；山齿鹑急性经口 LD_{50}＞2250mg/kg，山齿鹑、绿头鸭饲喂试验 LC_{50}（5d）＞8000mg/kg 饲料。大翻车鱼 LC_{50}（96h）19mg/L，虹鳟鱼 LC_{50}（96h）0.55mg/L。水蚤 EC_{50}（48h）0.81mg/L，羊角月牙藻 EC_{50}（96h）9mg/L，羊角月牙藻 NOEC（无作用浓度）数值为 3.2mg/L。小虾 LC_{50}（96h）0.34mg/L，蚌 LC_{50}（96h）＞0.26mg/L。对蜜蜂无毒。蚯蚓 LC_{50}＞500mg/kg 土壤。对前脚隐翅虫，盲走螨，中华通草蛉有害，对烟蚜茧蜂有轻微伤害。

作用特征　噻菌灵可作为保鲜剂应用于各种水果和蔬菜上。噻菌灵可由水果或蔬菜表皮吸收，而后传导到病原菌的入侵部位起作用。噻菌灵可杀死或抑制水果和蔬菜表皮的微生物和病原菌，可防止由于外伤引起水果或蔬菜表皮腐烂部位的扩展。噻菌灵还可延缓叶绿素分解和组织老化。此外，噻菌灵可作为杀菌剂使用。

应用　噻菌灵作为植物生长调节剂的应用技术见表 2-18 所示。

表 2-18　噻菌灵应用技术

作物	浓度	时间	方法	效果
甜橙	噻菌灵 800～1000mg/L ＋2,4-滴 200mg/L	收获后 1～2d	浸果	延长贮藏时间
金橘	噻菌灵 0.2％ ＋ 2,4-D200mg/L	同上	浸果	延长贮藏时间
马铃薯	噻菌灵(0.2％)＋控芽宝(0.74％)＋苯胺灵(0.25％)	发芽前或收货后 2～4 周	淋洒	延长贮藏时间
	2％～4％噻菌灵	贮藏前	喷块茎(40mg/kg)	防止贮藏时腐烂

注意事项　对鱼类有毒，不能污染池塘和水源。

主要制剂　98.5％原药。单剂有 40％可湿性粉剂；15％、42％、450g/L、500g/L 悬浮剂；60％水分散粒剂。

生产企业　现由合肥星宇化学有限责任公司、江苏百灵农化有限公司、江苏常隆农化有限公司、瑞士先正达作物保护有限公司、石家庄瑞凯化工有限公司、上虞颖泰精细化工有限公司、陕西美邦农药有限公司、陕西汤普森生物科技有限公司、中国台湾隽农实业股份有限公司、兴农药业（中国）有限公司、浙江禾本科技有限公司、深圳诺普信农化股份有限公司等生产。

抑芽唑　triapenthenol

$C_{15}H_{25}N_3O$，263.4，76608-88-3

别名　抑高唑

化学名称　(E)-(RS)-1-环己基-4,4-二甲基-2-(1H-1,2,4-三唑-1-基)戊-1-烯-3-醇

理化性质　外观为白色晶体。熔点 135.5℃，蒸气压 4.4×10^{-6} Pa（20℃）。20℃时溶解度（g/L）：DMF 468，甲醇 433，二氯甲烷＞200，异丙醇 100～200，丙酮 150，甲苯 20～50，己烷 5～10，水 0.068。

毒性　大鼠急性经口 LD_{50}＞5000mg/kg，小鼠为 4000mg/kg，大鼠慢性无作用剂量为 100mg/（kg·d）。鲤鱼 LC_{50}：18mg/L，鳟鱼为 37mg/L（96h）。鹌鹑急性经口 LD_{50}＞5000mg/kg。对蜜蜂无毒。

作用特征 主要作用方式是抑制赤霉素的生物合成。本品能抑制作物茎秆生长，提高作物产量。药剂通过根、叶吸收，达到抑制双子叶作用生长的目的。在正常剂量下，本品不抑制根部生长。使用药量一般为 $300 \sim 750 g/hm^2$，禾本科作物用药量 $0.7 \sim 1.4 kg/hm^2$，本品还具杀菌作用。(S)-$(+)$-对映体是赤霉素生物合成抑制剂，是植物生长调节剂；(R)-$(+)$对映体能抑制麦角甾醇脱甲基化，是杀菌剂。

应用

(1) 油菜抽薹主茎的最后一节，现蕾前施药，每公顷用70%可湿性粉剂720g，加水750kg（即每亩用48g，加水50kg），叶面喷雾处理，可控制油菜株形，防止倒伏，增荚。

(2) 大豆始花期施药，每公顷用70%可湿性粉剂 $720 \sim 1428 g$，加水750kg（即每亩用 $48 \sim 95 g$ 加水50kg），喷雾处理，可降低植株高度，增荚、增粒，提高产量。

(3) 水稻抽穗前 $10 \sim 15 d$，每公顷用70%可湿性粉剂 $500 \sim 720 g$（含有效成分 $350 \sim 500 g$），加水750kg（即每亩用 $33 \sim 48 g$，加水50kg），均匀喷雾处理，可防止水稻倒伏，提高产量。

注意事项 抑芽唑控长防止倒伏，适用于水肥条件好，健壮植物上效果明显。抑芽唑使用技术尚不成熟，在使用前，要做好用药条件试验，然后再推广。

生产企业 目前国内尚无登记产品信息。

三十烷醇 triacontanol

$$CH_3(CH_2)_{28}CH_2OH$$
$$C_{30}H_{62}O, 438.4, 593-50-0$$

别名 蜂花醇，Melissyl alcohol，Myrictl alcohol

化学名称 正三十烷醇

理化性质 纯品为白色鳞状结晶，熔点 $86.5 \sim 87℃$。密度 $0.841 g/cm^3$，不溶于水，难溶于冷甲醇、乙醇、丙酮，微溶于苯、丁醇、戊醇，可溶于热苯、热丙酮、热四氢呋喃，易溶于乙醚、氯仿、四氯化碳、二氯甲烷。对光、空气、热、碱稳定。

毒性 三十烷醇是对人畜十分安全的植物生长调节剂，雌小白鼠急性经口 LD_{50} 为 $1.5 g/kg$，雄性小白鼠为 $8 g/kg$，以 $18.5 g/kg$ 的剂量给10只体重 $17 \sim 20 g$ 的小白鼠灌胃，7d后照常生活。

作用特征 三十烷醇可由植物的茎、叶吸收，促进植物的生长，增加干物质积累。有试验认为三十烷醇能改善细胞膜透性、增加叶绿素含量、提高光和强度、增加淀粉酶、多酚氧化酶、过氧化物酶活性。

应用　三十烷醇在 20 世纪 80 年代应用面积之大，是植物生长调节剂中少有的，应用技术如表 2-19 所示。

表 2-19　三十烷醇的应用技术

农作物	用量/(mg/L)	时期	方式	作用
水稻	0.5～1.0	幼穗分化至齐穗期	叶面喷洒	增产
小麦	0.1～0.5	开花期	叶面喷洒	增产
玉米	0.1～0.5	幼穗分化至抽雄期	叶面喷洒	增产
甘薯	0.5～1.0	薯块膨大初期	叶面喷洒	增产
花生	0.5～1.0	始花期	叶面喷洒	增产
大豆	0.1～1.0	浸种	叶面喷洒	增产
	0.5	盛花期	叶面喷洒	增产
油菜	0.5	盛花期	叶面喷洒	增油
棉花	0.05～0.1	浸种	叶面喷洒	增产
	0.1	盛花期	叶面喷洒	增产
茶叶	1	在春夏新梢平均发出 1～2cm 时	叶面喷洒	改善品质
柑橘	0.1	开花期	叶面喷洒	增产、增甜、着色
番茄	0.5～1.0	开花或生长初期	叶面喷洒	增产
青菜、大白菜	0.5～1.0	生长期	叶面喷洒	增产
萝卜	0.5～1.0	生长期	叶面喷洒	增产
蘑菇	1～20	菌丝体初期	喷洒	增产
食用菌双孢蘑菇	0.1～10	菌丝体初期	喷洒	增产
香菇	0.5	处理接菌后的培养基	喷淋	增产
紫云英	0.1	现蕾至初花期	喷洒	增加生物量
麻类红麻	1	6～8 月	叶面喷洒	增加纤维产量
甘蔗	0.5	甘蔗伸长期	叶面喷洒	增糖
海带	1	分苗时浸苗	浸 6 小时	提高碘含量
	2	分苗时浸苗	浸 2 小时	增加产量
紫菜	1	采苗后 10～17d	喷一次	促进生长，增加采收次数，改善品质，提高产量
	1	采苗后 24～28d 再浸泡网帘上苗 3h，然后下海挂养		

注意事项

(1) 三十烷醇生理活性很强，使用浓度很低，配置药液要准确。

(2) 喷药后 4～6h 遇雨需补喷。

(3) 三十熔解醇的有效成分含量和加工制剂的质量对药效影响极大，注意择优选购。

主要制剂　89％、90％、95％原药。单剂有 0.1％可溶液剂；0.1％微乳剂；复配制剂 6％烷醇·硫酸铜可湿性粉剂；2.8％烷醇·硫酸铜悬浮剂；0.5％烷醇·硫酸铜水乳剂。

生产企业　现由福建省厦门大学化工厂、广西桂林宝盛农药有限公司、广西桂林宏田生化有限公司、广西师范大学化工厂、河北华灵农药有限公司、河南郑州天邦生物制品有限公司、河南省郑州豫珠新技术试验厂、河南郑州中储化学研究所、青岛星牌作物科学有限公司、四川国光农化有限公司、山东省曲阜市尔福农药厂、山东亚星农药有限公司、陕西省西安海浪化工有限公司、台州市大鹏药业有限公司等生产。

脱叶磷　tribuphos

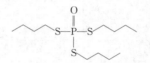

$C_{12}H_{27}OPS_3$，314.5，78-48-8

别名　Def，Defoliant，butifos，tribufate，B-1776

化学名称　S，S，S-三丁基-三硫赶磷酸酯

理化性质　浅黄色透明液体。有硫醇臭味。沸点 150℃（400Pa）。凝固点 -25℃以下。相对密度 1.057。折射率 1.532，闪点＞200℃（闭环）。难溶于水。溶于丙酮、乙醇、苯、二甲苯、己烷、煤油、柴油、石脑油和甲基萘。对热和酸性介质稳定，在碱性介质中能缓慢分解。

毒性　雄大鼠急性经口 LD_{50}：435mg/kg，雌大鼠：234mg/kg。急性经皮 LD_{50}：大鼠 850mg/kg，兔约 1000mg/kg。NOEL 数据：（mg/kg 饲料，2 年）大鼠 4，狗（mg/kg 饲料，12 个月）4。ADI 值：0.001mg/kg。山齿鹑急性经口 LD_{50}：142～163mg/kg，绿头鸭 LD_{50}：500～507mg/kg。饲喂试验：山齿鹑 LC_{50}(5d)：1643mg/kg 饲料，LC_{50}(5h)：＞50000mg/kg 饲料。大翻车鱼 LC_{50}(96h)：0.72～0.84mg/L，虹鳟鱼 LC_{50}(96h)：1.07～1.52mg/L，水蚤 LC_{50}(48h)：0.12mg/L。对蜜蜂无毒。

作用特征　主要经由植株的叶、嫩枝、芽部吸收，然后进入植株体内的细胞里，刺激乙烯的生成。对植物具有较高的活性，用于棉花脱叶。

应用 主要用作棉花、胶树、苹果树等作脱叶剂。棉花在 50%～65%棉铃开裂时，以每公顷 2.5～3.0kg 有效成分对水 750L，进行叶面喷洒 1 次，5～7d 后脱叶率可达 90%以上，还促进早吐絮。胶树在越冬前用 2000～3000mg/L 药液喷洒 1 次，可使叶片提早脱落，来年则早生叶片，以躲过第二年白粉病发病期。苹果在采收前 30d，以 750～1000mg/L 药液喷洒 1 次，可有效促进脱叶。它可以用作大豆、土豆和有些花卉的脱叶剂。

生产企业 目前国内尚无登记产品信息。

噻苯隆　thidiazuron

$C_9H_8N_4OS$，220.3，51707-55-2

别名 Dropp、Defolit、脱叶灵、脲脱素、脱叶脲

化学名称 1-苯基-3-（1，2，3-噻二唑-5-基）脲

理化性质 原药为无色无味晶体，熔点 213℃，25℃蒸气压 $3×10^{-3}$ mPa。20℃时水中溶解度为 20mg/L，苯中为 35mg/L，丙酮中为 8000mg/L，环乙酮 210000mg/L，DMF 500000mg/L。在 pH5～9 范围内稳定。在 60℃、90℃及 120℃下贮存稳定期超过 30d。

毒性 噻苯隆属低毒性植物生长调节剂，原药对大白鼠急性经口 $LD_{50}>$4000mg/kg，急性经皮 $LD_{50}>$1000mg/kg，急性吸入 $LD_{50}>$2.3mg/L。对家兔眼有轻度刺激，对皮肤无刺激作用。大白鼠亚急性经口无作用剂量为 25mg/（kg·d），狗亚急性经口无作用剂量为 25mg/（kg·d）。大白鼠两年慢性经口试验在 500mg/L 剂量下未见异常。无致畸、致癌、致突变作用。在土壤中的半衰期为 26d。

作用特征 噻苯隆可经由植株的茎叶吸收，然后传导到叶柄与茎之间，较高浓度下可刺激乙烯生成，促进果胶和纤维素酶的活性，从而促进成熟叶片的脱叶，加快棉桃吐絮。在低浓度下它具有细胞激动素的作用，能诱导一些植物的愈伤组织分化出芽。

应用 噻苯隆主要作棉花脱叶剂，也是良好的细胞激动素，在促进坐果及叶片保绿上其生物活性比 6-BA 还高，在很多植物组织培养中可诱导愈伤组织分化长出幼芽。

噻苯隆在作物上的应用情况见表 2-20 所示。

表 2-20 噻苯隆的应用技术

农作物	时期	用量	方式	作用
棉花	当70%棉桃开裂时（气温在14～22℃）	0.1%水溶液	叶面喷洒	脱叶、早吐絮
黄瓜	即将开的雌花	2mg/L	喷雌花花托	促进坐果，增加单果重
芹菜	采收后	1～10mg/L	喷洒绿叶	叶片较长时间保持绿色

注意事项 作脱叶剂时一定按指定的使用时期、用量、处理方式操作。处理后24h内勿有雨。

主要制剂 97%、98%原药。单剂有0.1%、0.5%可溶液剂；50%悬浮剂；30%可分散油悬浮剂；0.1%、50%、80%可湿性粉剂。复配制剂有540g/L噻苯·敌草隆悬浮剂。

生产企业 现由北京中植科华农业股份有限公司、德国拜耳作物科学公司、河北博嘉农业有限公司、江苏瑞邦农药厂有限公司、江苏长青农化股份有限公司、江苏东宝农药化工有限公司、江苏辉丰农化股丰有限公司、江苏省激素研究所股份有限公司、江苏优士化学有限公司、江西天人生态股份有限公司、迈克斯（如东）化工有限公司、陕西上格之路生物科学有限公司、陕西咸阳德丰有限责任公司、四川国光农化股份有限公司、四川省兰月科技有限公司、山东绿霸化工股份有限公司、山都丽化工有限公司、山东胜邦绿野化学有限公司、陕西美邦农药有限公司、新疆锦华农药有限公司、浙江世佳科技有限公司、中国农科院植保所廊坊农药中试厂、中农立华（天津）农用化学品有限公司等。

抗倒酯 trinexapac-ethyl

$C_{13}H_{16}O_5$，252.3，104273-73-6

别名 挺立，Modus，Omega，Primo

化学名称 4-环丙基（羟基）亚甲基-3,5-二氧代环己烷羧酸乙酯

理化性质 原药纯度为92%，黄棕色液体（30℃）或固液混合物（20℃）。纯品为白色无味固体，熔点36℃，沸点＞270℃。密度1.215g/cm³（20℃）。水中溶解度（20℃，g/L）：2.8（pH4.9）、10.2（pH5.5）、21.1（pH8.2），丙酮500、甲苯500、正辛醇420、甲醇500。稳定性：沸点以下稳

定，在正常储存下稳定，遇碱分解。

毒性 大鼠急性经口 LD$_{50}$＞5000mg/kg。大鼠急性经皮 LD$_{50}$＞4000mg/kg。对兔皮肤和眼睛无刺激性，对豚鼠皮肤无刺激性。每日允许摄入量 0.316mg/kg。

作用特征 赤霉素生物合成抑制剂。通过降低赤霉素的含量，控制作物徒长。

应用 抗倒酯属环己烷羧酸类植物生长调节剂。1992 年商品化的植物生长调节剂。施于叶部，可转移到生长的枝条上，减少节间的伸长。在禾谷类作物、甘蔗、油菜、蓖麻、水稻、向日葵和草坪上施用，可明显抑制生长，使用剂量通常为 100～500g(a.i.)/hm^2。苗后施用可防止禾谷类作物和冬油菜倒伏和改善收获效率，减少草坪修剪次数。

主要制剂 94％、96％、97％、98％原药。单剂有 250g/L 乳油；11.3％可溶液剂。

生产企业 瑞士先正达作物保护有限公司、迈克斯（如东）化工有限公司、江苏优士化学有限公司、江苏辉丰农化股份有限公司等生产。

烯效唑 uniconazole

C$_{15}$H$_{18}$ClN$_3$O，291.8，83657-22-1

别名 Sumiseven，Sumagic，Prunit，S-3307，S-327，XE-1019

化学名称 (E)-(RS)-1-(4-氯苯基)-4,4-二甲基-2-(1H-1,2,4-三唑-1-基)戊-1-烯-3-醇。

理化性质 纯品为白色结晶，20℃蒸气压 8.9mPa，熔点 159～160℃，微溶于水，21℃下溶解度（g/L）：二甲苯 10，乙醇 92，丙酮 74，β-羟基乙醚 141，环己酮 173，乙酸乙酯 58，乙腈 19，氯仿 185，二甲亚砜 348，DMF 317，甲基异丁基甲酮 52。它有四种异构体，在多种溶剂中以及酸、中性、碱水液中不分解。但在 260～270nm 短光波下易分解。

毒性 烯效唑属低毒性植物生长调节剂。小白鼠急性口服 LD$_{50}$：4000mg/kg（雄）、2850mg/kg（雌）；大白鼠混入饲料最大无作用剂量：2.30mg/kg（雄）、2.48mg/kg（雌）；无致突变、致畸、致癌作用；兔眼有短期轻微反应，而对皮肤无刺激性，豚鼠皮肤（变态反应）为阴性；鱼毒，鲤鱼平均耐受极限 TLM（48h）：6.36mg/L，蚤（鱼虫）平均耐受极限 TLM（3h）＞10mg/L。

作用特征 作用机理与多效唑相同，是赤霉素生物合成的抑制剂。主要生理作用是抑制细胞伸长，缩短节间，促进分蘖，抑制株高，改变光合产物分配方向，促进花芽分化和果实的生长；它还可增加叶表皮蜡质，促进气孔关闭，提高抗逆能力。

应用 烯效唑是广谱多用途的植物生长调节剂，其应用表2-21所示。

表 2-21　烯效唑的应用技术

作物	用量/(mg/L)	用　法	作　用
水稻	20～50	浸种24～48h	促进分蘖、矮化、增产
	20～25	拔节初期,叶喷	促进分蘖、矮化、增产
油菜	20～40	3～4叶期,叶喷	矮化、多结荚、增产
甘薯	30～50	膨大初期,叶喷	控制营养生长,促进地下块根块茎膨大,增加产量
元胡	20	营养生长旺盛期,叶喷	促进块根块茎膨大,增加产量
春大豆	25	初花～盛花期,叶喷	控制旺长,促进结荚,增加产量
马铃薯	30	初花期,叶喷	控制地上部分旺长,促进块根、块茎膨大,增加产量
棉花	20～50	初花期,叶喷	控制营养生长,促进结棉桃,增加棉花产量
花生	50	初花期,叶喷	矮化植株,多结荚,增加产量

注意事项 在农作物上可与生根剂、钾盐混用，尽量减少用量，减轻对环境的影响。在果树上，尽量与细胞激动素等科学地混用或者制成混剂，经试验示范后再加以推广。

主要制剂 90％原药。单剂有5％可湿性粉剂；10％悬浮剂。复配制剂有30％甲戊·烯效唑乳油；0.751％芸薹·烯效唑水剂；20.8％烯效·甲哌鎓微乳剂。

生产企业 现由北京市东旺农药厂、湖南大乘医药化工有限公司、江苏剑牌农化股份有限公司、江苏景宏生物科技有限公司、江苏七洲绿色化工股份有限公司、江苏省盐城利民农化有限公司、江西农大锐特化工有限公司、昆明云大科技农化有限公司、四川省化学工业研究设计院、四川省兰月科技有限公司、四川国光农化股份有限公司等生产。

赤·吲乙·芸薹

商品名 碧护，0.136％赤·吲乙·芸薹可湿性粉剂。

化学名称 有效成分为赤霉素，吲哚乙酸和芸薹素内酯的混合物

理化性质 灰色粉末，密度 $1.525g/cm^3$，不可燃，无腐蚀性，pH6.8～7，可与大多数农药混用。

毒性 大鼠急性经口 LD_{50} 均大于 5000mg/kg，大鼠急性经皮 LD_{50} 均大于 5000mg/kg；对家兔眼呈轻度刺激性，对家兔皮肤无刺激性，无腐蚀性；对豚鼠致敏性接触试验，致敏率为零，无过敏反应。

作用特征

（1）抗生物逆境胁迫机理 碧护是让植物自身获得系统诱导性抗性物质和自我修复物质的产品，它能激活植物体内各种酶的活性。在植物遭遇病害逆境时，会产生病程相关蛋白（PR 蛋白），可以降解病菌细胞壁中的各种几丁质酶和葡聚糖酶，使得病菌新陈代谢迟缓，病菌孢子萌发率降低；同时引起这些部位内水杨酸水平的升高，进而诱导这些部位产生病程相关蛋白等抗病蛋白，在植物的全身产生抗病性。在植物遭遇虫害逆境时，碧护诱导其受害部位大量合成抑制蛋白（PI 蛋白）、淀粉酶抑制蛋白（αAi 蛋白）以及各种凝集素。PI 蛋白等可以抑制昆虫消化道内的消化酶，来抑制昆虫对植物的采食，淀粉酶抑制蛋白（αAi 蛋白）以及各种凝集素可引起消化系统堵塞，最终因饥饿死去，同时吸引天敌过来消灭害虫。

（2）抗非生物逆境研究机理 作物遭遇非生物逆境（干旱、高温、冻害、涝害、土壤盐碱、土壤板结等）时会对植物产生胁迫。碧护灌施或叶面喷施以后，使得植物体内的脱落酸等物质积累多；水解酶活性保持稳定，合成酶活性不降低；保水力强，防止细胞失水，同时促使根系发达，从土壤中吸收更多的水分和养分，维持植物所需。在非生物逆境胁迫下，植物体内活性氧大量产生、发生异常积累，植物相应的活性氧清除系统，如超氧化物歧化酶（SOD），过氧化物酶等酶系统就会提高。使用碧护后，使得植物体内超氧化物歧化酶（SOD）增加 1 倍，过氧化物酶活性增加 130％，可迅速清除过量的活性氧，从而维护细胞的正常结构和代谢。在非生物逆境胁迫下，植物细胞被破坏，会产生大量的自由氧。在有氧条件下，会加速细胞膜中的脂肪酸自由基发生链式反应，产生氧自由基，引起细胞膜破坏；VE 通过向脂肪酸自由基提供质子，形成无害的过氧化氢物，阻止自由基链式反应的发生。而碧护能有效诱导 VE 的产生，从而保护细胞膜免受破坏。

① 抗寒原理　温度是影响农作物产量至关重要的气象因子，当温度下降到农作物生长适宜温度的下限时，就会对农作物造成生理胁迫，表现为延迟或停止生长甚至造成不同程度的伤害；如果温度持续下降并维持一定时间，就会造成"低温灾害"，可能对农作物产生物理和形态损伤直至死亡。作物施用碧护后，植物呼吸速率增强，并能够有效激活作物体内的甲壳素酶和蛋白酶，极大地提高氨基酸和甲壳素的含量及细胞膜中不饱和脂肪酸的含量，同时激活并提高 ATP 的生成和转运速度，提高可溶性糖和脯氨酸等小分子物质积累，增加细胞渗透势，以及增加细胞膜的自我保护作用，有效促进了植物抗冻害的能力和冻害后的恢复能力。

② 抗旱原理　碧护中含有 ABA 能够调节气孔的开闭，调节植物的蒸腾，并且诱导植物体内的维生素 E 的含量增加，而维生素 E 能够保护细胞膜免收破坏；碧护使用后植物根系更发达，提高植物抵御干旱的能力。

③ 增产原理　光合作用是植物叶片把光能转化为化学能、释放氧气和储存能量的过程，是自然界生物体存在和发展的源泉，是人类生活和生产的物质来源和能量来源。光合作用的关键酶是 1，5-二磷酸核酮糖羧化酶/氧化酶（简称 Rubisco），Rubisco 是光合作用暗反应中固定大气中二氧化碳的关键酶，但其催化效率非常低，很多条件下是光合作用的限速步骤。植物源调节剂碧护能激活 Rubisco 的活性，提高其催化效率，延长光合作用时间，进而提高光合作用效率，碧护施用后叶色浓绿，叶片增厚，有利于增强光合作用，增加干物质累积，提高农作物产量。

④ 增加能量原理　呼吸作用在植物生长中具有重要的生理意义：一是植物生命过程中能量供应的来源。呼吸作用是逐步释放能量的过程，而且以 ATP 形式暂存，适于植物生理活动需用，如植物根系矿质营养的吸收和利用运输；植物体内有机物的合成和运输；细胞的分裂、伸长、细胞分化等；二是提供各种生物合成的原料。呼吸作用中产生的各种中间产物成为合成许多高分子化合物的原料。碧护施用到作物后可以加强植物的呼吸作用。更强的呼吸作用意味着产生更多的能量。碧护主要通过增强呼吸作用中的两个关键酶 PFP 和 PFK 的活性来实现。PFK 酶（phosphofructokinase，磷酸果糖激酶）是糖酵解中最重要的限速酶。PFK 活性增高，可加强葡萄糖的分解，为植物生长提供更多的能量和代谢产物的中间化合物。碧护还促进另一种酶 PFP（即焦磷酸-果糖-6-磷酸-1-磷酰基转移酶）活性的提高，进而调节光合作用中的蔗糖合成及糖酵解速率，关系到植物细胞光合产物的分配及碳代谢的走向。作物施用碧护后，可以让更多的光合产物进行更彻底的分解代谢，以释放更多的能量供给作物生长。

⑤ 激活微生物活力原理　土传病害的细胞壁构成分两种：一种是纤维素，另一种是含几丁质和甲壳质的甲壳素类。藻菌类主要分解纤维素，甲壳素酶分解甲壳素。土壤中由于长期大量的使用化肥，土壤中甲壳素遭到破坏，甲壳素越来越少，植物体无法获得甲壳素，免疫力下降，病害越来越重。当土壤灌施碧护以后，它能提高藻菌类和甲壳素酶，几丁质酶的活性，土壤中固氮菌、纤维分解菌、乳酸菌、放线菌增生，有效抑制有害细菌，真菌的生长。放线菌增加，镰刀菌引起的枯萎病和根结线虫能得到很好控制，帮助改善土壤结构和质量，刺激根际细菌的生长，贮存植物发育最重要的养分，特别是磷，协助保持养分运输系统，因为真菌、昆虫和蠕虫的营养都依赖于此。土壤中有益微生物的生长繁殖，可迅速恢复土壤活力，提高土壤肥力；还可以提高植物抗低温冻害，抗高温干旱的能力。

应用　0.136％赤·吲乙·芸薹可湿性粉剂（碧护）是德国科学家依据"植物化感"原理，历时 30 年研发的植物源植保产品。从天然植物中萃取，结构复杂、功效齐全。主要成分有：①天然内源激素（赤霉素、芸薹素内酯、吲哚乙酸、脱落酸、茉莉酮酸等 8 种天然植物内源激素）；②10 余种黄酮类催化平衡成分；③近 20 种氨基酸类化合物；④抗逆诱导剂等植物活性物质，组成了一个独特的"植物生长复合平衡调节系统"。从作物种子萌发出苗到开花、结果、成熟全过程均发挥综合平衡调节作用，能够调节作物生长，诱导作物提高抗逆性、增加产量和改善品质、解除药害，是未来农业自然生态解决方案，广泛应用于蔬菜、果树、大田作物、园林、运动场草坪等。"碧护"的纯天然性符合欧盟 2092/91 条例的要求，通过了 BCS 有机认证和美国 OMRI 有机认证，获准在有机生态农业中使用。

（1）增产　粮食作物 15％～20％、经济作物 15％～25％、蔬菜 20％～40％、果树 15％～30％，投入产出比 1∶10～1∶50。

（2）提高品质，果个均匀，果泽鲜亮，增加糖分，延长货架期。

（3）活化植物细胞，促进细胞分裂和新陈代谢；提高叶绿素、蛋白质、糖、维生素和氨基酸的含量。

（4）提早打破休眠，使作物提早开花、结果；保花保果、提高座果率、减少生理落果，可提早成熟和提前上市。

（5）诱导作物产生抗逆性，提高抗低温冻害、抗干旱、抗病害的能力。对霜霉病、疫病、灰霉病和病毒病具有良好的防控效果。

（6）有效促进作物生根，根系发达，有利于养分和水分的吸收和利用。减少化肥施用 20％，减少农药施用 30％。

（7）促进土壤中有益微生物的生长繁殖，可迅速恢复土壤活力，提高土壤肥力；健壮株系，延缓植物老化，延长结果期。

（8）对农药造成的抑制性药害就有良好的解除作用。

注意事项　碧护效果取决于正确的亩用量，稀释倍数可根据当地情况适当调整。在有效范围内喷水量越大效果越好；碧护强壮植物，与氨基酸肥、腐植酸肥、有机肥配合使用增产效果更显著；同杀虫剂、杀菌剂、除草剂混用，帮助受害作物更快愈合及恢复活力，有增效作用；早晚施用效果最佳，避免在雨前和阳光下使用；贮存在阴凉干燥处，切忌受潮；与大多数农药、肥料混用效果更好，但不可与强酸、碱性农药混用如石硫合剂、波尔多液等。

生产企业　德国阿格福莱农林环境生物技术股份有限公司。

第三章
植物生长调节剂在大田作物上的应用技术

　　我国地域辽阔，具有多种气候条件，生态环境差异大，种植的农作物种类及品种资源丰富。其中仅大田作物就可分为3大部分和8个类别，3大部分即粮食作物、经济作物、绿肥与饲料作物。

　　粮食作物是以收获成熟果实为目的，经去壳、碾磨等加工成为人类基本粮食的一类作物，主要分为禾谷类作物、豆科作物、薯类作物。

　　自2012年以来玉米播种面积和产量超过传统第一大作物水稻，跃居我国第一大粮食作物，玉米播种面积达到3500万公顷，主要种植区为北方春玉米区、黄淮海夏玉米区和西南山地丘陵区等。

　　水稻播种面积3030万公顷，产量20429万吨，南至海南省，北至黑龙江省，东至台湾省，西达新疆维吾尔自治区；低如东南沿海的潮田，高至西南云贵高原海拔2000多米的山区，都有栽培。但主要稻区分部于秦岭淮河一线以南（主要在长江中下游平原、珠江三角洲、东南丘陵、云贵高原、四川盆地等），并以栽培籼稻为主，而在此以北则以粳稻为主。在此线以南，太湖流域多种粳稻，云贵高原海拔较高之处宜种粳稻。按省统计，除青海省外，其余各省均有水稻栽培。

　　小麦播种面积为2400万公顷，产量达到12058万吨，主要分布在长城以南，主要省份有河南、山东、河北、江苏、四川、安徽、陕西、湖北、山西等省。其中河南、山东种植面积最大。春小麦播种面积约占16%，主要分布在长城以北，主产省有黑龙江、内蒙古、甘肃、新疆、宁夏、青海等省。

　　棉花是我国第一大经济作物，2014年棉花面积约400万公顷，棉花产量

600 多万吨，种植区域主要集中分布在新疆、黄淮流域和长江流域三大棉区。

大田作物种植历史悠久，通过自然界和人工筛选栽培品种也在不断更新，导致病虫草害也在发生相应变化。另外我国农业生产由于受季风影响强烈，洪涝、干旱、低温、冻害等农业气象灾害对农作物的生长影响也很大。传统解决方式是采用选育良种和化学防治相结合的方式来抵御灾害，达到增产稳产的目的。植物生长调节剂的研究及其在农业生产上的应用是近代植物生理学和农业科学的重大进展之一，利用植物生长调节剂采取化控措施能促进作物对不良环境的抵御能力，调控作物的生长发育，给农作物的高产稳产带来很大好处。植物生长调节剂在大田作物上的应用已经形成一套比较完整技术理论，本章将重点介绍植物生长调节剂在主要大田作物水稻、小麦、玉米、棉花上的应用。

第一节 植物生长调节剂在水稻上的应用

水稻是我国最重要的粮食作物之一，栽培面积大，发布区域广泛，气候与栽培习惯不同地区差异很大。水稻栽培中常常遇到秧苗素质差、徒长、倒伏、杂交制种花期不遇、制种产量低等问题，采用常规栽培技术解决这些问题成效不大，且费工费时，合理选用植物生长调节剂进行化学调控，可有效地解决这些难题。

一、植物生长调节剂在水稻种子处理上的应用技术

1. 调节种子萌发

刚收获的水稻种子往往发芽势较差，发芽不够整齐。水稻种子贮藏条件不适宜，也会使种子发芽受阻，影响成苗率，增加用种量。播种前用生长调节剂处理水稻种子，能刺激种子增强新陈代谢作用，促进发芽、生根，提高发芽率和发芽势，为培育壮秧打下基础。

（1）S-诱抗素 选好的种子在播前晒 2～3d 使用 0.3～0.4mg/L 的 S-诱抗素药液，温度在 15～20℃浸种 24～48h，种子吸水达到种子重的 40％时即可发芽，清水冲洗后播种。能增强种子发芽势，提高发芽率，促根壮苗，促进分蘖和增强植物抗逆性。

（2）萘乙酸 用 160mg/L 的萘乙酸水溶液浸种 12h，阴干后播种，能增加水稻不定根的数量、根重和根长，提高不同活力的水稻种子的萌发率和活力指数，具有增加分蘖和增加产量的作用。

（3）复硝酚钠　水稻种子用3mg/L复硝酚钠水溶液浸种12h，阴干后播种，可提高种子发芽率，而且芽壮根粗整齐，促使种子发芽达到快、齐、匀、壮的效果。复硝酚钠浸种处理的种子能提前出苗1d以上，秧田分蘖比对照明显增多，秧苗素质好。

（4）烯腺嘌呤和羟烯腺嘌呤　使用0.006～0.01mg/L的药液进行浸种处理；其中早稻浸种48h，中稻和晚稻浸种12h，能促进水稻发芽，培育壮苗，增强秧苗的抗逆性；能提前成熟3～5d，平均增产10%左右。

（5）烯效唑　使用50～150mg/L烯效唑溶液浸种12h，浸种后能有效降低秧苗株高，促进分蘖时间提早5d，分蘖数增加5个/株，特别是能够显著促进根系的生长，使根系的吸收能力大大增强，根系活力增加70%。但每生长季最多使用1次，且生长季节不能再施用同类型药剂，以防控制过度。

（6）赤霉素　种子经过选种后，使用10～50mg/L赤霉素药液，浸种24h，可提高水稻发芽率，使出芽整齐。

（7）三十烷醇　使用1.0mg/L的三十烷醇药液浸种，早稻浸种48h，中、晚稻浸种24h，可促进水稻种子发芽生根，有利于培育壮秧和增强抗逆力。

（8）芸薹素内酯　使用0.04mg/L（0.01%左右的制剂稀释2500倍液）的芸薹素内酯溶液浸种24h后进行清洗催芽。能使发芽率增加2%，芽长增加9%；稻苗鲜重和干重增加分别增加3%和10%左右。

2. 延长休眠，抑制萌发

我国栽培的水稻品种，休眠期一般都较短或不明显，成熟或收获季节遇高温多雨，容易发生穗上发芽，使产量和品质受到影响。在我国南方杂交水稻种子生产上，穗发芽更是一个突出的问题，正常年份穗发芽率为5%左右，特殊年份（遇到连续高温阴雨天气）可超过20%，严重降低了种子质量。尤其在四川杂交水稻繁殖制种中，常用的不育系休眠期短，加之施用赤霉素打破了种子的休眠，在种子成熟后期遇连续阴雨更易发生穗萌，自然穗萌率在2%～15%，高的时候达到70%左右。直接影响种子的商品质量和发芽率。

为了避免这种损失，除了用催熟剂处理提前收获外，可用植物生长调节剂延长休眠，抑制萌发。在杂交水稻繁殖制种或杂交水稻制种F1代的乳熟末期喷施70mg/L的脱落酸（S-诱抗素）溶液，每亩药液用量为30～50kg，可有效防治穗萌。

生产应用时可以取脱落酸1%可溶性粉剂，稀释150倍，得到70mg/L脱落酸溶液进行叶面喷雾处理即可。

3. 延长大龄迟栽秧苗的秧龄弹性

在麦（油）稻两季田或季节性干旱区域，因前茬收获迟或等雨栽培，造成水稻栽插偏迟，秧龄在50d以上，易形成大龄老秧。

以浓度为20～40mg/L的烯效唑浸种，延缓了秧苗地上部生长，使其生长高峰后移，促进根系生长，增强了抵抗不良环境的能力。烯效唑处理后迟栽秧株高降低、分蘖数增加，根茎叶的鲜重和干重均高于对照，干重与苗高之比也低于对照。

旱育秧条件下，以浓度为20～40mg/L的烯效唑浸种，能降低迟栽秧株高、增加分蘖数，增加根茎叶的鲜重和干重。在塑盘旱育秧条件下，烯效唑在秧龄30～40d前，可增加分蘖；在30～40d后，可减少分蘖死亡。并且处理后叶原基分化发育良好，生长点完整，具有"潜在分蘖势"，保证了在较大秧龄下形成较好的秧苗素质，使抛后分蘖发生快，有效穗和成穗率提高。

二、植物生长调节剂在调控水稻植株生长、培育壮苗上的应用技术

1. 增蘖促根，培育壮苗

育秧是水稻生产上的第一个重要环节。但在育秧过程中，由于密度大，光照不足和肥水管理等原因，很容易造成徒长，形成细高弱苗。我国长江中下游双季稻种植区，连作晚稻正值盛夏，秧苗生长迅速。又因茬口限制，秧龄又偏长，使移栽时苗体过大，栽后易败苗、迟发，这不仅延误季节，而且影响产量。使用调节剂能解决水稻移栽败苗问题，还能增加分蘖能力，对于提高穗数从而增加产量具有重要意义。

（1）多效唑 在早、晚季稻秧苗1叶1心期（播后5～8d）施用浓度为300mg/L的多效唑溶液100kg；同时放掉秧田水层，次日之后按生育需要供水。可使秧苗矮壮，增加分蘖，叶短而宽，减轻移栽后败苗，尤其是在多肥和密播条件下，叶片生长快，秧苗素质仍较好。由于多效唑处理后可使秧苗带较多的分蘖，这个优势在移栽到大田后仍能保持，一直延续到生育后期，所以有效穗数增多，产量也略有提高。但注意要根据秧龄长短来考虑药液量的多少，秧龄长要多喷，秧龄短要少喷，一般在50～100kg之间变动。

影响技术效果的因素和配套技术：

① 播种期和播种量。多效唑不延迟晚粳稻的齐穗期，促进抽穗整齐、加快灌浆速度。但多效唑延迟杂交稻始穗3～4d，齐穗期延迟1～2d。因此，使

用多效唑的杂交稻秧田应适当提早播种。杂交晚稻秧田播种量低，一般为每亩8～10kg；晚粳、糯稻秧田播种量高，一般5月20～25日播种，秧田亩播25～30kg，6月25日前后播种，秧田亩播种30～40kg。晚粳、糯稻秧田喷施多效唑的效应随播种量提高而下降，提倡晚粳稻、糯稻秧田的播种量不超过每亩30kg。

② 施肥期与施肥量。植株含氮量较高时合成赤霉素较多，氮素可拮抗多效唑的控长效应。300mg/L多效唑在低氮条件下（不施氮）控长率为31.2%，高氮条件下（每亩施氮12kg）仅为16.0%。

多效唑处理的秧田分蘖多，分蘖发生早而快，始蘖期较对照提早3～5d。最高分蘖数多，但后期分蘖消亡率也较高。因此，早施、重施分蘖肥，尤其是多施磷、钾肥对多效唑促蘖成穗有很大作用。

③ 秧板平整程度和灌水情况。如果秧板面不平，喷施多效唑后药液流向低处，造成移栽时秧苗高矮不一。另外，若处理时秧板上有水层，药液易流失。同一浓度多效唑对旱秧（不定期间歇供水）控长率为40.7%，对水秧（秧田面一直保持2～3cm水层）的控长率为31.2%。

④ 翻耕插秧。经多效唑处理的连作晚稻秧田不宜"拔秧留苗"，应翻耕后插秧。多效唑处理的籼优6号秧田沟边留苗稻，平均每丛稻实粒数为1554.2粒，畦中间留苗稻每丛实粒数为1004.5粒，经处理的秧田翻耕后插秧的，每丛稻实粒数为1256.5粒，比未经翻耕的畦中间留苗稻增加252粒。

⑤ 气温日均温20℃以下，多效唑的控长率低于20℃以上；气温高至30℃控长率也有所下降。

（2）烯效唑　烯效唑延缓生长的生物活性比多效唑高2～6倍。在1叶1心期喷施烯效唑60～100mg/L，可达到与多效唑同样的效果。

2. 控制徒长，防止倒伏

倒伏问题也是水稻高产的限制因子之一。虽然随着矮秆水稻品种的培育，倒伏问题有所缓解。但是近年来一些优质水稻，株高在1m以上，加之插植密度稍大，或者多施氮肥以求高产，也有倒伏问题。如抽穗后遇大风，植株更易倒伏。随着节本高效栽培的发展，人工和机械抛秧逐渐取代插秧，但是抛栽秧苗入土较浅，后期更易发生倒伏。近年来直播稻和旱稻有所发展，但倒伏严重，限制了产量与收获效率的提高。使用合适的生长调节剂可抑制徒长，减少植株倒伏。

（1）多效唑　在水稻拔节期，即抽穗前30d每亩喷施300mg/L的多效唑药液60kg，可使节间粗短，植株重心位置降低，抗弯性提高；基部节间纤维素和木质素含量增加，茎纤维木质化程度增加；茎壁和机械组织增厚，机械组织发达，增加通风透光度，能有效防止本田倒伏。但要注意用量，拔节期使用多效唑的浓度愈高，控制株高的效果愈明显，穗型也随之减小，每穗总粒数下降，单位面积穗数也有下降趋势。若多效唑浓度达到 $700\sim800mg/L$，则叶片畸形，叶色墨绿，严重包颈。因而多效唑浓度不宜超过 $500mg/L$。在生长过旺的田块应用多效唑，才有既防倒伏，又增加产量的效果，否则会导致产量下降。

（2）矮壮素·烯效唑混剂　在水稻叶面喷施矮壮素溶液，能有效抑制水稻的株高，增强抗倒伏能力。喷施烯效唑能延缓植物生长，降低纵向伸长，缩短节间，促进分蘖和提高产量，其生理活性高于多效唑 $5\sim8$ 倍，环境更安全。两者混用时可从不同位点抑制赤霉素合成，提高控制生长的效果，降低用量和使用成本。

在拔节前 $10\sim15d$ 每亩应用 30％矮壮素·烯效唑微乳剂 $60\sim80mL$，对水稻既能起到有效控长，降低株高，又能促进根系发生和提高根系活力，促进叶片光合作用，提高水稻结实、增加产量。

（3）矮壮素　在拔节初茎叶喷施 $500\sim1000mg/L$ 的矮壮素药液每亩 $50kg$，对防止后期倒伏有明显作用。但矮壮素可有效抑制正在伸长的第 $1\sim3$ 节间的生长，而对第 4 和第 5 节间的生长，不但没有抑制，反而明显地"补偿"。

（4）烯效唑　一般在抽穗前 $40d$ 左右，每亩用 5％烯效唑可湿性粉剂 $100g$，对水 $50kg$，配成浓度为 $100mg/L$ 的烯效唑药液喷施，可有效防止水稻倒伏。使用时应严格控制好使用时期和浓度，使用过早，防倒效果差，过迟则影响产量。

（5）乙烯利　对晚季稻秧苗，每亩用 $40\sim50kg$ 的 $3000mg/L$ 的乙烯利药液进行叶面喷洒，或栽入大田后 $20\sim30d$，每亩用 $50kg$ 的 $1500mg/L$ 乙烯利溶液喷施。处理后有效抑制了株高生长，分蘖增加，达到了培育壮秧和防止倒伏的效果。

3. 促进光合，提高产量

水稻生产除了壮秧、控制徒长防止倒伏外，促进生长后期植株的光合作用，制造出更多的同化产物并向籽粒运转与积累，最终增产也是水稻生产管理的主要目的。在水稻的中后期生产管理中，植物生长调节剂的科学运用也十分重要。下面介绍几种常用的调节剂种类及使用方法。

（1）赤霉素　在水稻有效分蘖终止期用 $20\sim50mg/L$ 的赤霉素叶面喷雾处

理，对控制分蘖发生，减少无效分蘖，促进主茎和大分蘖生长有明显作用，使每亩有效穗数和产量提高。

（2）芸薹素内酯　水稻初花期喷施 0.005～0.020mg/L 芸薹素内酯后，剑叶中的叶绿素、可溶性糖、淀粉含量提高，光合速率增强，灌浆速率增大，结实率和千粒重增加，增产 10％～12％。

（3）复硝酚钠　在水稻幼穗形成期、齐穗期各喷 1 次，花穗期、花前后各喷 1 次。喷施浓度为 1.8％复硝酚钠水剂 1000～2000 倍液，即 15～30mL 对水 30kg，能调节水稻生长并提高产量。

（4）烯效唑　在水稻孕穗期喷施 20mg/L 的烯效唑溶液，可提高剑叶叶绿素含量，延缓剑叶叶片衰老，促进叶片可溶性糖输出，促进弱势粒灌浆，显著提高每穗实粒数，增产。

三、植物生长调节剂在增强水稻抗逆性上的应用技术

低温、干旱、病虫害和土壤过酸过碱均影响作物的生长发育，因此消除或减轻这些灾害对作物生长的影响，可大幅度提高作物产量，改进产品品质。生长调节剂可通过改变内源激素水平与平衡，调节生理代谢来提高作物抗旱、抗寒能力和抗病能力，刺激作物的生长，从而提高作物的产量，改善作物品质。

1. 增强水稻的抗寒性

由于内源激素对植物抗寒力的影响，因此提高植物抗寒性的措施除了通过低温锻炼和调节氮、磷、钾肥的比例等措施外，还可通过植物生长调节剂的诱导，增强作物抗寒力。主要品种如下。

（1）S-诱抗素（脱落酸）　在水稻有 2 片完全展开叶时，每亩喷施0.64～6.4mg/L 的 S-诱抗素溶液 50kg，可使水稻幼苗在 8～10℃低温下能正常生长，阻止叶片的枯萎死亡，减慢叶片的褪色速率和阻止叶鲜重下降，保持叶片的重量，降低叶片电解质渗漏率，提高幼苗可溶性糖含量，特别在低温第 4 天效果更明显。

（2）芸薹素内酯　用 0.5～5.0μg/L 的芸薹素内酯处理稻种，或用 0.5～5.0μg/L 的芸薹素内酯水剂处理水稻幼苗，可使水稻成苗率增多，促进低温下的生长，使株高、干物质重量、叶绿素含量和成苗率均明显提高，提高水稻幼苗的抗寒能力。

（3）多效唑　早季杂交稻在 3 叶 1 心期，使用浓度为 300mg/L 的多效唑，每亩用药液量 75kg 左右进行喷雾处理；中季杂交稻在 1 叶 1 心期，使用浓度

为 200mg/L 的多效唑，每亩用药液量 75kg 左右进行喷雾处理；晚季杂交稻和晚粳稻在 1 叶 1 心期，使用浓度为 300mg/L 的多效唑，每亩用药液量 75kg 左右进行喷雾处理。处理后的秧苗在低温下根系发达，成活率显著提高，对解决早稻烂秧具有重要意义。

（4）烯效唑　用 20mg/L 烯效唑浸种处理可解决四川早春低温寒潮导致烂秧和死苗问题，浸种处理后死苗率明显降低，且浸种处理后的秧苗插秧后返青成活快，叶片枯尖率显著降低，一般可降 20% 左右，早播情况下效果更显著。

（5）复硝酚钠　早稻受低温寒流侵袭后稻叶普遍落黄，用 1.8% 复硝酚钠水剂对水稀释 6000 倍液进行喷雾后叶色很快转青，恢复正常生长。高海拔山区抽穗期受低温影响，常出现包颈现象，抽穗不畅，及时喷施复硝酚钠，包颈率下降 49.2%。

2. 增强水稻的耐旱性

干旱是农业生产的大敌。除了利用其他的抗旱农业措施外，也可利用激素的生理效应调节植物的抗旱能力。施用植物生长调节剂可在一定程度上提高作物的抗旱能力，从而提高其产量和品质。

（1）多效唑　多效唑是一种起着延缓细胞生长、抑制顶芽、促进侧芽的化学调控物质。在水稻上的应用方式有 2 种，浸种和秧苗喷施。

用 300mg/L 浓度的多效唑浸种 12h，一般按 10g 15% 的多效唑加水 5kg，浸种 7.5kg 的原则进行浸种。在生产上发现有些品种对多效唑敏感，应降低喷药浓度和用药量。

水稻秧苗 1 叶 1 心期使用 200~300mg/L 的多效唑溶液进行叶面喷雾处理，每亩均匀喷施 100kg，用药的前一天要放掉秧田水层，次日可恢复用水。具有明显增加水稻秧苗分蘖的作用，促使叶绿素含量高，根系发达，根冠比大，抗旱力增强。

（2）黄腐酸　黄腐酸类物质可以提高作物的抗旱能力，在水稻上的应用方式有浸种和喷雾处理 2 种，一般喷施效果优于浸种，喷施 2 次效果更好。

3. 增强水稻的抗病虫性

植物生长调节剂可诱导、增强植物抗病虫性，减轻病虫害的危害程度，从而提高作物产量和品质。

（1）多效唑　多效唑的杀菌能力很强，对植物病原真菌有一定的抑制作用，且具有广谱性，对水稻的纹枯病、立枯病、恶苗病、稻曲病等有较强的抑制活性作用。据报道，66mg/L 的多效唑处理可抑制水稻的稻瘟菌等病菌。使用时取 15％多效唑可湿性粉剂对水稀释 2000 倍喷雾处理即可。

（2）烯效唑　烯效唑作为三唑类植物生长调节剂品种之一，也具有较好的杀菌活性。每亩用 0.04％烯效唑颗粒剂 0.5～1.5kg 在水稻拔节期施用。施用前先将田水放干，待田边开细裂，于搁田后期撒施。处理后水稻植株矮壮，叶片短直，通风透光好，田间湿度小，纹枯病危害轻，丛发病率和株发病率分别降低 30％～50％。

（3）复硝酚钠　抽穗期每亩喷施 6mg/L 的复硝酚钠水溶液 50kg 能使纹枯病明显减轻，病情指数降低，黄叶病发病率下降 40％左右。生产上一般使用 1.8％复硝酚钠水剂对水稀释 3000 倍液进行喷雾即可。

四、植物生长调节剂在水稻上的其他应用技术

1. 植物生长调节剂在提高三系法杂交稻制种产量上的应用

传统的杂交稻三系育种法，主要存在的问题有：一是不育系包颈现象严重，严重地影响了异交结实率。包颈是籼型杂交水稻不育系固有的遗传特性，常使穗颈节缩短 10cm 左右。二是父母本花期不遇、花时不遇、穗层分布不合理（母本高于父本）及柱头外露率低等都程度不同地影响着异交结实率，影响制种产量和效益。

在几十年的杂交稻制种实践中，杂交稻制种的产量逐步提高。其中，绝大部分要归功于赤霉素的使用，赤霉素已成为杂交稻制种技术中一项必不可少的高产措施。

（1）赤霉素打破不育系的包颈现象　由于母本包颈，只有部分穗粒外露。母本包颈的原因是内源赤霉素水平偏低，穗颈下节间（倒一节间）居间分生组织细胞不能正常伸长，其长度小于剑叶叶鞘长度。喷施赤霉素可减少苞茎现象的出现。

一般应用技术为：在花期相遇的条件下，施用赤霉素最有效的时间是母本见穗 5％时，先喷父本，采用 85％赤霉素结晶粉溶解对水稀释后喷施，用量为每亩 2～3g，再父母本同时喷，用量每亩 4～5g，第 3 天再每亩喷 6～7g，总用量为每亩 12～15g。为保证杂交稻种子产量和质量，赤霉素总量一般每亩不宜超过 15g。

喷施赤霉素的时期：由于始穗期多数个体处于幼穗分化的Ⅶ期和Ⅷ期，因此按照群体器官的同伸规律，选择群体见穗（包括破口穗）5％左右彻底进行去杂，然后喷施赤霉素效果最佳。使用过早，会导致倒 2、3 节间过度伸长，植株过高，造成拔节不抽穗，即使抽穗，穗子变白，下部颖花大量退化，小分

蘖难以抽出，易倒伏和诱导穗发芽；使用过迟，用量大、成本高，穗下节老化不易伸长，难以解除母本包颈现象，造成柱头外露率和异交结实率低，产量不高。

喷施次数及各次用量的确定：喷施赤霉素次数不宜过多，每次间隔的时间不宜过长，一般以 3 天内连续喷施 3 次效果最佳。第一次用总用量的 20%，第 2 次占 30%，第 3 次为 50%，这样能充分发挥赤霉素的累加效应。如遇阴雨天不能及时喷施，母本抽穗超过了第一次喷施赤霉素的标准时，应在原用量的基础上，每亩酌情增加 3～5g，并将第一次用量增加到总量的 30%。

赤霉素总用量的确定：赤霉素的用量要根据亲本的自然卡颈程度、对赤霉素的敏感性以及喷施时的天气情况而定。用量过大，杂交种子在催芽时可能只发芽不生根，并出现类似恶苗病的徒长苗；用量过低，不利于提高制种产量。

喷施赤霉素的天气及时间选择：一定的光照能促进植株对赤霉素的吸收，也能促进蒸腾作用和光合作用以及水分和光合产物的运转，从而有利于赤霉素在植株体内加速运转；另外，在阳光照射下便于赤霉素从气孔渗入。因此，应在晴天施用赤霉素，并应在上午扬花授粉前喷施为宜。

（2）促进父母本花期相遇　在杂交稻制种中，父母本虽按预定的播种差期播种，但在生长发育过程中，因受气候、土肥、秧苗素质、栽培管理及病虫害等因素影响，常使父母本预定的花期有所变动，导致花期不遇，造成减产或失收。

用赤霉素、多效唑、三十烷醇以及芸薹素内酯等植物生长调节剂能有效地解决这一问题。目前，已成为各地杂交水稻制种提高结实率，夺取高产的一项关键性措施。

① 赤霉素　使用赤霉素能缩短亲本抽穗期 1～5d，缩短亲本开花期 1～4d，使亲本开花期相对集中到始花后的第 2～6d，从而为父母本花期高度相遇创造了条件。

使用技术如下。

a. 选择合适的药剂。由于浓度过高的 85%赤霉素结晶粉溶解稀释的时候不太方便，尽量选择商品化的 4%赤霉素乳油和可湿性粉剂；40%赤霉素水溶性粉剂，40%赤霉素水溶性片剂，20%赤霉素可溶性粉剂等。

b. 确定喷施时期。一般在剑叶叶枕距平均值达 3～5cm 或抽穗 5%～10%时施用。

c. 确定赤霉素用量。生产上使用赤霉素应根据气候、亲本、苗情、使用时期及使用方法灵活掌握好赤霉素的适当用量。在气温方面，当日平均气温≥25℃时，花期相遇良好的情况下，一般每亩喷施赤霉素 12～16g，可达到预期效果。当温度低于 25℃，在 22℃ 左右时，或用过多效唑调节花期的杂交水稻制种田，赤霉素的用量应有所增加，一般亩用量为 20～28g，才能达到预期的效果。对赤霉素敏感的亲本品种，使用宜晚，用量减少，一般在幼穗分化后期（第八期）至始穗期使用，每亩用量掌握在 12～18g 之间；反之，对赤霉素不敏感的亲本品种，使用宜早，用量应有所增加。在适宜使用赤霉素的时期范围内，早用宜少，晚用宜多。

d. 确定赤霉素使用次数：生产上应根据亲本生长苗情而确定使用次数。父母本生育进度不一致，父本早母本迟的，宜促母本控父本，父本迟母本早的应促父本控母本，使用次数宜多，用量也相应增加。

e. 配套技术：在兑好所用的赤霉素药液后，可在每亩药液中加磷酸二氢钾 1.0～1.5kg，有利于提高千粒重。也可在赤霉素药液中加 20～50mL 的 1％ 的 α-萘乙酸，可少用 85％ 赤霉素 4g 左右。

② 三十烷醇　当父母本都处于始穗阶段时，在下午 3～4 点后使用浓度为 0.5～1.0mg/L 的三十烷醇溶液喷施母本植株叶片（双面），隔 7～10d 后，于盛花初期再喷 1 次。不育系经三十烷醇处理后，其母本午前的开花数可提高 13％～22％，从而提高父母本之间授粉、受精的机会，使每穗实粒数和结实率均比对照提高 27％～28％。喷施时对父本不必采取隔离或覆盖等措施，因为三十烷醇不影响父本的开花习性。

三十烷醇与赤霉素混用，既可提高能量代谢水平（促使提前开花），又促进穗颈伸长，两者可起协同效应，从而增加了授粉机会，使结实率和产量提高。三十烷醇与 25mg/L 的赤霉素混用后，增产效果可达到两成以上。

（3）促进花时相遇　在父母本花期相遇时，仍然存在着花时不遇的问题，即父母本在同一天内的开花盛期不能很好相遇，如父本在上午 9 点至下午 1 点时间段集中开花，而母本在中午 12 点至下午 4 点时间段集中开花。使用赤霉素等调节剂也能有效解决这一问题，最终提高异交结实率。

施用时期应掌握在全田不育系植株抽穗 10％～20％ 时喷施为宜，如喷施过早或过晚都会影响制种产量。喷施时间以上午露水干后进行效果较好。喷施前后几天，清早下田击苞赶露水，可促使散苞，降低母本行湿度，提高母本温度，提早开花，有利授粉。

（4）调节穗层　对杂交稻制种较为有利的穗层分布是父高母矮。但常常由于品种特性或调节花期或花时的原因，造成母高父矮的不利局势。另外，母本的穗层厚度及穗层的穗密度等都影响制种产量。对母高父矮的不合理穗层结构，可以在不影响花期相遇的情况下通过对父本喷施赤霉素来解决。对母本过高的，可通过父本喷施赤霉素，同时母本喷施多效唑或青鲜素配合解决。

2. 水稻化学杀雄

化学杀雄是水稻制种的一项有效手段，制种程序简单，方法简便。在水稻花粉母细胞减数分裂期施用 1%～2% 浓度的乙烯利可以诱导花粉高度不育。

五、0.136% 赤·吲乙·芸薹可湿性粉剂(碧护)在水稻上的应用技术

1. 种子处理

浸种：5000 倍；或者拌种：1g 处理 5～8kg。

功效特点：

（1）打破休眠，提高芽势、出苗率、苗齐苗壮苗病少。

（2）促进幼苗根系发育，盘根好，利于机插秧，促进快速缓苗。

（3）有效解决前茬除草剂残留抑制与当茬芽前封闭性除草剂的抑制，有效解决种衣剂给种子本身造成的抑制。

（4）提高秧苗抵抗青枯病、立枯病的能力，降低病情指数。

（5）提高抗逆性（高温或低温冷害），平衡秧苗生长，解决僵苗、黄苗等生理性病害。

2. 叶面喷施（表 3-1）

表 3-1　碧护水稻叶面喷施技术

应用时期	使用方法	功效特点
苗床处理	1g 喷施苗床 100m^2	强壮幼苗、预防低温、预防恶苗病
分蘖前期：	7500 倍（亩用量 2～3g）＋安融乐 5000 倍＋融地美 20mL 叶面喷雾，	促进分蘖，增加有效分蘖数，增加茎穗数，可使幼苗茎粗杆状，提高光合作用、提高植株抗病性
破口前期	7500～10000 倍（亩用量 2～3g）＋安融乐 5000 倍＋融地美 20mL 叶面喷雾，	促进孕穗分化，抽穗整齐、加强授粉和灌浆，明显增加水稻的穗长，促进籽粒饱满，增加千粒重，从而提高产量、增加品质

第二节　植物生长调节剂在小麦上的应用

小麦是全世界种植面积最大的谷类作物，占谷类作物总面积的 32.4%。

小麦是我国北方地区最重要的粮食作物，生产形势的好坏直接影响到我国农业的增产增收和粮食安全。目前小麦生产中存在倒伏威胁、冬前旺长和越冬不安全、逆境（倒春寒、干热风等）危害、分蘖成穗率低、杂种优势利用难、穗发芽和贮存损失严重等问题。合理使用植物生长调节剂在一定程度上可解决上述问题。

一、植物生长调节剂在小麦种子处理上的应用技术

冬小麦种植后越冬前若气温较高，或暖冬年份，易造成小麦冬前或早春旺长，分蘖节离开地面一遇到寒流极易造成冻害，特别是近年来全球性气候变化，暖冬等异常气候给小麦安全越冬带来威胁。北方二熟冬麦区，晚播小麦弱苗促壮问题更为突出，如何使幼苗在冬前达到一定的生长量，使总茎数达到高产要求，并保证安全越冬，是种植制度改革后出现的又一新问题。应用甲哌鎓·多效唑混剂、矮壮素、烯效唑、萘乙酸、吲哚乙酸等处理种子（拌种或浸种）的化控技术在冬小麦上都有控旺促壮的作用。

1. 20%甲哌鎓·多效唑微乳剂

冬小麦播种前用150mg/L的20%甲哌鎓·多效唑微乳剂浸种4～6h或用3mL 20%甲哌鎓·多效唑微乳剂拌10kg种子，在阴凉处堆闷2～3h，然后摊开晾晒至种子互相之间不粘连即可播种。可明显改善冬前幼苗根系和叶片的发育及功能；加快叶龄进程和促进分蘖发生，增强抵抗低温逆境的能力；对培育冬前壮苗、提高麦苗适应不良环境有益。

注意：播种深度绝不能超过3～4cm，否则造成烂种、烂苗和黄芽苗。

2. 烯效唑

利用小麦籽粒冠毛对药粉有较好的黏附作用，直接将药剂干粉与小麦种子按照相应浓度在塑料袋中混合拌匀而成。干拌种既符合农民播种小麦的习惯，又可减少操作环节，降低用药量，减轻污染，土壤和籽粒中无烯效唑残留，节水效果显著，操作简便，农民易于接受。

使用20～60mg/kg的烯效唑对小麦干拌种处理。对烯效唑干拌种处理的小麦种子镜检后发现烯效唑干粉主要吸附在冠毛上，洗脱测定烯效唑含量证明小麦种子上烯效唑的吸附量是均匀的。

烯效唑干拌种处理后小麦发芽一致，植株矮键，叶片宽短厚；有利于麦苗分蘖的早生快发；有利于根系的形成，根数增多，根干重增加，根系活力增强，对培育冬前壮苗、提高麦苗适应不良环境有益。另外还使有效穗和穗粒数

增加，增产效果显著。

3. 萘乙酸

使用 160mg/L 的萘乙酸溶液浸种 24h，播种前用清水洗 1 遍后播种，可以促进小麦生长、并引起增产和早熟。

4. 矮壮素

使用 0.3%～0.5% 的矮壮素药剂浸泡小麦种子 6～8h，捞出晾干后播种，能提高小麦叶片的叶绿素含量和光合作用速率，促进小麦根系生长及干物质的累积，也能增强小麦抗旱能力，提高产量。

5. 芸薹素内酯

播种前用 0.01mg/L 的芸薹素内酯浸种 24h，可使幼苗代谢活动加强，叶片生长加快，根系吸收养分增多，分蘖提早且生长快，成穗率高。

6. 吲哚乙酸·萘乙酸混剂

小麦在播种前，使用含吲哚乙酸和萘乙酸总量为 20～30mg/L 的药液进行拌种，可提高小麦出苗率，培育壮苗。小麦

二、植物生长调节剂在调控小麦生长、培育壮苗上的应用技术

1. 防止倒伏

小麦倒伏一直是世界性难题，世界各小麦主产国每年都不同程度地发生小麦倒伏现象，造成大幅度减产（20%～50%）。倒伏不仅影响产量，而且降低品质，同时还增加收获难度。从发生倒伏的部位可将小麦倒伏分为根倒和茎倒两类，根倒是由于根系发育不良（根量小、根系分布浅）造成的，茎倒主要与植株高度和基部节间的长度、茎壁厚度、柔韧性等有关。生产中的倒伏大部分属于茎倒伏。

解决小麦倒伏问题，通过育种手段，需要花费多年精力；栽培措施除采取蹲苗、镇压等原始措施外，尚没有切实有效的解决办法。采用化学调控的技术措施将能弥补传统栽培措施上的不足，起到明显的控制旺长，防止倒伏的效果。

（1）矮壮素　英国最早报道应用植物生长延缓剂矮壮素可以抑制小麦茎伸长，有效防止小麦倒伏，开创了大田作物成功应用化控技术的先例。该技术随后在欧洲、美国等地得到广泛应用，目前在我国很多地区也在应用。

喷施矮壮素最适宜的时期是在分蘖末至拔节初期，第 1 节间长约 0.1cm 时。

如果两次喷用，最好是在基部第 2 节间伸长 0.1cm 时再喷施一次，两次相隔时间约 10 天，施用浓度以有效成分 1250～2500mg/L 为宜，植株过旺时取高限，偏旺时取下限。每亩每次喷药液量 50～75kg，要求喷雾均匀，否则会使植株高矮不齐，成熟早晚不一致，并要避免烈日中午喷药，以防烧叶。对总茎数不足，苗情较弱的麦田，不宜喷洒矮壮素，而对点片旺苗，可局部喷洒。

小麦不同生育期应用矮壮素均可降低株高，但抑制节间伸长的部位不同。其中分蘖末拔节初期处理，能有效抑制基部 1～3 节间伸长，有利于防止倒伏。同时处理的小麦节间短、茎秆粗、叶色深、叶片宽厚，矮壮但不影响穗的正常发育，可增产 17%。在拔节期以后处理，虽可抑制节间伸长，但影响穗的发育，易造成减产。

（2）20%甲哌鎓·多效唑微乳剂　针对多效唑在小麦上应用的问题，20 世纪 90 年代以来，研究人员一直致力于筛选和研制替代多效唑的新型植物生长调节剂，20%甲哌鎓·多效唑微乳剂防倒增产效果稳定，可克服多效唑单用的缺陷和弊端。

20%甲哌鎓·多效唑微乳剂的最佳应用时期为起身期，该时期应用不仅可以控制茎秆和节间的生长，而且能影响单位面积穗数和穗粒数的形成。北京地区二棱期处于 3 月下旬至 4 月上旬，越往南，这一时期越早，如河南麦区的二棱期为 3 月上中旬。用量为每亩 25～35mL，如果群体过大、长势过旺，可适当增加至 40～45mL，但一般不宜超过 60mL。对水可按常规量每亩 25～30kg 喷施。

小麦应用 20%甲哌鎓·多效唑微乳剂后，主要农艺表现为：降低茎基部 1～3 节间长度，增加单位长度干物质重量，提高了茎秆的强度。植株重心降低，茎秆质量提高，增强了抗倒、弯的能力。第 4、5 节间的"反跳"，有利于旗叶光合作用和利用茎秆干物质再分配。单位面积穗数、穗粒数、千粒重协调增加，增产 8%～13%。

（3）20.8%甲哌鎓·烯效唑微乳剂　小麦生长的拔节初期，使用 20.8%甲哌鎓·烯效唑微乳剂 30～40mL，对水 30kg 进行叶面喷雾一次，能有效调节生长，防止倒伏，提高穗粒数和粒重，提高产量。

（4）抗倒酯　在小麦分蘖末期，用 400～700mg/L 的抗倒酯药液进行叶面喷雾处理。通过降低赤霉素的含量控制植物旺长，可以降低小麦株高、促进根系发达，防止小麦倒伏。

（5）烯效唑　在拔节初期叶面喷施 40～50mg/L 烯效唑溶液，抗倒伏效果较好，有一定的增产作用。但注意严格掌握用药时期和剂量。

2. 促进分蘖，调整株型

小麦分蘖多少与成穗率高低是小麦高产的重要因子，栽培上不少措施是以促蘖及成穗为目标的。小麦的分蘖成穗率一般只有30％～50％，常规栽培措施很难有效发挥作用。采用化学调控对小麦分蘖成穗进行合理的促控，可为小麦生育中后期的穗、粒、重协调发展创造出良好的群体结构条件。

（1）三十烷醇　在小麦分蘖初期～越冬期喷洒0.1～1.0mg/L的三十烷醇，可提高单株分蘖数和分蘖成穗率，株高和次生根数也相应增加。

（2）多效唑　在小麦拔节期叶面喷施100～150mg/L的多效唑溶液；或在麦苗1叶1心期，每亩使用100～150mg/L多效唑溶液，使用药液量75kg左右进行叶面喷洒，喷后灌水一次。可以提高小麦的分蘖成穗数；但多效唑应用容易导致晚熟、土壤残留、田间群体不整齐等情况发生。

（3）赤霉素　在小麦返青早期，喷施10～20mg/L的赤霉素溶液。有促进前期分蘖生长和提前起身，抑制后期分蘖的双重作用，其效果可维持一个多月，直到拔节后才消失。

（4）20％甲哌鎓·多效唑微乳剂　生产上推荐的20％甲哌鎓·多效唑微乳剂用量为4～6mL/10kg种子进行拌种处理，在春小麦拔节期对基部节间影响明显。如果植株长势过旺，也可在3～4叶期用与冬小麦相同剂量（每亩25～30mL）的药液对水25～30kg进行叶面喷施。提高整地质量，控制播种深度为3～4cm，保证出苗不受影响。由于春小麦和冬小麦生长发育的差异，20％甲哌鎓·多效唑微乳剂的使用技术有所不同。春小麦对20％甲哌鎓·多效唑微乳剂的反应较冬性品种较为迟钝，加之播种后气温逐渐升高，幼苗生长量不断增加、生长势不断增强，因而原则上拌种用量较冬小麦高。

用20％甲哌鎓·多效唑微乳剂拌种处理后具有以下作用：①春小麦下部叶片长度缩短，宽度增加，而上部叶片像节间一样出现"反跳"，长度大于对照，宽度与对照差异不大。这样的调控效果一方面有利于群体冠层下部通风透光，另一方面上部的叶面积增大对穗子发育具有良好作用。②单位面积穗数分别较对照增加6％～8％；小穗数变化不大，但不孕小穗数减少了20％以上，穗粒数增加8％～15％。处理降低了开花后第1～3周的穗粒灌浆强度，提高了第4～5周的灌浆强度；由于穗数和穗粒数增加，而千粒重基本不变，产量增加9％左右。

三、植物生长调节剂在提高小麦抗逆性上的应用技术

冬小麦抗性包括对环境逆境（如干旱、干热风等）和生物逆境（如病害等）的抵抗能力。20％甲哌鎓·多效唑微乳剂可提高小麦的抗性，处理后植株

根系发达、茎秆粗壮、叶片素质全面改善，对不良环境逆境和生物逆境的免疫能力大大提高。

（1）干热风 干热风是小麦生育后期的主要灾害，尤其是在北方冬麦区，每年为害面积达 74%，一般年份减产 10%左右，严重时减产 30%以上。大于 30℃的高温条件是诱发干热风的主要因素，因此干热风实质上主要是高温胁迫。受干热风危害的小麦，植株体内水分散失加快，正常的生理代谢进程被破坏，导致植株死亡，或叶片、籽粒含水量下降，同时，根系吸收能力减弱，因灌浆时间缩短，干物质积累提早结束，千粒重下降，致使产量锐减。因此，积极采取有效措施防御小麦干热风，是保证小麦高产稳产的重要方面。

用 20%甲哌鎓·多效唑微乳剂处理能增加植株的根量，促进根系下扎，茎秆粗壮、叶片素质全面改善，因而可以显著提高小麦植株抵抗拔节后干旱的能力，有效减缓穗粒数和粒重的下降，增产效果明显。

（2）干旱 已有研究证明，植物生长调节剂在提高作物的抗旱能力方面大有用武之地。由于 20%甲哌鎓·多效唑微乳剂处理增加植株的根量，促进根系下扎，因而可以显著提高小麦植株抵抗拔节后干旱的能力，有效减缓穗粒数和粒重的下降，增产效果明显。

四、植物生长调节剂在小麦上的其他应用技术

小麦杂交优势利用一直未能普遍推广，主要原因是没有好的不育系，三系难以配套。用化学杀雄方法可以突破技术限制，不受三系限制，亲本来源丰富，选配自由；二系杂交的某些组合，杂种二代仍有利用价值；可以在推广良种的基础上争取更高的产量；制种程序简便。目前生产上应用的主要是乙烯利，但存在难抽穗的副作用。

于小麦孕穗期（花粉母细胞形成到减数分裂期），每亩叶面喷洒 50kg 浓度为 4000~8000mg/L 的乙烯利溶液。浓度越高作用越大，但产生植株变矮及抽穗不良等副作用也重。由于乙烯利抑制了茎的伸长，特别穗颈明显缩短，造成旗叶叶鞘"包穗"，影响制种产量。为此，可用 20~40mg/L 的赤霉素与乙烯利混喷，或喷乙烯利后再喷赤霉素，能有效地克服小麦"包穗"现象。

小麦使用乙烯利，能使大部分花粉败育，花粉皱缩、畸形，花粉粒没有或很少，无生活力，花丝变短，花药瘦小，不开裂，相对不育率达 85%~100%。由于使用乙烯利进行杀雄可能引起叶片发黄、株高降低、抽穗困难、小穗退化及青穗增多等问题，因而在使用时应认真做好试验。

五、0.136%赤·吲乙·芸薹可湿性粉剂(碧护)在小麦上的应用技术

1. 碧护种子处理

1g碧护处理12～15kg种子,拌种或与种衣剂复配包衣。其功效特点:

(1) 打破休眠、促进萌发、提高芽势、芽率、出苗率。

(2) 促进幼苗根系发育,提高抗逆性,平衡幼苗生长,解决幼苗生理性病害和疑难性病害。

(3) 有效解决前茬除草剂残留抑制与当茬芽前封闭性除草剂的抑制,有效解决种衣剂给种子本身造成的抑制。

(4) 有效解除作物重茬自毒。

(5) 实现精量播种,降低部分作物的用种量,节约种子投入。

2. 叶面喷施方案 (表3-2)

表3-2 碧护在小麦上的应用技术

应用时期	使 用 方 法	功 效 特 点
苗期	碧护7500～10000倍(亩用量2～3g)＋安融乐5000倍(亩用量3mL)＋0.3%尿素叶面喷雾	加强光合作用,促进分蘖、强壮茎秆、诱导产生抗低温、抗干旱和抗病性(对于冬小麦增加在返青期应用一次,具体方法与苗期一样,可促进秧苗的及时返青生长)
孕穗期	碧护7500～10000倍(亩用量2～3g)＋安融乐5000倍与杀菌剂、杀虫剂或磷酸二氢钾等叶面肥复配使用	提高植株的抗病性,促进孕穗分化,预防干热风、加强授粉和灌浆,明显增加小麦的穗长、穗粒数
灌浆期	碧护7500～10000倍(亩用量2～3g)＋安融乐5000倍与杀菌剂、杀虫剂或磷酸二氢钾等叶面复配使用	提高植株的抗病性,加强灌浆,促进籽粒饱满,增加千粒重,提高产量

第三节 植物生长调节剂在玉米上的应用

玉米作为重要的粮食作物之一,其用途非常广泛,不仅是主粮作物,而且也是饲料和工业原料,尤其是养殖业规模化与再生燃料的发展,玉米在工农业生产中的作用愈来愈重要,我国玉米播种面积和产量也迅速增长。玉米生产中的主要问题是:①抽雄后植株过高容易产生倒伏,特别是七、八月份雨季,从

而影响产量的进一步提高；②存在营养与生殖生长的矛盾，尤其抽穗前，若雄穗茎秆伸长过长而耗费过多营养，则雌穗就会因养料不足而产生"秃尖"现象；③密植情况下，空秆率增加；④北方的干旱、南方的涝渍等逆境。为此，要夺取玉米高产，早播、培育壮苗、防止倒伏、防止空秆和秃尖、提高杂种优势的利用是重要的栽培管理内容。植物生长调节剂的应用，为玉米高产提供了简便易行的技术保障。

一、植物生长调节剂在玉米种子处理上的应用技术

植物生长调节剂在玉米种子处理上主要是促进发芽。

杂交玉米种子往往由于成熟晚或成熟期间光、温条件差而成熟不良，发芽率低下。播种前用萘乙酸、矮壮素、羟烯腺嘌呤等植物生长调节剂处理玉米种子，能刺激种子发育，增强新陈代谢作用，促进发芽、发根，提高发芽率和发芽势，为培育壮苗打下基础。

玉米浸种处理时应注意：①灵活掌握浸种时间。籽粒饱满，硬粒型种子，浸种时间要适当长一些；籽粒秕、马齿型种子，浸种时间要短一些；②无论哪种浸种方法，浸后必须将种子在阴凉处晾干（不要日晒），才能播种或进行药剂拌种，否则容易产生药害；③浸过的种子不要日晒，不要堆成大堆，以防"捂种"；④在天气干旱、墒情不好，又没有浇水条件的情况下，不宜浸种，以免造成萌动的种子出现"芽干"不能出苗。

（1）萘乙酸　选用纯度高，发芽率高，发芽势强，整齐、饱满的玉米种子优良品种进行浸种处理。使用 16～32mg/L 的萘乙酸溶液浸种 24h，再用清水洗 1 遍后播种。可提早发芽 2～3d，苗全苗壮，根深根多，增强幼苗对不良环境的抗性。

（2）萘乙酸·吲哚丁酸混剂　选择良种，将 10％吲哚丁酸·萘乙酸可湿性粉剂稀释 5000～6500 倍后，配制成含有效成分吲哚丁酸和萘乙酸总量为 15～20mg/L 的药液浸种 24h，再用清水洗 1 遍后播种。浸种处理后，可以激化植物细胞的活性，打破种子休眠，提高发芽率，增强抗逆性。

（3）矮壮素　选择良种，用 300～1000mg/L 的矮壮素溶液浸种 6～8h，捞出晾干后播种。玉米早出苗 2～3 天，增强光合作用，且能杀死种子表面和残留在土壤中的黑粉菌，降低玉米丝黑穗病的发病率 15％～32％。

（4）赤霉素　玉米种子播前用 12～24mg/L 赤霉素药液浸泡 2h，浸后将种子在阴凉处晾干，然后播种。可使出苗早而整齐，增加幼苗干重和出苗率。在播种较深时，提高种子顶土能力的效果更明显。

（5）烯效唑　玉米播种前，使用浓度为 20～30mg/L 的烯效唑药液浸种玉米 5h，将种子在阴凉处晾干后播种。提高玉米的发芽率和发芽势，使根系发达，幼苗矮健，栽后成活快。

（6）三十烷醇　玉米种子可以使用三十烷醇浸种，使用浓度分两种情况，粒小皮薄的品种浓度为 0.1％ 的溶液；粒大饱满的种子浓度为 0.5％ 的溶液。按种子和溶液 10∶7 的比例倒入缸内搅拌均匀，然后浸泡 6h，捞出后晾干播种。浸种一般在播前两天进行，浸过的种子要一次播完，配制的水溶液只能用一次。

用三十烷醇处理后提高了种子的发芽率，对幼苗的生长也有明显的促进作用，苗高和叶绿素含量均较对照明显增加。

（7）芸薹素内酯　使用浓度为 0.1mg/L 的芸薹素内酯药液浸泡玉米种子 24h，在阴凉处晾干后播种。可加快玉米种子萌发，增加根系长度，提高单株鲜重。

二、植物生长调节剂在调控玉米植株生长、培育壮苗上的应用技术

1. 培育壮苗

在玉米生长中常常出现大、小苗不匀的现象。利用甲哌鎓、芸薹素内酯和羟烯腺嘌呤等植物生长调节剂能控制玉米幼苗徒长，促进根系生长，增强玉米抗性，培育出健壮抗性强的旱壮苗，为高产打下基础。

（1）甲哌鎓　在玉米大喇叭口期，配制 500～833mg/L 甲哌鎓有效成分的药液，进行茎叶喷雾可以抑制玉米细胞伸长，缩节矮壮，有利于培育壮苗。

（2）芸薹素内酯　配制 0.05～0.2mg/L 的芸薹素内酯药液，在玉米在苗高 30cm 左右和喇叭筒期各喷施一次。喷药后 6h 内下雨要重喷。能培育玉米壮苗，有一定的增产能力。

（3）赤霉素　在玉米苗期使用 10～20mg/L 的赤霉素溶液，药液量 50kg 对小苗进行叶面喷洒。可促进小苗快速生长，使全田植株均匀一致，减少空杆。避免出现大、小苗不匀的现象。

（4）烯效唑　在玉米苗期使用 200～300mg/L 的烯效唑溶液，可明显延缓玉米地上部的生长，茎秆粗壮，壮苗，增强玉米的耐旱性和抗倒力，使玉米增产。

（5）矮壮素　在玉米生长至 13～14 片叶（大喇叭口时期）喷施 500mg/L

倍液的矮壮素。可使植株矮化，促进根系生长，培育壮苗，结棒位低，无秃尖，穗大粒满。

2. 控制徒长，防止倒伏

玉米生长在多风雨的夏季，高秆品种和高密度的田块易发生倒伏。使用乙烯利等调节剂均有矮化、促根、壮秆、防倒伏和增产的作用。

（1）乙烯利　玉米上单用乙烯利有很多副作用主要表现为影响雌穗发育，使穗变小，易秃尖，穗粒数减少，败育率提高，千粒重下降。在生产上不推荐单独使用乙烯利。但由于乙烯利能明显使玉米植株矮化，可防止倒伏，因此在多风暴的地区使用还是有很大意义的。

在玉米田有 1% 植株抽雄时，使用 800mg/L 乙烯利药液进行叶面喷施，每亩用药量 25～30kg。可使玉米植株矮化，须根增多，茎秆坚韧，抗倒伏，早熟。

（2）乙烯利与其他调节剂的混剂　为了降低乙烯利施用后的副作用，国内外探索乙烯利与其他调节剂配合施用。甲哌鎓·乙烯利水剂、羟烯腺·乙烯利水剂、芸薹素内酯·乙烯利水剂和三十烷醇·乙烯利水剂等混剂，都克服了单用乙烯利的缺陷，生产上都有较稳定的防倒效果。只要掌握适时喷施，并与增加密度相结合，一般都会获得 10% 左右的增产效果，其中羟烯腺·乙烯利水剂应用面积最大。

① 羟烯腺·乙烯利水剂　在玉米生长大喇叭口期每亩用 40% 羟烯腺嘌呤·乙烯利水剂 25～30mL，对水稀释成 30～40kg 进行叶面喷施。可增加茎粗，降低株高，植株矮健，抗倒力提高；促进根系生长，根直径增粗；单株叶面积增加，叶绿素含量提高；空株率下降，穗长增加，秃尖长降低，千粒重增加。

② 乙烯利·芸薹素内酯水剂　在抽雄前 3～5d（大喇叭口期），每亩用 30% 芸薹素内酯·乙烯利水剂 30～40mL，对水稀释成 30～40kg 进行叶面喷施。可调节玉米的营养生长，提高其抗倒伏能力。

要求在肥地使用，并要施足底肥，在拔节时缺肥应施拔节肥。另外种植密度应增加 1000 株/亩。芸薹素内酯·乙烯利水剂不能与其他农药混用。

③ 胺鲜酯·乙烯利水剂（玉黄金）　避开大喇叭口期玉米秆脆易折断，喷施不方便，难以机械化施药的问题。将 30% 胺鲜酯·乙烯利水剂使用时间提前到小口期（6～9 叶），每亩用 30% 胺鲜酯·乙烯利水剂 20～25mL（每亩有效成分 0.6～0.75g），对水 30～50kg 进行叶面喷施。抑制基部节间伸长，降低穗位，控制倒伏，但总体株高不降低；促进根系生长，增加 1～2 层气生根；促进叶片光合作用；空株率下降，穗长增加，显著减少秃尖，穗粒数、穗粒重和千粒重增加，加快子粒灌浆，有的地方可早熟 1 周左右，产量增加。

注意：30％胺鲜酯·乙烯利水剂适于干燥天气使用，下雨前、后请勿施药。不可与呈碱性的农药、化肥等物质混合使用。

（3）其他植物生长调节剂

① 多效唑　在玉米5～6片叶时使用浓度为150mg/L的多效唑药液50kg进行叶面喷雾处理，可以解决麦套玉米苗弱易倒问题，有一定的增产效果。

② 矮壮素　在玉米拔节前3～5d，使用浓度为1000～3000mg/L的矮壮素溶液，每亩叶面喷洒30～50kg药液。能抑制植株伸长，使节间变短、穗位高度降低，表现出矮化抗倒效果，同时矮壮素也抑制了叶片伸长，但叶片宽度反而增加，单株绿色叶面积并不减少，光合势有所增强。

三、植物生长调节剂增强玉米的耐旱性

作物应用生长调节剂处理后，除了提高籽粒萌发、培育壮苗等直观的形态效应外，还可通过增强一些生理功能，如提高根系活力，促进养分吸收，提高叶片叶绿素含量，制造更多同化物，或者通过控制自身某些防御功能等，提高作物对不良环境的适应和忍耐能力。以下就植物生长调节剂增强玉米耐旱性作一介绍。

（1）乙烯利　在雄穗伸长期、雄穗小花分化期和雄穗小花分化期时，用40％乙烯利水剂稀释6000倍液（约65mg/L）乙烯利喷施叶片。能有效控制节间伸长防止倒伏，还能增强玉米植株对干旱的抵抗能力

（2）芸薹素内酯　每亩用0.001mg/L的芸薹素内酯药液50kg叶面喷施，春播玉米一般在雌穗分化初期、小花分化期、抽雄期、吐丝期后7天与17天各喷一次；夏播玉米在雌穗小穗分化初期、小花分化期或吐丝后7天各喷1次。可促进受水分胁迫影响的玉米生长，增加ATP和叶绿素含量，加快光合速率，促进复水后生理过程的恢复，减少籽粒产量的损失。也可以用来提高作物的抗旱性。

（3）矮壮素　苗期每亩喷施2000～3000mg/L的矮壮素药液50kg，可起到蹲苗的作用，且具有抵抗盐碱和干旱的能力。

四、植物生长调节剂在玉米上的其他应用技术

1. 玉米籽粒灌浆与品质的调控

植物生长调节剂在玉米上的应用除了能促进萌发和培育壮苗等作用外，还能促进玉米籽粒灌浆，在提高产量的同时对品质进行一定的改善。一些植物生长调节剂处理作物后，其效果是综合的。除此而外，还有些生长调节剂具有提

高产量和改善品质的功能，用药时间一般都在玉米生长后期。

（1）三十烷醇　在幼穗分化期和抽雄期使用 0.1mg/L 的三十烷醇溶液各喷雾 1 次，每亩使用药液量 50kg。经过处理后，玉米叶色浓绿，穗大粒多，籽粒饱满，实粒数增加 5%～20%，千粒重提高 4～9g，增产 10% 左右。

（2）赤霉素　玉米雌花受精后，花丝开始发焦时用 40～100mg/L 的赤霉素溶液，进行叶面喷洒花丝，或灌入苞叶内（约 1mL/株），可减少秃尖，增加籽粒数，促进灌浆，提高千粒重。

（3）芸薹素内酯　在玉米大喇叭口期用 0.01mg/L 的芸薹素内酯全株喷雾处理，每亩喷施药液 50kg，可明显减少玉米穗顶端籽粒的败育率，可增产 20% 左右。在吐丝期每亩喷施 0.01mg/L 的药液 50kg，可以使玉米根系发达，长势旺盛，增强抗病虫性，提高植株光合速率、叶绿素含量和比叶重，促进灌浆，特别是能使果穗顶端的籽粒得到充足的营养，使之发育成正常的籽粒，减少玉米籽粒的败育率，提高籽粒产量 13% 左右，玉米籽粒中总氨基酸含量比对照增加 25% 左右。在抽雄前处理的效果优于吐丝后施药。

2. 植物生长调节剂在杂交制种中的应用

调节剂除了在玉米生产中用于促进萌发、培育壮苗、增加产量、改善品质和提高抗逆性能等功能外，还能在杂交制种中发挥增强杂种优势，克服花期不遇和化学去雄等作用。尽管一些调节剂，如青鲜素禁止在生产 A 级绿色食品中使用，丁酰肼（比久）禁止在花生上使用，但在有些玉米上是可以使用的，下面对这些产品在玉米上的使用进行介绍，以供广大读者参考。

（1）增强杂种优势　调节剂不仅对玉米当代可直接产生化学调节作用，而且对配制的单交种（F1）的杂种优势，也发生明显影响。使用乙烯利（1000mg/L），赤霉素（300mg/L），萘乙酸（30mg/L），2,4-D（30mg/L），矮壮素（2000mg/L），三碘苯甲酸（300mg/L），激动素（30mg/L），比久（40mg/L）等植物生长调节剂，在自交系 7 叶和 11 叶期分别进行喷洒处理，然后配制杂交种。如 525 和 C103 两个自交系，共配制 19 个化学杂交种，比 525×C103 杂交的群单 105 更具有优势。

（2）克服花期不遇　玉米杂交制种时，父母本花期不遇时，喷洒 20mg/L 赤霉素溶液，可以调节花期相遇。

（3）化学去雄　用青鲜素作为去雄剂，以 1000～2000mg/L 青鲜素在雄蕊形成前进行处理，可诱导玉米雄性不育，从而获得雄性完全不育的植株。

此外，500～1000mg/L 的赤霉素溶液处理玉米叶片，也能诱导雄性不育。

五、0.136%赤·吲乙·芸薹可湿性粉剂（碧护）在玉米上的应用技术

1. 种子处理

1g 碧护处理 8~12kg 种子，拌种或与种衣剂复配包衣。其功效特点：

（1）打破休眠、促进萌发、提高芽势、芽率、出苗率。

（2）促进幼苗根系发育，提高抗逆性，平衡幼苗生长，解决幼苗生理性病害和疑难性病害。

（3）有效解决前茬除草剂残留抑制与当茬芽前封闭性除草剂的抑制，有效解决种衣剂给种子本身造成的抑制。

（4）有效解除作物重茬自毒。

（5）实现精量播种，降低部分作物的用种量，节约种子投入。

2. 叶面喷施（表 3-3）

表 3-3 碧护在玉米田上的使用技术

应用时期	使用方法	功效特点
苗期	碧护 7500~10000 倍（亩用量 2~3g）+0.3％的锌+0.3％尿素+安融乐 5000 倍叶面喷雾	可使玉米茎粗杆状，提高光合作用，有效预防春玉米低温冻害，抗旱保苗，预防逆境条件下玉米分蘖
拔节期	碧护 10000 倍（亩用量 2~3g）+安融乐 5000 倍+0.3％的锌叶面喷雾	提高植株的抗病性，促进玉米孕穗分化，授粉，明显增加玉米的穗长、穗粗、行数粒
灌浆期	碧护 7500~10000 倍（亩用量 2~3克）+安融乐 5000 倍与杀菌剂、杀虫剂或磷酸二氢钾等叶面复配使用	提高灌浆，促进籽粒饱满，增加千粒重，提高玉米产量

第四节 植物生长调节剂在棉花上的应用

在生产上，棉花往往会出现植株徒长、蕾铃脱落、晚熟等问题，影响了棉花的高产优质高效栽培。化学调控是棉花高产优质高效的重要技术措施之一。通过施用植物生长调节剂，直接影响棉花体内的激素平衡关系，实现对棉株生长速度的调控，以提高棉花产量与品质。其主要特点是调控速度快，强度大，

用量小，效果好。

一、棉花化学控制技术发展历史和概况

1. 生产问题和调节剂的应用

徒长、蕾铃脱落、晚熟是棉花生产中的三大难题。传统栽培技术中，人们多采用深中耕断根、整枝打杈等措施防止棉花徒长和大量蕾铃脱落，采取细整枝、打老叶、推株并垄、提兜断根等方法促进早熟。这些措施虽然起到了一定的作用，但费时费工，而且效果不明显也不稳定。

矮壮素可以降低株高、缩短果枝，增加田间通风透光，并减少中下部蕾铃的脱落，铃重也得到提高。但易有药害、铃壳加厚、吐絮不畅等副作用，限制了其应用。

20 世纪 80 年代初开始，甲哌鎓逐渐取代了矮壮素。与矮壮素相比，甲哌鎓的效果更好，药效又比较缓和，安全幅度较大，所以迅速得到大面积应用。甲哌鎓在棉花上应用，通过叶片、根、茎等部位吸收后传导至植物全株，降低植物体内赤霉素的活性，从而抑制细胞伸长，控制棉株徒长，降低株高和果枝长度，抑制赘芽生长，有利于通风，减少养分消耗；促进主根增长，根系发达，使植株更多的吸收养分，同时可使茎秆粗壮、紧凑、增强抗倒伏能力；促进叶绿素含量增多，提高全株光合效能，使光合产物较多的向生殖器官输送，增加铃重、霜前花和坐桃率，增产效果显著而稳定。甲哌鎓能提高细胞膜的稳定性，增加植株抗逆性。目前，全国每年 80% 的棉田都要使用甲哌鎓。多效唑也曾经用于控制棉花徒长，但棉花对多效唑过于敏感，容易产生药害。

在生产条件下，一些后期的棉铃由于气候条件和种植制度影响，往往不能正常开裂吐絮，导致北方棉区的霜后花增加，影响南方棉区下茬作物的适时播种或移栽。70 年代应用植物生长调节剂乙烯利成功地解决了这一问题，直到现在，棉花的乙烯利催熟技术仍有一定面积的应用。科学家在研究应用化学药剂调控棉花的生长发育时，逐渐形成了在棉花生育期间以应用甲哌鎓以及在成熟期应用"乙烯利"为主的系统化学控制技术。

2. 棉花化学控制技术发展的三个阶段和三种应用模式

棉花化学控制技术研究和应用主要经历了 3 个阶段，形成了 3 种技术模式。

（1）"对症"应用　　"对症"应用是指应用植物生长调节剂解决棉花生产中某些常规措施不能有效克服的难题（如徒长、保苗、晚熟）。具体的技术内容包括20世纪70年代末形成的乙烯利催熟技术和60～80年代初形成的植物生长延缓剂（甲哌鎓等）防徒长技术。"对症"应用模式的特点是基本不改变棉花整体栽培措施的格局，只是一种附加的、"对症"的手段。由于"对症"应用模式效果显著、技术简单、安全程度高，棉农容易掌握，因而推广速度快，收效大，目前仍是国内外许多植棉地区采用的有效措施。

（2）系统化控　系统化控技术模式形成于20世纪80年代末期。"系统化控"是指从棉花播种到成熟收获期间，根据棉株发育的进程，分次（不限于一次或二次）应用一种或一种以上的调节剂，实现对棉株各器官发育的定向和定量诱导，形成合理的株型和群体结构，符合高产棉花的标准，最终达到早熟、优质，高产的目标。

（3）化控栽培工程　核心内容是把"系统化控"技术有机地融入常规栽培技术体系中，二者相互配合和适应形成的栽培技术体系—"化控栽培工程"。具体而言，是指在实施"系统化控"的条件下，主动变革种植密度、水肥管理等措施，实现"系统化控"对棉株自身和栽培措施对棉株生育环境的双重调控，最大限度地提高产量和品质。

二、植物生长调节剂在棉花系统化控中的应用

1. 系统化控的技术内容和效应

（1）种子处理　经硫酸脱绒的种子使用100～200mg/L的甲哌鎓，未经脱绒的种子处理药液的浓度为200～300mg/L，浸种6～8h，药液与种子重量比不要低于1∶1，使浸种结束时种子都在液面下，保证种子吸收药液均匀。浸种期间可翻搅2～3次使浸种均匀。浸种完毕后及时捞出种子，控干浮水，稍微晾干即可播种。甲哌鎓浸种可促进棉籽发芽，使出苗整齐，增加侧根发生，增强根系活力，实现壮苗稳长，增加棉花幼苗对干旱、低温等不良环境的抵抗能力，增加育苗移栽成活率。

（2）苗期喷施　未进行种子处理的可在苗期喷施低浓度甲哌鎓，同样可达到壮苗、抵抗逆境的效果。在棉花2片真叶展开时喷施40mg/L的甲哌鎓药液，可显著防止"高脚苗"和"线苗"的出现，缩短移栽后的缓苗期。

（3）蕾期喷施　在生长比较迅速，生长势较强的田块，常常在刚现蕾时就要应用。其他长势正常的棉花多在盛蕾（出现4～5个果枝）后首次喷施甲哌鎓，蕾期用药的浓度一定不能过量，一般情况下应用50～80mg/L即可。根据每亩对水10～15kg计算，折合成甲哌鎓原粉即为每亩0.5～1.2g。个别长势较旺的棉株可适当多着药，长势弱的棉株则适当少着药。在苗蕾期使用甲哌

镕能促进根系发育，实现壮苗稳长，定向塑造合理株型，促进早开花，增强棉花对干旱、涝害等抵抗能力，协调水肥管理，避免早施肥浇水引起徒长等功效，前期可不整枝。

（4）初花期喷施　初花期每亩可用甲哌镕原药 2～3g，对水量也需增加，一般每亩为 20kg。对初花期有徒长趋势的棉田，喷施甲哌镕时不仅要做到株株着药，而且要让主茎和果枝的顶端都要着药。初花期用药是"甲哌镕系统化控"技术的重要一环，因为此时喷施甲哌镕可以塑造理想株型，优化冠层结构，推迟封垄，促进早结铃和棉铃发育，改善棉铃时空分布，增强根系活力。

（5）花铃期喷施　一般在打顶前后喷施，如果多雨，密度大，可增加应用次数。用量也较初花期更大，一般每亩可用 3～5g 或更多的甲哌镕，对水量也增加到每亩 25～30kg。可增加同化产物向产量器官中的输送，提高铃重，终止后期无效花蕾的发育，防止贪青晚熟和早衰，简化后期整枝等等。

2. 对棉花主要器官形态和功能的影响

在棉花系统化控中应用甲哌镕后，对叶片、茎等器官的形态和功能都有一定的影响，下面进行介绍。

（1）叶片　应用甲哌镕 5～7 天后，在田间可明显观察到叶色变绿、叶片增厚、叶片寿命延长、衰老延迟 1 周左右。

（2）茎　甲哌镕的典型作用是"缩节"，就是延缓棉花主茎和果枝伸长，使它们的节间缩短，可以防止徒长。

（3）根系　甲哌镕浸种后幼苗发根能力显著提高，促进棉株根系吸收水分、无机元素（氮、磷、钾、硼等），促进氨基酸和细胞分裂素的合成能力，因而根系干重增加，根系活力增强。

（4）成铃结构和棉铃发育　改善了棉铃营养和生态条件，减少脱落，一般单株结铃数增加 0.5～2 个。最佳结铃部位至中下部和内围铃比例增加；早期蕾铃的脱落减少，最佳结铃期结铃比例增加，从而使多数棉铃处于较好的光照、温度、营养条件，提高了棉铃质量。甲哌镕处理后单铃重提高 0.21～0.90g，铃期平均缩短 1～2 天。

（5）种子质量　应用甲哌镕对种子质量有所提高，在棉花繁种田可以放心使用。棉仁中脂肪、氨基酸、蛋白质等物质含量提高，使用后对后代种子活力无不良影响。

（6）纤维品质　甲哌镕对棉花纤维长度、单强、细度、断裂长度等品质指标没有显著影响。棉花结铃吐絮集中，僵烂霉桃减少，棉花整体品质和商品品质提高。

（7）幼苗抗性　甲哌鎓浸种处理可以提高种子活力，加强棉籽的吸水能力和保水能力，提高棉花低温和盐的抵抗能力。

3. 对冠层结构和棉田生态条件的影响

应用甲哌鎓可以主动控制棉花茎枝和叶片生长，显著改善棉田生态条件。一般从蕾期开始使用，可推迟封垄7～10天，群体光照条件较好有利于棉铃发育。叶片变得较直立，有利于接受光照，使行间通风透光条件改善，这是使棉花稳定增产和改善品质的重要原因之一。

（1）品种类型　一般情况下，转Bt基因抗虫棉、酚类物质含量低的品种、早熟品种、夏播品种的长势弱于常规品种、酚类物质含量高的品种、晚熟品种和春播品种，因而甲哌鎓的用量偏低。例如，正常年份下，夏播品种（短季棉）一个生长季的甲哌鎓总用量为每亩3.0～5.0g，而春播品种每亩可用到5.0～8.0g。棉花不同栽培种对甲哌鎓的敏感程度也不一样，如现在生产中栽培的海岛棉（长绒棉）对甲哌鎓的敏感程度较陆地棉低，反应小，所以用量要大于大多数陆地棉栽培品种。

（2）种植方式　不同棉区各种植方式下的环境条件不同，棉株发育的起始速度和进程相距甚远，应用甲哌鎓系统化控的具体技术（主要是应用时间和剂量）也不相同。地膜棉由于覆盖后土温升高，墒情改善，棉株前期生长速度快，长势偏旺，甲哌鎓的用量较露地直播棉为高；移栽棉、套种棉的总用量一般情况下多于直播棉。

（3）生产条件

① 土壤水分　土壤湿度大时，甲哌鎓的用量多；土壤湿度低时，甲哌鎓用量宜少。如在干旱年份，甲哌鎓一个生长季的总用量每亩可能只需要2.0～3.0g，而在多雨年份，甲哌鎓每亩用量可达6.0～15.0g。

② 土壤肥力　土壤肥力高的棉田，甲哌鎓用量应大于肥力低的棉田，许多试验和生产实践表明，在旱地和薄地棉田应用低剂量的甲哌鎓，同样可以起到明显的促进根系发育、加快棉株成铃进程、改善成铃时空分布及促早熟的作用。如果旱、薄地甲哌鎓的应用与增加密度结合起来，同样可达到增产的目的。

（4）种植密度　同样用量的甲哌鎓，高密度下棉株的受控程度低于低密度下的棉株。所以，种植密度大时一定要加大甲哌鎓用量，使用时期也相应提前。

调节剂应用不是次数越多越好，用的调节剂越多越好，技术越复杂越好，而是要根据控制目标需要，结合调节剂作用特点，进行合理设计，以最简单的技术实现最佳生产效果和经济效益，同时保障生物和环境安全。该技术规程要根据棉花的品种、土壤、天气等情况，灵活掌握，在不同地区和不同年份适当调整。一般在生长前期一次施用量不要过大，以免产生药害。

系统化控技术体系的建立需要经科学、系统的实验建立，经试验示范后推广。其本身也不是一成不变的，根据生产目标变化、品种更新、调节剂品种更新等情况，作及时和必要的完善和补充。并配合传统栽培技术措施的改革，才可发挥最大效益。在推广过程中，新推广地区推荐在初花期 1～2 次用药，每次每亩 1.0～2.0g。在已经获得经验的地区，推广系统化控，会获得更好效果。

4. 注意事项

不同情况下对施药技术的要求不同。甲哌鎓为内吸性植物生长调节剂，喷洒到棉花上后，可以向上、向下运输到各个部位，但输出量较少，主要停留在接受药液的叶片上。因此在不徒长的棉花喷施时，要做到均匀喷施、株株着药，不需要整株喷淋，可使全田整齐，节约用工，还可以防止用药过量控制过头。但是对已经徒长的棉田，为了尽快控制生长，可以增加药液量，做到全株上下着药。

甲哌鎓为中性，性能稳定，一般可与中性的杀虫剂、杀菌剂和叶面肥混用，特别是与杀虫剂同时用，以节约劳动。使用时分别用水溶解或稀释，喷前在喷雾器中现混现用。甲哌鎓喷施后可以很快被棉株吸收，在喷药后 6h 以后下雨，基本可达到施药效果；喷药后 6h 内下雨，应酌情补喷，一般可按正常量的 1/3～1/2 补喷。

喷施甲哌鎓时，如果不小心用过量，应据情况和长势及时采取补救措施。甲哌鎓药效期一般 20 天左右，而且受水分影响较大，一般不会造成毁灭性药害。用药过量不太严重的地块，浇一次水会很快缓解。生长受抑制特别严重的地块，可以喷施赤霉素解除。

三、植物生长调节剂在棉花化学催熟与辅助收获上的应用技术

1. 化学催熟

化学催熟目的是解决晚熟问题。目前使用的催熟剂主要为乙烯利，它可以改善棉花成熟条件，抑制贪青，使晚秋桃提早均匀成熟，提高霜前花比例，提高棉絮质量。

用乙烯利催熟棉花，用药时期选择很重要，大多数需要催熟的棉铃达到铃

期的 70%～80%（铃龄 45 以上）。不能过早，否则影响棉花品质。喷药后要有 3～5 天日最高温度在 20℃以上。具体施药日期各地有差别。药液浓度一般在 500～800mg/L。喷药时强调喷头由下向上，全株均匀喷施，使棉铃均能着药。拔棉柴后的青铃，也可用乙烯利催熟，减少晒摘时间，提高棉花品级。一般每 100kg 青铃，用 40%的乙烯利水剂 200～300g，对水 10kg，均匀喷洒棉铃后，堆积一起，围盖塑料薄膜，5～7 天开始开裂，10～15 天可全部吐絮。

注意：乙烯利是一种酸性物质，常见的商品是强酸溶液，pH3.8 以上就释放乙烯，水的 pH 值一般在 6～8，所以乙烯利加水稀释后，很快失效，要现配现用，不要存放。不要与碱性农药混用，保存和使用过程中，可以使用塑料、陶瓷或玻璃容器，不能使用金属容器。

2. 脱叶和辅助收获

棉花叶片降低机械化收获的效率，碎叶片易混到棉花中影响纤维纯度和质量，降低棉花品级。收获前脱去叶片，可大幅度提高收获效率，提高棉花的商品品质，应用调节剂进行化学脱叶是较好的方法。目前，美国 75%以上的棉田使用脱叶剂辅助收获，我国新疆等规模化植棉区也逐渐推行。

辅助收获剂主要是有效成分为噻节因或噻苯隆的脱叶剂，它可以促进棉花叶柄基部提前形成离层，导致棉花脱叶，不仅可以改善棉田通风透光条件，促进棉铃成熟，而且叶片在枯萎前脱落，可以避免机械采收时枯叶碎屑污染棉絮。

（1）噻苯隆 噻苯隆被植株吸收后，可促进叶柄与茎之间的分离组织自然形成而脱落，是很好的脱叶剂。当棉铃开裂 70% 左右时，配制为 300～350mg/L 有效成分的药液，进行全株喷雾，每亩用药液量 30～40kg。喷施噻苯隆后 10 天开始落叶，吐絮增加，15 天达到高峰，20 天有所下降。棉叶可脱落 90% 左右，对植株无伤害，吐絮正常。

注意：噻苯隆较磷酸盐类脱叶剂起效慢，在低温下尤其如此，因此日均温低于 21℃时不建议使用。噻苯隆在受到干旱胁迫的棉花上的吸收也比较慢，这种情况下需要增加用量或添加助剂。

（2）噻苯隆·敌草隆混剂 在收获前 7～14 天，棉铃开裂 70%～80%时，每亩使用 540g/L 噻苯隆·敌草隆悬浮剂（其中敌草隆 180g/L、噻苯隆 360g/L）10mL，对水 30～40L 进行全株喷施。可使棉叶提前脱落，对棉花快速催枯，落叶早、迅速，7～10 天见效，药后 30 天脱叶和催熟效果明显，棉田脱叶率可达 88.65%～93.75%。

注意：540g/L 噻苯隆·敌草隆悬浮剂是一种接触型脱叶剂，施药时应对棉花植株各部位的叶片均匀喷雾，使植株各部分叶片充分着药，以达到预期的脱叶效果；施药后24h内降雨会影响药效，需要重喷。

（3）噻节因　棉花脱叶的施药时间在收获前7～14天，棉铃开裂70%～80%时进行，使用45～75mg/L噻节因，用药液量30～40L，进行全株喷雾。处理后棉花叶面脱落迅速，脱叶率高，喷施15～20天后叶片脱落率达92%以上，促进成熟，加快棉铃开裂速度，吐絮率达到96%以上，有助于提高霜前花率，作用显著，符合采摘要求，对棉花产量的影响极小。

注意：噻节因很少单独作为脱叶剂使用，常与噻苯隆、唑草酯或乙烯利配合使用。噻节因要求喷后无雨的时间为6h；无论单用还是与其他收获辅助剂混用，最好加入高乳化剂作物油作为助剂。

3. 控制株高，调节株型

（1）甲哌鎓　植物生长延缓剂甲哌鎓能在棉花正常需打顶时，喷施较高浓度（300mg/L以上，5.0～6.0g/亩）的甲哌鎓，可以有效抑制棉株主茎和果枝的纵向和横向生长，增强根系活力，延缓叶片衰老，塑造紧凑的株型，起到类似打顶的作用。

（2）矮壮素　于棉花蕾期、初花期、盛花期全株喷雾三次，一般应以蕾期和初花期为主。蕾期宜用低浓度10～20mg/L，每亩用药液20～25kg，快速喷在棉苗上部；初花期每亩用30～40mg/kg浓度的药液25～30kg，快速喷施于棉株上部和果枝顶部。能够使棉花株型紧凑，株高降低，果枝缩短，田间通风透光条件改善，增加霜前花数量和霜前花产量并提高籽棉产量；对单株总铃数、铃重和衣分等影响不大；对棉花品质基本没有影响，对棉花安全无药害。

注意：矮壮素处理棉花植株容易导致棉花植株畸形，株型调节不合理的现象，需要严格注意矮壮素在棉花上的使用。棉花化学调控一般不提倡使用矮壮素，这是因为棉花对矮壮素太敏感，同时早已有试验证明，矮壮素不能促进叶片制造的同化物向棉铃中运输。更不提倡棉花应用多效唑，因为多效唑在土壤中降解极慢，特别是干旱棉区，连续使用会影响后作及土壤环境的安全性。

（3）矮壮素·甲哌鎓混剂　生产应用时，使用技术可以参考矮壮素和甲哌鎓的单剂产品进行，按不同生育期使用的剂量也有所不同，建议使用时参照产品使用说明书进行田间操作。使用矮壮素·甲哌鎓混剂处理后，可使棉花株型紧凑，株高降低，果枝缩短，田间通风透光条件改善。

4. 防蕾铃脱落

（1）甲哌鎓 使用甲哌鎓化控，更好地协调了群体与个体的关系，有效防止徒长和蕾铃脱落，株型变得紧凑，从而可使种植密度适当提高，提高单产。密度增加后，单株产量减少，但单位面积产量增加，并且晚铃比重减少，棉花纤维品种得到改善，从而大幅度提高经济效益。

（2）赤霉素 在盛蕾期和花铃期喷施 $10\sim20mg/L$ 赤霉素可增大叶面积，有利于花粉形成、性器官发育和授粉过程完成，防止蕾铃脱落，提高结铃率，并有增长纤维的作用。赤霉素应用于棉花时，除了采用叶面喷雾处理外，还可以采用点喷或者点涂的用药方式，直接作用于棉花的蕾铃部位，提高赤霉素的使用效果，但相对而已费工费时。

（3）芸薹素内酯 在苗蕾期、初花期和盛花期各喷芸薹素内酯药液 1 次，喷雾浓度为 0.01％芸薹素内酯稀释 $2500\sim5000$ 倍液，使用药液量 $25\sim30kg$ 叶面喷雾，可促进棉株营养生长和生殖生长，增加单株幼铃、成铃，降低蕾铃脱落，增加伏桃、秋桃个数，为提高产量打下基础。芸薹素内酯应用于棉花，随施用次数增加具有一定累加效益；对于多次应用而言，以现蕾期、盛花期和盛花期后各喷施 1 次增产效果最佳。

（4）三十烷醇 在棉花生长至盛花期，使用 $0.5\sim0.8mg/L$ 的三十烷醇溶液进行叶面喷雾处理，$2\sim3$ 周后再进行喷雾 1 次。能有效增加成铃数，降低落铃率，增加单铃重，提高棉花产量，且对棉花生长安全、无药害，对棉花品质又无不良影响。

四、植物生长调节剂在棉花上的其他应用技术

1. 增加产量

（1）萘乙酸 盛花期用 $10\sim20mg/L$ 药液喷植株 $2\sim3$ 次，间隔 10 天，可防蕾铃脱落，明显控制棉花株高，增加单株结铃数，提高衣分率，有较明显的增产作用；增产可达 4％～8％，而且对棉花安全。

（2）复硝酚钠 在棉花蕾期和花铃期使用 1.8％复硝酚钠水剂，稀释2000～3000 倍，用药液量 $25\sim30kg$ 进行叶面喷雾 $2\sim3$ 次，促进棉花植株快发，增强光合作用，提高产量改善品质并提早收获。

（3）芸薹素内酯·甲哌鎓混剂 在控制棉花植株旺长的同时，利用芸薹素内酯与甲哌鎓进行混用具有提高棉花纤维产量的复合效应。生产应用时，使用技术可以参考芸薹素内酯和甲哌鎓的单剂产品进行，按不同生育期使用的剂量

也有所不同，建议使用时参照产品使用说明书进行田间操作。

2. 抗虫棉的化学调控技术

转基因抗虫棉在我国持续快速发展，2014 年我国转基因抗虫棉的采用率达到 93％，其中在黄河流域棉区已基本普及。由于外源基因、受体材料和转化、选育等方面的影响，早期获得的抗虫棉大都具有前期生长势弱后期易早衰的特点。如将常规棉的甲哌鎓系统化控技术照搬到转基因抗虫棉，会进一步延缓抗虫棉前期弱生长势的转换进程，并导致中后期结铃减少。选择合适的植物生长促进剂与延缓剂甲哌鎓复配，利用不同有效成分之间的互补作用，具有重要的现实意义。

中国农业大学作物化学控制研究中心在长期研究转基因抗虫棉的生理特征的基础上，通过引入新型植物生长促进剂胺鲜酯（化学名为 N,N-二乙氨基乙基己酸酯柠檬酸盐），研制出专门针对转基因抗虫棉花的植物生长调节剂（抗虫棉专用型，以下简称专用型）。

胺鲜酯在低浓度（1～40mg/L）下对多种植物具有调节和促进生长的作用，可以提高多种作物的根系活力。通过利用胺鲜酯与甲哌鎓之间的互补作用，促进转基因抗虫棉苗期根系和地上部的协同生长，减弱甲哌鎓对地上部生长的延缓作用，增加功能叶叶绿体基粒类囊体的垛叠程度，提高光合作用。此外，甲哌鎓与胺鲜酯复配较单独使用能更有效地提高转基因抗虫棉的根系活力，增强根系合成氨基酸和细胞分裂素的能力，提高根系吸收和运输 NO_3^- 的能力，有利于防止后期早衰。

（1）专用型调节剂的应用技术　专用型调节剂为 27.5％胺鲜酯·甲哌鎓水剂，在棉花生长的初花期、盛花期和打顶后喷施三次，在三个时期分别取 27.5％胺鲜酯·甲哌鎓水剂 4.5～7.5mL、9～15mL 和 13.5～22.5mL 分别对水 15kg、30kg 和 30kg 进行叶面喷雾。为了便于方便，在初花期、盛花期和打顶后三个时期分别取 6.0mL、12mL 和 18mL 对水 15kg、30kg 和 30kg 进行叶面喷雾也可。

专用型调节剂是在甲哌鎓的系统化控技术基础上针对抗虫棉的生理特征建立起来的化学调控技术，其调控的思路主要是在抗虫棉的生长前期通过引入代谢促进型生长调节剂，加快抗虫棉的早发，促进营养器官的形态建成，使抗虫棉植株既不旺长，又确保植株不弱小。因此如果能在苗蕾期适当加大肥水投入，增产潜力更明显。

不同的抗虫棉品种对专用型调节剂的反应也存在一定的差异，生产应用时期剂量需要有所调整。

（2）专用型调节剂的主要功效　通过多年的研究与应用技术推广，深入研究了转基因抗虫棉专用型植物生长调节剂的对棉花株型、纤维产量、种子质量的影响如下。

① 促进早发，防止旺长，减弱甲哌鎓对地上部生长的延缓作用。

② 使株型合理，优化成铃与产量构成因素，增加单株成铃率，减少烂铃，增加正常吐絮铃数，提高纤维产量。

③ 提高棉花种子质量，增加抗虫棉种子中的饱子数，减少秕子数，可以提高抗虫棉的制种效益。

④ 改善棉花纤维品质，伸长率和整齐度也有不同程度的提高；外部成铃也有相同的改善效果。

⑤ 减弱甲哌鎓对棉花光合叶面积的大幅减小，大幅度提高功能叶光合能力。

⑥ 促进根系吸收与还原功能，延长根系生理功能时期，延缓植株早衰。

五、0.136% 赤·吲乙·芸薹可湿性粉剂（碧护）在棉花上的应用技术

（1）种子处理　1g 碧护处理 6～8kg 种子，拌种或与种衣剂复配包衣。功效特点：打破休眠、促进萌发、提高芽势、芽率、出苗率，苗齐苗壮，防止出现高脚苗，提高抗逆性（尤其是抗盐碱能力）

（2）叶面喷施　相应的应用技术见表 3-4 所示。

表 3-4　碧护在棉花上的应用技术

应用时期	应用方法	功效特点
苗期 （4～5 叶期）	7500 倍（亩用量 2～3g）＋安融乐 5000 倍叶面喷雾	促进根系发育,强茎壮秆、提高植株的抗旱、抗低温、抗病、抗盐碱能力,增强光合作用,预防黄枯萎病,促进花器的早期分化、发育
显蕾期	7500～10000 倍（亩用量 2～3g）＋安融乐 5000 倍叶面喷雾	平衡生长,促进花器的发育,增加花量、加强花粉细胞活性,增加授粉、受精,促使子房发育,成铃早,上铃快、上铃稳
结铃期	7500～10000 倍（亩用量 2～3g＋安融乐 5000 倍叶面喷雾）	平衡棉铃生长营养、酶需求,防治生理落桃,防早衰,增加铃重,提高衣分、促进成熟、提早开花、提高机采棉的比例

第四章

植物生长调节剂在油料作物上的应用技术

油料作物是以榨取油脂为主要用途的一类作物。这类作物主要有大豆、花生、芝麻、向日葵、棉籽、蓖麻、苏子、油用亚麻和大麻等。油菜是我国最重要的油料作物之一。长江流域是我国油菜的主产区，也是世界上最大的油菜生产带，其菜籽总产占世界菜籽总量的 25%。大豆原产我国，是喜温作物，夏季宜有高温，适于我国北方温带地区栽培。大豆几乎遍及全国，而以东北松辽平原和华北黄淮平原最为集中，这里的大豆品质优良，商品率高，是我国最大的商品大豆生产基地。黄淮平原播种面积主要集中分布在淮河以北，石德铁路以南，京广铁路以东的平原地区，一般与冬小麦轮作换茬，所产主要作为本区人民的口粮之一，商品率不高。花生原产于我国和南美洲。喜温耐瘠，对热量要求较高，而对土壤要求不严，除盐碱地外均可种植，以排水良好的沙质土为最宜。中国花生分布很广，各地都有种植。主产地区为山东、辽宁东部、广东雷州半岛、黄淮河地区以及东南沿海的海滨丘陵和沙土区。其中以北方的河北、河南，苏、皖两省北部等地区较多，山东半岛、鲁中南丘陵、冀东滦河下游、豫东黄泛区以及苏皖两省淮北地区是目前我国北方花生的重点产区。

油料作物生产关系到我国食品安全与人民生活质量，也是新兴生物质能源与生物化工的主要原料，备受重视。植物生长调节剂在油料作物生产中也有很广泛的应用。

第一节　植物生长调节剂在大豆上的应用

一、植物生长调节剂在调控大豆生长、防止倒伏上的应用技术

多效唑等植物生长延缓剂对大豆有抑制营养生长、减少顶端优势、增加分

枝、枝秆矮化并增花增粒，增产促熟的作用。

1. 多效唑及混剂

对无限和亚有限结荚习性大豆品种和长势过旺的有限结荚型大豆品种，于春大豆始花期、夏大豆盛花期，每亩喷洒 150～200mg/L 多效唑药液 50kg，可使株高降低，株型紧凑，推迟封行 10～15 天，增加有效分枝数、荚数、粒数和粒重，一般可增产 10%。使用多效唑时应注意控制施药浓度，应严格以 200mg/L 为宜，过高会造成减产。

在大豆分枝期至初花期叶面喷施多效唑 250mg/L（药液量 40～50kg），可使大豆节间明显缩短、主茎矮化、增强抗倒伏能力。同时可增加主茎有效分枝数和单株粒数。

采用高密度种植大豆在花期叶面喷施 80mg/L 的多效唑 1～2 次后，能使大豆株高降低，花荚期根干重比例增加，茎干重比例下降，鼓粒期荚干重比例增加，有利于提高大豆产量。在大豆盛花期喷施多效唑，喷施后 8 天植株高度与对照比可降低 16～20cm，成熟期可降低 40cm，同时也可使结荚高度降低 12cm，而且植株抗倒伏能力增强，但对植株主茎节数没有明显影响。喷施多效唑可以显著增加产量，增产幅度为 10%～15%。

甲哌鎓和多效唑的混剂为 10% 多效唑·甲哌鎓可湿性粉剂，每亩使用混剂产品 65～80g，对水稀释 500～800 倍，可在大豆分枝期至初花期进行叶面喷雾。

2. 三碘苯甲酸

在大豆初花期或盛花期使用三碘苯甲酸进行叶面喷雾处理，适宜用药量为 3～5g/亩，低于 3g 或高于 6g 效果均不好。药液配制必须溶解后加水稀释。稀释水量为 15～30kg。用喷雾器喷洒，喷洒后 4h 内下大雨时需重新补喷。

大豆施用三碘苯甲酸后，可降低株高，减少主茎节数，防止倒伏，加速生殖生长。在大豆初花期喷三碘苯甲酸 100mg/L 或盛花期喷 200mg/L，喷洒药液 50～60kg/亩，对中晚熟品种均可增产，早熟品种有减产趋势。

应用三碘苯甲酸对大豆生长进行控制时应注意：①适宜在中熟和中晚熟品种上应用早熟品种反应不明显，对极早熟品种则反而减产；②掌握好药量和喷洒时期，药液必须先溶解，再按比例加水稀释。

二、植物生长调节剂在提高大豆产量和品质上的应用技术

1. 芸薹素内酯

在大豆生育期多次喷施 0.04mg/L 芸薹素内酯能增加大豆有效荚数及百粒

重，从而提高大豆产量，但略降低种子的蛋白质和脂肪含量，对大豆种子发芽率基本没有影响。

生产上应用时，可以使用 0.01％芸薹素内酯可溶液剂对水稀释 2500～5000 倍，或稀释为 0.01～0.04mg/L 药液，进行茎叶喷施，可调节大豆生长，达到增产的目的。

2. 羟烯腺嘌呤及混剂

0.0001％烯腺嘌呤·羟烯腺嘌呤可湿性粉剂使用时对水稀释 600 倍液喷施大豆；0.0002％烯腺嘌呤·羟烯腺嘌呤可湿性粉剂使用时对水稀释 800～1000 倍液喷施大豆，可促进大豆增产，提高抗逆性能。

3. 复硝酚钠及混剂

在大豆生长期喷施 1.8％复硝酚钠水剂，稀释 3000～4000 倍液，使用 3 次，可以促进大豆植株快发，增强光合作用，提高产量。

4. 胺鲜酯·甲哌鎓混剂

大豆生长专用生长调节剂 27.5％胺鲜酯·甲哌鎓水剂是低毒、低残留、高效和安全的新型植物生长调节剂，在生产上应用表现为具有抗倒、抗逆、提高产量和蛋白质品质的作用，而且促进了根系的活性、结瘤性和固氮能力。

一般在大豆分枝期～初花期叶面喷施，使用浓度为 100mg/L，每亩使用药液 30kg。用药量根据品种、田间生长状况适当调整。早熟品种，可在三叶期叶面喷施，剂量和用法同中熟品种；晚熟品种，三叶期和初花期两次叶面喷施更好，每次使用浓度为 200mg/L，每亩使用药液 30kg。多雨年份或地区可以使用两次、药量宜大；干旱年份在初花期使用一次，用药量宜小。

使用胺鲜酯·甲哌鎓混剂处理后可达到如下效果：

(1) 降低大豆株高，促进植株分枝，提高植株的抗倒伏能力。

(2) 增加籽粒产量但不降低品质　在黄淮海夏大豆区和东北春大豆区多年、多点、多品种试验，结果表明胺鲜酯·甲哌鎓混剂处理后，各品种都表现不同程度增产，平均增产 16.5％。

(3) 增加植株抗逆性，提高抗旱能力　在干旱条件下，胺鲜酯·甲哌鎓混剂处理能增加大豆的抗旱性。

5. 三十烷醇

于大豆花期使用 0.2～2.0mg/L 三十烷醇药液喷洒，间隔 7～10 天再喷洒一次，可使叶片浓绿，叶绿素含量增加。单位面积干物重比提高，增加单株实粒数。花期喷洒三十烷醇增加荚数，荚期喷洒则增加粒数。喷施后，千粒重无明显变化。一般增产 7% 以上。

三、0.136% 赤·吲乙·芸薹可湿性粉剂（碧护）在大豆上的应用技术

1. 种子处理

1g 碧护处理 5～8kg 种子，拌种或与种衣剂复配包衣。功效如下：

（1）打破休眠、促进萌发、提高芽势、芽率、出苗率，苗齐苗壮。

（2）促进幼苗根系发育，提高抗逆性（干旱、低温冷害、盐碱等），平衡幼苗生长，解决幼苗生理性病害和疑难性病害。

（3）有效解决前茬除草剂残留抑制与当茬芽前封闭性除草剂的抑制。

（4）有效解决种衣剂给种子本身造成的抑制。

2. 叶面喷施（表 4-1）

表 4-1　碧护在大豆上的应用技术

应用时期	应用方法	功效特点
苗期	碧护 7500～10000 倍（亩用量 2～3g）＋安融乐 5000 倍叶面喷雾	强壮幼苗、提高光合作用，激发潜能，增加生长量，有效预防大豆抗低温冻害，抗干旱
花蕾期	碧护 10000 倍（亩用量 2～3g）＋安融乐 5000 倍单独或与杀菌剂或杀虫剂复配使用	促进花器发育，增加花粉细胞活性，增加单株有效荚，提高结荚率，提高植株的抗病性
结荚期	碧护 10000 倍（亩用量 2～3g）＋安融乐 5000 倍单独或与杀虫剂使用	增加单荚结实率，提高百粒重、提高产品品质

第二节　植物生长调节剂在油菜上的应用

油菜生产存在以下问题：一是单产水平偏低；二是稳产性差，生长期间容易受到低温、渍水、干旱等的危害，越冬期冻害死苗是油菜生产上的一个突出问题；三是品质差，与"高产、高油、高效"生产目标差距大。生产上除了选

用良种、加强肥水管理等常规栽培措施外，植物生长调节剂也被广泛应用到油菜生产中。

一、植物生长调节剂在油菜种子处理上的应用技术

将烯效唑应用到包衣剂中，不仅可以有效防治油菜苗期的蚜虫、减轻虫害，而且还可降低苗高和根颈长，同时显著增加根颈粗和根干重，提高幼苗素质和抗逆性。

二、植物生长调节剂在调控油菜生长上的应用技术

1. 促进生长

在油菜生长幼苗期，喷施 $0.01～0.02mg/L$ 的芸薹素内酯溶液，能促进下胚轴伸长，促进根系生长，提高单株鲜重，提高氨基酸、可溶性糖和叶绿素含量。在油菜生长期，使用 $0.01～0.02mg/kg$ 的芸薹素内酯药液，进行茎叶喷施，可调节油菜生长，达到增产的目的。

2. 控制株高、培育壮苗、防止倒伏

（1）多效唑 在油菜二叶一心期到三叶一心期使用 $100～150g/L$ 的多效唑药液喷雾，每亩喷施 $50～60kg$。苗高可降低 $3～5cm$，减少高脚苗 $46.7\%～58.9\%$，壮苗增加 $55\%～77\%$，一般增产 10% 左右。特别是对于肥力较高，播量偏大，苗数较多，间定苗偏迟的油菜使用多效唑效果更好。

注意：多效唑在旱地降解缓慢，不要在同一地块连年使用多效唑，以防止控制过度或对下茬作物造成伤害。

（2）烯效唑 在油菜生长三叶期用 5% 烯效唑可湿性粉剂对水稀释 500 倍液进行喷洒，能明显降低油菜幼苗高度、增加幼茎粗度和叶绿素含量，同时增加单株绿叶数和叶片厚度，叶柄变短。降低有效分枝节位，增加单株一次和二次分枝数以及角果数，增产 8% 左右。成熟期株高降低 20% 以上，一次分枝高度降低 35% 以上，增加单株有效分枝数和角果数，千粒重增加 6% 左右，有效防止倒伏，提高产量 $10\%～30\%$，出油率有一定的提高。

（3）甲哌鎓 在油菜抽薹期喷 $40～80mg/L$ 的甲哌鎓溶液，可使油菜果枝紧凑，封行期推迟，使产量提高 $15\%～30\%$。

（4）吡啶醇 在油菜生长盛花期，用 90% 吡啶醇乳油 $50mL$ 加水 $45L$（稀释 900 倍），进行叶面喷雾处理，可控制营养生长，促进生殖生长，提高结实率，增加种子重量，提高固氮作用和根瘤数，并有一定的抗病和抗倒伏

作用。

三、植物生长调节剂在增强油菜抗逆性上的应用技术

1. 控旺防冻

在苗床 3～4 叶期，对生长过旺的苗床叶面喷施多效唑，能使油菜苗矮壮，叶色加深，叶片增厚，增加抗寒能力。一般在越冬前（12 月上、中旬）视大田生长情况，每亩用 15％多效唑 50～75g 对水 50kg 喷施（浓度 150～225mg/kg），能有效防止早薹，调整株型，增加植株抗寒能力。

2. 增强耐渍能力

油菜渍水后叶色转淡，根系生长受阻，叶面积与干物重下降，从而造成植株早衰。在三叶期喷施 50mg/L 烯效唑后，能促进五叶期受渍油菜生长发育，提高油菜籽粒产量。

四、植物生长调节剂在油菜上的其他应用技术

1. 提高产量

赤霉素、三十烷醇和烯效唑等在油菜上也有促进生长和提高产量的报道，烯效唑在油菜上已有登记。

（1）赤霉素　在油菜移栽前，用 20mg/L 赤霉素蘸秧根，促使植株早发，增加产量。也可以在盛花期叶面喷施 25mg/L 赤霉素溶液，可提高油菜结实率。在油菜二叶一心时期，以 40mg/L 浓度的赤霉素混合液处理，生长指标和质量指标最佳。在油菜移栽前选择 4％的赤霉素乳油对水稀释 2000 倍液，即得 10～20mg/L 的赤霉素药液，进行叶面均匀喷雾即可。

（2）三十烷醇　用 0.05mg/L 三十烷醇浸种，可提高种子萌发率，培育早苗和壮苗。盛花始期，用 0.5mg/L 三十烷醇喷洒叶片，有利于提高结实率和千粒重。对生长一般的植株，可在抽薹期喷施 0.5mg/L 的三十烷醇，可增加主花序长度，一般可增产 10％～15％。

（3）烯效唑　在油菜苗期（四叶期）叶面喷洒 33mg/L 的烯效药液。油菜幼苗露茎长度明显缩短，根茎粗壮，植株矮化；出叶速度加快，单株叶面积略有下降；根系下扎较深；移栽后返青活棵快，植伤小；增强越冬期间抗寒性；降低冻害率和冻害指数；增加单株有效分枝、有效角果数和每荚粒数；亩喷 1.0g 有效成分增产 9.54％。

2. 抑制三系制种中微粉产生

南方油菜三系制种中，因气温忽高忽低或回升缓慢，造成不育系产生微量花粉而影响制种纯度。多效唑能通过延缓生长发育、推迟生育期，使小孢子发育处于温敏发育后无微粉。油菜雄性不育系陕2A，抽薹盛期用300mg/L多效唑在油菜抽薹盛期进行叶面喷雾处理，喷施一次能降低株高和分枝高度，增加分枝个数。用多效唑可提早10～15天播种，植株健壮又无微粉，提高制种产量和质量。

3. 缩短油菜移栽后返青期

在油菜移栽前，用20mg/kg赤霉素蘸秧根，可以促使植株早发，缩短返青期，增加产量。也可以用含有赤霉素的肥泥浆蘸根，来缩短返青期。

具体做法如下：用赤霉素1g对水100kg，加入过磷酸钙2.53kg，再加适量塘泥或肥土调成浆糊状，边将菜苗根部粘上肥泥浆边栽种，栽后培土并浇好定根水。在油菜移栽时选择4%的赤霉素乳油对水稀释2000倍液，即得20mg/L的赤霉素药液，进行蘸根处理即可。

五、0.136%赤·吲乙·芸薹可湿性粉剂（碧护）在油菜上的应用技术

1. 种子处理

1g处理8～10kg种子，拌种或与种衣剂复配包衣。功效特点：
（1）打破休眠、促进萌发、提高芽势、芽率、出苗率，苗齐苗壮。
（2）促进幼苗根系发育，提高抗逆性（干旱、低温冷害、盐碱等）。

2. 叶面喷施（表4-2）

表4-2　碧护在油菜上的应用技术

应用时期	应用方法	功效特点
苗期	碧护7500～10000倍（亩用量2～3g）+安融乐5000倍叶面喷雾	促进油菜根系发育，光合效能值增加，促进油菜抗低温及冻后自身修复能力
返青期	碧护10000倍（亩用量2～3g）+安融乐5000倍单独或与杀菌剂或杀虫剂复配使用	促进油菜及时返青，加强光合作用，强茎壮秆、抗倒伏，增加分支数
花蕾期	碧护10000倍（亩用量2～3g）+安融乐5000倍单独或与杀虫剂使用。	增加花粉细胞活性，提高有效荚，单荚有效粒和千粒重，增加产量

第三节 植物生长调节剂在花生上的应用

花生是我国主要的经济作物和油料作物，花生生产中，普遍存在营养生长与生殖生长不协调等问题，尤其是在气候湿润、肥水条件好的情况下极易产生徒长和倒伏，导致饱果率和果粒重降低，影响花生产量和品质。自20世纪70年代以来，植物生长调节剂愈来愈多地应用于花生栽培，并取得了相当明显的增产效果。植物生长调节剂已成为花生增产的一项重要技术措施。

一、植物生长调节剂在花生种子处理上的应用技术

1. 吲哚乙酸·萘乙酸混剂

花生在播种前，用含有20～30mg/L有效成分的吲哚乙酸·萘乙酸混剂进行拌种处理，可确保花生出苗快、出苗齐、长势健壮。

2. 甲哌鎓

花生在播种前，用含有150mg/L有效成分的甲哌鎓药液进行浸种处理，可以促进根系的生长，提高根系活力；提高苗期叶片的光合速率，最终取得花生壮苗丰产的效果。

3. 芸薹素内酯

使用浓度为0.1mg/L的芸薹素内酯药液浸泡花生种子24h，在阴凉处晾干后播种，可以促进花生种子萌发和幼苗生长，同时增加根系长度，提高单株鲜重。

使用芸薹素内酯进行花生种子处理时，需要严格控制有效成分的使用浓度，芸薹素内酯含量高于0.5mg/L时会抑制花生萌发，而5.0mg/L芸薹素内酯浸种可引起花生幼苗生长异常。

二、植物生长调节剂在调控花生生长上的应用技术

1. 促进生长

（1）芸薹素内酯　苗期使用有效成分含量为0.5～1.0mg/L的芸薹素内酯进行茎叶处理，对花生幼苗生长发育均有一定的促进作用，对花生株高、根

长、株鲜重、茎叶鲜重等生长指标均有一定程度的提高。

(2) 三十烷醇　一般在花生生长至 4～5 叶，叶面喷施三十烷醇，能增加前期花、饱果数和百仁重。在下针后喷施三十烷醇，能提高叶绿素含量和光合作用，加快脂肪和蛋白质的积累速度，花生提早成熟 5～7 天，并能提高饱果率、双仁率和百仁重，增产 5%～10%。在苗期和花期使用 0.5mg/L 三十烷醇处理，能促进花生生长发育，有促进花生植株生长稳健，花芽分化增多，饱果率提高和单株果重增加的作用，增加花生产量 10% 左右。

注意：在荚期使用效果不明显。三十烷醇生理活性很强，使用浓度很低，配置药液要准确。

2. 防止地上部徒长，促进地下部发育

(1) 多效唑　一般在花生始花后 40～50 天，植株高度超过 45cm，第一对侧枝 8～10 节，平均节长大于或等于 5cm 时喷施 25～100mg/L 的多效唑水溶液，均可取得理想的增产效果。生产上为达到增产效果同时节省成本，可施用 25mg/L 多效唑溶液，一般每亩叶面喷施 50～75kg 药液。

注意事项：

① 多效唑只能在中等以上地力、植株生长旺盛的地块上施用，才有明显的增产效果；在地力差，植株长势弱的地块施用，则不表现增产作用。

② 要严格用药浓度和施用时期。浓度过大，植株生长抑制过头，反而造成减产；施用过早或过晚，都达不到预期目的。

③ 多效唑在花生盛花期、盛花末期处理会加重花生后期叶斑病病害和落叶。

(2) 胺鲜酯·甲哌鎓混剂　在花生生长至开花后多数果针入土时每亩用 27.5% 胺鲜酯·甲哌鎓水剂（花多金）产品 20～40mL 对水 30kg 进行叶面喷雾一次。可控制花生植株生长，使花生株型矮化，提高单株饱荚数，增加饱荚重，对花生品质没有影响。还可增强对不良环境的抵抗能力。

(3) 甲哌鎓　甲哌鎓用于花生浸种和苗期叶面喷施，可以调节根系生理活性，促进根系生长，增加根重，促进地上生长，增加分枝数；能使叶片增厚、增绿，有利于增强同化能力和营养物质的积累与利用。可明显抑制主茎生长，增加结果数，提高饱果率。施用得当，一般可增产 10% 左右。用于浸种和初花期叶面喷施，以甲哌鎓有效成分 800mg/kg 浓度的水溶液为宜，结荚期喷施以 1000mg/L 为宜。

三、植物生长调节剂在提高花生抗旱能力上的应用技术

植物生长调节剂可以控制茎枝生长，增强抗倒能力和光合能力，协调营养

生长和生殖生长的关系，提高植株的坐果率、抗旱性。

1. 多效唑

在春花生始花后 25～30 天，叶面喷施 25～100mg/L 多效唑，可促进根系生长，并提高根系的吸水、吸肥能力；叶片里面的贮水细胞体积加大，蒸腾速率下降，叶片含水量增多，有利于抵抗水分胁迫，提高抗旱能力。

2. 矮壮素

用 75～300mg/L 的矮壮素溶液处理三叶期的花生，可以一定程度地提高花生幼苗的抗旱能力。

3. S-诱抗素

在花生开花下针期和果实膨大期分别喷施 12～16mg/L 有效成分的 S-诱抗素，能够使叶片相对含水量增加 12％以上，有利于降低植株的蒸腾失水速率，但光合速率降低较少，增强其抗旱性，使花生在干旱情况下减产幅度降低。

使用 S-诱抗素时忌与碱性农药混用，忌用碱性水（pH＞7.0）进行稀释，稀释液中加入少量的食醋，效果会更好。施药最好在阴天或晴天傍晚进行，喷药后 6h 内下雨应补喷。

四、植物生长调节剂在调控花生开花下针上的应用技术

1. 赤霉素

一般花生早开的低位花都是有效花，能结荚；迟开的高节位花都是无效花，不能结荚。在始花后 20 天喷施 10～20mg/L 赤霉素溶液，能使果针延长，能入土结荚，提高高节位荚果数、荚果级数和荚果重，提高产量。

2. 调节膦

调节膦不但对花生地上部生长的抑制作用极强，抑制主茎高度和侧枝长度，促进光合产物向地下部和向生殖器官转移，而且能抑制花芽的形成。大面积示范表明，调节膦应用于花生生产一般平均增产 6％～15％左右，籽仁增产幅度为 10％～20％。

注意事项：

（1）因调节膦是铵盐，对黄铜或铜器及喷雾零件有腐蚀，药械施用后应立

即冲洗干净。

（2）喷药后 24h 内下雨必须重喷。

使用调节膦影响后代的出苗率，降低植株生长势和主茎高度，影响结实，故不宜再作种用。

五、0.136% 赤·吲乙·芸薹可湿性粉剂（碧护）在花生上的应用技术

1. 种子处理

1g 碧护处理 5～8kg 种子，拌种或与种衣剂复配包衣。功效有以下五点。

（1）打破休眠、促进萌发、提高芽势、芽率、出苗率，苗齐苗壮。

（2）促进幼苗根系发育，提高抗逆性（干旱、低温冷害、盐碱等），平衡幼苗生长，解决幼苗生理性病害和疑难性病害。

（3）有效解决前茬除草剂残留抑制与当茬芽前封闭性除草剂的抑制。

（4）有效解决种衣剂给种子本身造成的抑制。

（5）有效解除作物重茬自毒。

2. 叶面喷施（表 4-3）

表 4-3　碧护在花生上的应用技术

应用时期	应用方法	功效特点
苗期	碧护 7500～10000 倍（亩用量 2～3g）+0.3%尿素+安融乐 5000 倍叶面喷雾	促进花生根系下扎，茎粗杆状，提高光合作用，激发潜能，有效预防花生低温冻害，抗旱保苗
花蕾期	碧护 10000 倍（亩用量 2～3g）+安融乐 5000 倍单独或与杀菌剂或杀虫剂复配使用	促进花器发育、促进下针、提高植株的抗病性
下针期	碧护 10000 倍（亩用量 2～3g）单独或与杀虫剂使用	能提高花生饱果率，减轻烂果，提高产品品质，增产效果显著

第五章

植物生长调节剂在蔬菜上的应用技术

蔬菜是种植业中的重要组成部分和提高农业生产效益，增加农民收入的重要途径，改善蔬菜生产状况，提高产量、改善质量，提高生产效益，需从品种和栽培技术入手，利用植物生长调节剂调节蔬菜生长发育的化控技术就是栽培技术的重要组成部分，尤其是在迅速发展的设施农业和反季节蔬菜的生产中，安全合理使用植物生长调节剂是增产增收的主要手段。本章节结合各种蔬菜作物的特点和生长要求，介绍了植物生长调节剂在多种蔬菜中促进种子萌发、培育壮苗、调节性别分化、保花保果、提高产量、改进品质以及贮藏保鲜等方面的应用。

第一节 植物生长调节剂在瓜类上的应用

一、植物生长调节剂在黄瓜上的应用

1. 促进发芽和生根

（1）赤霉素或复硝酚钠促进黄瓜种子发芽。用150～250mg/L赤霉素溶液浸泡黄瓜种子3h或用1600mg/L复硝酚钠溶液浸种12h，能明显促进种子发芽，提高种子活力和发芽率。

（2）萘乙酸和吲哚丁酸促进扦插生根。剪取黄瓜2～3节侧蔓，将其基部在2000mg/L的萘乙酸或吲哚丁酸溶液中快速浸蘸约5s，取出后立即进行

扦插，在培养条件适宜时 11 天可以生根形成新植株。

2. 培育壮苗

（1）对 3～5 叶期的黄瓜用 1000～2000mg/L 丁酰肼溶液进行叶面喷雾，10～15 天后再喷 1 次，可以防止黄瓜幼苗徒长，提高幼苗品质，培育壮苗。

（2）用 15～20mg/L 的赤霉素加 2500g/L 尿素水溶液灌根两次，每 7 天灌 1 次，可以改善花打顶现象，使幼苗恢复正常生长。

3. 提高抗逆性

在黄瓜苗期用 0.01mg/L 的芸薹素内酯药液喷洒茎叶，可提高幼苗抗夜间低温（7～10℃）的能力，并可使花期提前、坐果率提高。用 30～70mg/L 的多效唑溶液在黄瓜苗期进行喷雾，可防止幼苗徒长，提高黄瓜抗病、抗寒能力。

4. 调节性别分化，控制雌雄花比例

（1）黄瓜幼苗第一片真叶展开时，喷洒 250mg/L 乙烯利溶液 2～4 次，每 3～5 天喷 1 次，可降低雌花着生节位，减少甚至阻止雄花产生。

（2）黄瓜幼苗 1～3 片真叶时，用 100mg/L 乙烯利溶液喷施叶片、用 50mg/L 乙烯利滴加于生长点、用 10mg/L 萘乙酸或 500mg/L 吲哚乙酸喷施叶片均可使植株雌花数增加，雄花减少。

（3）在黄瓜幼苗 23 叶时用 1000mg/L 赤霉素喷洒茎叶，可使植株长成后在第 10～12 节出现雄花，从而达到繁殖雌性系的目的。为了使雌性系繁殖时雌雄花花期相遇，喷赤霉素的植株应提早播种 7～15 天，提早的时间根据季节不同有所差异，原则上春季应适当早播。

5. 防止落果提高产量

（1）花期用 35mg/L 对氯苯氧乙酸与 12mg/L 赤霉素混合溶液喷花，可促进果实生长，防止落果。

（2）雌花开花后 1～2 天，用浓度 100～200mg/L 的对氯苯氧乙酸溶液喷幼瓜，可促进果实生长，防止落果。

（3）黄瓜开花前后用 50～100mg/L 的 6-苄氨基嘌呤溶液喷雌花子房柱头，防止落果。

（4）花期用 70～80mg/L 赤霉素喷花 1 次可促进坐果，提高产量。

（5）用 0.1～0.5mg/L 三十烷醇溶液在苗期淋根 1 次、初花期喷施叶面 1 次或用 0.05mg/L 的三十烷醇溶液涂抹幼瓜果柄均可提高黄瓜产量。

（6）黄瓜 3～4 片真叶时，用 150mg/L 的乙烯利进行叶面喷雾，间隔 7 天后再喷一次；从初花期开始，每隔 10 天用 0.3mg/L 的三十烷醇进行叶面喷雾，连续处理 3 次，可提高坐果率与产量。

（7）黄瓜开花或结果期，用 100～200mg/L 的萘乙酸溶液喷洒植株 1～2 次，间隔 7～10 天，可促进坐果，提高产量。

（8）黄瓜 14～15 片真叶时，用 20～100mg/L 矮壮素药液喷施植株，可增加产量。

（9）用 0.05～0.5mg/L 的 2,4-芸薹素内酯溶液浸种，或用 0.1mg/L 的溶液喷洒幼苗叶面，可提高黄瓜产量。

（10）在黄瓜生长中期用 1.4％复硝酚钠水剂 6000～8000 倍液进行叶面喷施，可促进坐果，提高黄瓜产量。

6. 延长贮存期

6-苄氨基嘌呤或 2,4-二氯苯氧乙酸处理可延长黄瓜贮藏期。黄瓜采收后，用 10～30mg/L 的 6-苄氨基嘌呤溶液、10～20mg/L 的 2,4-二氯苯氧乙酸溶液或 10～30mg/L 赤霉素溶液喷果实，可以起到果实保绿，延长贮藏时间的效果。

二、植物生长调节剂在南瓜上的应用

1. 打破休眠、促进发芽和生根

（1）赤霉素打破黑籽南瓜种子休眠。先用 30℃ 左右的温水浸泡种子 1～3h，搓掉种皮上的黏膜。再用 4mg/L 的赤霉素溶液浸种 2～3h，捞出后再用清水浸种 3～4h，用拧干的湿毛巾包好在 25～30℃ 的条件下催芽，可明显提高发芽率。

（2）吲丁·萘合剂提高西葫芦发芽率。用 10～15mg/L 吲丁·萘合剂浸种 2～4h，可以提高西葫芦（美洲南瓜）发芽率，促进生根。

（3）用复硝酚钠促进西葫芦生根。西葫芦播种前，用 1.4％复硝酚钠水剂 160mg/L 浸种 5～12h，可提高发芽率，促进幼苗生根。

2. 培育壮苗

西葫芦苗期 2～3 片真叶时、定植后节瓜前及结瓜期，用 10％复合型植物生长调节剂"绿兴"水剂（生长素与细胞分裂素混合物）1000mg/L 喷洒

2～4次，可促进壮苗，缩短缓苗时间。

3. 提高抗逆性

（1）南瓜1片真叶期用1mg/L的油菜素内酯进行叶面喷洒，可促进南瓜幼苗生长，降低疫病病情指数。

（2）西葫芦3～4片真叶展开后，用1000～2000mg/L丁酰肼、100～500mg/L矮壮素，或4～20mg/L多效唑进行叶面喷施，可增强植株抗逆性。

4. 调节性别分化，控制雌雄花比例

（1）南瓜幼苗1～4叶期用100～200mg/L乙烯利溶液喷雾或3叶期喷施200～500mg/L乙烯利溶液，可减少雄花数量，增加雌花数量。

（2）南瓜幼苗1片真叶期用1000～1500mg/L丁酰肼溶液喷雾处理1～2次，可迟雄花花期推1～1.5个月，但雌雄花比例不变。

5. 防止落果提高产量

（1）三十烷醇提高南瓜坐果率。用0.5mg/L三十烷醇溶液喷南瓜幼苗3次，每周1次，可提高南瓜坐果率、增加产量和大瓜比例。

（2）萘乙酸防止南瓜落果。于南瓜花期以100～200mg/L萘乙酸溶液涂抹南瓜柱头或花托，可防止幼瓜脱落，还可诱导无籽果实形成。

（3）2,4-二氯苯氧乙酸或对氯苯氧乙酸防止西葫芦落果。利用20～30mg/L 2,4-二氯苯氧乙酸或对氯苯氧乙酸溶液涂抹刚开花的雌花花柱基部一圈，可减少落花落果，提高坐果率。

（4）2,4-二氯苯氧乙酸与赤霉素配合使用提高西葫芦产量和质量。将2,4-二氯苯氧乙酸与赤霉素溶液混合，浓度控制在30mg/L，涂抹刚开花的雌花花柱基部一圈，在保花保果的同时，可提高商品性。

（5）羟烯腺嘌呤提高西葫芦坐果率和产量。在西葫芦开花前1～3天，用4～6mg/L羟烯腺嘌呤药液涂抹子房或喷幼瓜两侧，或涂抹于开放的雌花柱头，可提高坐瓜率且果实整齐度高，畸形瓜少，产量高。

6. 果实催熟

接近成熟的南瓜用浓度为0.5%乙烯利溶液喷南瓜表面，可促进南瓜成熟转色。

三、植物生长调节剂在西瓜和甜瓜上的应用

1. 改善种子活力、促进发芽

（1）无籽西瓜种子在室温下用 20mg/L 的赤霉素溶液浸种 6h，可改善幼苗质量，提高发芽率、活力指数与成苗率。

（2）使用 150mg/L 的 6-苄氨基嘌呤溶液或 4000 倍的天然芸薹素溶液将破壳的无籽西瓜种子浸泡 8h，可提高无籽西瓜发芽率和活力指数。

（3）用 0.5mg/L 的三十烷醇溶液浸泡西瓜种子 6h，可提高发芽率，改善幼苗质量。

（4）用 10mg/L 的赤霉素溶液室温下浸种 4h。可显著提高发芽势和发芽指数。

2. 培育壮苗

（1）西瓜苗期喷施 0.01mg/L 的油菜素内酯溶液，可使瓜苗健壮生长。

（2）育苗时喷施 50～100mg/L 多效唑溶液，或在成株期喷施 200～500mg/L 多效唑溶液可防止西瓜苗期徒长。

（3）在甜瓜幼苗叶面喷施 100mg/L 矮壮素药液可防止甜瓜幼苗徒长。

（4）用 50mg/L 的赤霉素溶液喷施西瓜僵苗，可挽救僵苗。

3. 提高两性花比例

甜瓜幼苗 1～3 片真叶时喷施 100～200mg/L 乙烯利，可提高主茎两性花的比例，提高增产潜力。

4. 防止落果提高产量

（1）用 10mg/L 萘乙酸溶液喷花或用 100mg/L 萘乙酸溶液涂抹雌花子房基部，可提高无籽西瓜以及温室栽培甜瓜的坐果率。

（2）西瓜 6 叶期和幼果膨大期用 1mg/L 三十烷醇溶液各喷施 1 次，可明显提高产量。

（3）西瓜或甜瓜开花前后 1～2 天，用浓度为 200～500mg/L 的 6-苄氨基嘌呤药液涂抹果柄，可防止落果。

（4）西瓜开花当天人工辅助授粉后，用 0.2mg/L 的 2,4-二氯苯氧乙酸溶液喷整个雌花花器，可防止落果。

（5）甜瓜开花前一天或开花当天，用 25～35mg/L 对氯苯氧乙酸加

100mg/L赤霉素混合溶液对雌花柱头或子房喷雾，可提高坐果率。

(6) 甜瓜开花当天用200～300mg/L萘乙酸溶液喷花，可提高坐果率。

5. 果实膨大、催熟、防裂果

(1) 雌花开放至幼果0.5kg之间，用20～30mg/L赤霉素溶液喷幼瓜2～3次，促进果实膨大。

(2) 甜瓜膨大后第9天用10%复合型植物生长调节剂"绿兴"（生长素与细胞分裂素混合物）600倍液喷洒果实，每隔8天喷1次，共处理3次，能促进果实膨大。

(3) 西瓜果实0.25～0.5kg时，用50～100mg/L吲熟酯溶液喷施，可使果实提早成熟一周左右。

(4) 西瓜授粉后20～30天果实停止膨大后，用100～300mg/L乙烯利溶液喷果实表面，或用200～300mg/L的药液擦涂西瓜表皮，可使西瓜提早成熟5～7天。

(5) 西瓜坐果初期，用2000～4000mg/L丁酰肼溶液喷西瓜植株，或用500mg/L矮壮素灌根，可减少裂果。

(6) 用15mg/L吲哚乙酸、15mg/L萘乙酸、30mg/L赤霉素在西瓜开花后喷施，可减少裂果。

6. 延长贮藏期

(1) 西瓜采收后，用10～15mg/L赤霉素溶液喷洒果实，可保绿和延长存放时间。

(2) 西瓜采收后，用10～30mg/L的6-苄氨基嘌呤溶液喷洒果实表面，可延长存放时间。

(3) 用1000mg/L丁酰肼溶液浸泡西瓜果实2～3分钟，可延长保存时间。

储藏保鲜使用植物生长调节剂应严格按照产品使用说明书，并选择登记注册的合格产品，保证产品残留符合国家或地方规定的限量标准，以免造成不必要的损失。

四、0.136%赤·吲乙·芸薹可湿性粉剂（碧护）在西瓜、甜瓜上的应用技术

碧护在西瓜、甜瓜上的应用技术见表5-1所示。

表 5-1　碧护在西瓜、甜瓜上的应用技术

应用时期	应用方式及剂量	功效特点
种子处理	碧护 5000 倍浸种	打破休眠、促进萌发、提高芽势、芽率、出苗率
苗期	碧护 7500～10000 倍与杀菌剂复配叶面喷施	促进根系发育,强壮幼苗,平衡幼苗生长,有效解决幼苗生理性病害和疑难性病害预防苗期病害
移栽或定植	①移栽前用碧护 7500 倍喷淋苗床 ②定植时用碧护 15000 倍＋咯菌腈/噁霉灵灌根,每颗苗平均灌药水 100～150g	幼苗移栽后发根快、缓苗快、生长旺盛、同时可有效预防移栽定植后的不发根、不定根、僵苗、黄苗等生理性病害
花前	单独或结合杀菌剂以 7500～10000 倍叶面喷施	促进花器发育,花期一致,防治落花落果,提早结果
幼瓜膨大期	瓜体坐稳后以碧护 7500～10000 倍叶面喷施	加强光合作用,促进瓜体膨大

第二节　植物生长调节剂在茄果类蔬菜上的应用

一、植物生长调节剂在番茄上的应用

1. 促进发芽、生根

（1）用 0.1～1.0mg/L 的三十烷醇处理番茄种子,能促进种子发芽生根。

（2）剪番茄侧枝 8～12cm 做插条,晾干伤口后,在 50mg/L 萘乙酸或 100mg/L 吲哚乙酸溶液中浸 10 分钟,有明显的促进番茄生根作用。

（3）当番茄从苗床移植到露地栽培时,用 10～50mg/L 赤霉素喷洒植株,或用 10mg/L 4-碘苯氧乙酸浸根 30 分钟,可消除番茄移栽后生长停滞现象,使其根系发达。

2. 培育壮苗提高抗逆性

（1）用浓度为 0.3％的矮壮素进行种子包衣,可增加抗逆性,培育番茄壮苗。

（2）用 150mg/L 多效唑喷施番茄幼苗,可增强番茄抗病性。

（3）用 100～250mg/L 矮壮素喷洒 4～6 叶期或定植前一周的番茄,或用 500mg/L 矮壮素浇施定植后徒长的番茄,可防止徒长,增强抗病性。

（4）用 0.01mg/L 芸薹素内酯叶面喷施番茄幼苗，或在大田期间用 0.05mg/L 芸薹素内酯叶面喷施，可提高植株抗病性并延缓植株衰老。

（5）用 5mg/L 烯效唑喷洒 2～3 叶期幼苗植株，具有蹲苗、控长、防寒、早花的效果。

（6）在番茄育苗期、定植后或初花期，用 100～150mg/L 甲哌鎓喷施全株，可增根、促花，提高抗寒能力。

（7）用 200～400mg/L 的甲哌鎓处理 2～3 叶期幼苗 2 次，间隔 5～7 天，可使植株变矮，抗寒、抗旱力增强。

（8）在番茄幼苗 5～6 片叶时用 10%复合型植物生长调节剂"绿兴"（生长素与细胞分裂素混合物）水剂 1000mg/L 喷施 1～2 次，可减轻病害，增强抗寒能力。

（9）在番茄幼苗移栽前 3 天和移栽后 3～5 天用 1000mg/L 诱抗素喷苗，在开花前 2 天再喷施 1 次，可提高幼苗抗低温、抗旱能力。

（10）用 20～40mg/L 萘乙酸药液在番茄苗期进行灌根，可使番茄幼苗健壮生长。

（11）用 10mg/L4-碘苯氧乙酸浸种 30 分钟，或幼苗浸根 30 分钟，可加速幼苗生长，提高抗旱性，增加产量。

（12）在番茄生长期和花蕾期用 160mg/L 复硝酚钠溶液喷洒 1～2 次，可提高番茄植株的抗性。

（13）用 1000mg/L 诱抗素在番茄幼苗移栽前 3 天和移栽后 3～5 天喷苗，在开花前 2 天再喷一次，可提高移栽成活率，提高幼苗抗低温、抗干旱能力。

（14）在 3 叶 1 心期、幼苗 5 片真叶时，用浓度为 0.03%的乙烯利喷叶，可增强抗逆性。

3. 促进坐果和提高品质

（1）初花期用浓度 10～20mg/L 的 2,4-二氯苯氧乙酸溶液涂抹花梗，可提高番茄坐果率。

（2）开花期喷 10～50mg/L 的赤霉素溶液，能促进果实生长。

（3）1 叶和 4 叶时用 2500mg/L 丁酰肼各喷 1 次，可抑制番茄营养生长，促进坐果。

（4）初花期用 500～1000mg/L 矮壮素或 100mg/L 甲哌鎓喷洒全株，可提高坐果率。

（5）用浓度 10～20mg/L 的 2,4-二氯苯氧乙酸，在早晨或傍晚涂抹刚开花的花柄或浸花，可减少低温或高温引起的落花落果。

（6）用 40mg/L 对氯苯氧乙酸溶液喷花，在高温或低温条件下可有效地促进番茄坐果。

（7）番茄开花期（在花穗有 2～3 朵花开时）喷施浓度为 15～20mg/L 对氯苯氧乙酸，能有效地提高番茄坐果率，改善果实品质。

（8）在番茄开花盛期用 0.05% 调节膦或增甘膦进行叶面喷洒，可提高番茄中还原糖含量。

（9）在 3～4 叶至定植前 1 周，用 200～250mg/L 的矮壮素溶液喷洒植株，可提高作物抗逆性，改善品质，增加产量。

（10）在番茄 1 叶和 4 叶时用 2500mg/L 丁酰肼各喷 1 次，可抑制番茄营养生长，促进坐果。

（11）在番茄生长期、开花期用 100mg/L 芸薹素内酯喷雾，有防病增产效果。

（12）整个生长期喷施 2～3 次 0.5mg/L 三十烷醇，喷施时加入磷酸二氢钠，可增加维生素 C 的含量，同时提高产量。

（13）在番茄苗期和花蕾期连续喷 2 次 13.3mg/L 的胺鲜酯，可提高产量。

（14）春夏之交低温或高温季节用 10～25mg/L 萘乙酸喷花，能有效防止落花落果。

（15）在番茄现蕾、开花期，用 20～30mg/L 4-碘苯氧乙酸喷洒 2 次，可提高坐果率，增加产量。

（16）番茄开花前 7 天喷施 110～160mg/L 羟烯腺嘌呤，可提高番茄坐果率、增加产量。

（17）用 0.02～0.05mg/kg 的芸薹素喷花，或涂花、涂果，均能提高坐果率，增加产量。

（18）在幼苗 1～4 叶期喷施 1000～3000mg/L 多效唑药液，可增产。

（19）用 5～10mg/L 高效唑在初花期全株喷洒 1～3 次，能促进开花坐果。

（20）初花期未授粉前，用 50～100mg/L 萘氧乙酸或 10～50mg/L 的对氯苯氧乙酸喷花，或用 20mg/L 的萘乙酸浸花或蘸花，可生产无籽番茄。

4. 催熟或延缓成熟、保鲜

（1）在番茄果实直径 3cm，幼果占 50% 时，喷 50mg/L 吲熟酯，15 天后再喷 1 次，可促进果实提前成熟。

（2）在番茄移栽前和初花期，用 100mg/L 甲哌鎓分 2 次进行叶面喷施，可使番茄早坐果、早成熟。

（3）在番茄果实进入绿熟期时，用 10mg/L 芸薹素内酯喷果，6 天喷 1 次，共喷 3 次，有转色催熟作用。

（4）乙烯利处理番茄有 4 种方法：涂花梗、涂果、浸果、大田喷果，均可使果实提前成熟变红。

（5）在结果后喷施 500mg/L 多效唑药液，可促进果实成熟。

（6）用 10mg/L 赤霉素溶液浸渍番茄，可延缓番茄成熟 5～7 天。

（7）将绿熟番茄用 0.1％水杨酸溶液浸泡 15～20 分钟，能有效保存果实新鲜度，延长货架期。

二、植物生长调节剂在辣椒上的应用

1. 促进发芽、生根

（1）用 0.5mg/L 的三十烷醇处理辣椒种子，能促进种子发芽生根。

（2）用 1000～2000mg/L 的萘乙酸药液，在青椒苗期、开花或结果期，喷洒植株 1～2 次，间隔 7～10 天，可促进青椒根系发育。

（3）辣椒幼苗在从苗床移入大田前用 10mg/L 4-碘苯氧乙酸或 5～10mg/L 萘乙酸蘸根，可使根系发达。

（4）在甜椒从苗床移到露地栽培时，用 10～50mg/L 赤霉素溶液喷洒植株，可消除移栽后生长期停滞现象，使根系发达。

2. 培育壮苗提高抗逆性

（1）用浓度 200～400mg/L 甲哌鎓喷青椒幼苗 2 次，间隔 5～7 天，可增强植株抗寒、抗旱能力。

（2）在辣椒 4～5 片真叶时用 1000mg/L 复合型植物生长调节剂"绿兴"（生长素与细胞分裂素混合物）喷洒 1～2 次，可增强植株抗逆性。

（3）在辣椒苗高 6～7cm 时用 10～20mg/L 多效唑药液进行叶面喷施；或选取带花蕾、具有 2 次分枝的辣椒壮苗，用 100mg/L 多效唑溶液浸根 15min后再移栽，可提高抗寒、抗病能力。

（4）在幼苗移栽前 3 天和移栽后 3～5 天用 1mg/L 诱抗素喷苗，在开花前 2 天再喷一次，可提高幼苗抵抗低温、抗干旱能力。

（5）于初花期喷洒 20～25mg/L 的矮壮素液，可抑制徒长，增强抗寒和抗旱能力。

（6）用 18mg/L 芸薹素内酯浸甜椒种子 6 小时，可增强植株抗病能力。

3. 促进坐果和提高产量

（1）采用 50mg/L 萘乙酸沾花，或 15～20mg/L 萘乙酸全株喷施，能减少落花，提高坐果率和果重，增加产量。

（2）开花前或开花后 1～2 天时用 15～20mg/L 的 2,4-二氯苯氧乙酸单朵蘸花。或在花开放时用 30～50mg/L 的对氯苯氧乙酸喷花，具有防落、增产效果。

（3）采用 40mg/L 对氯苯氧乙酸沾花，有效地防落花，具有增产效果。

（4）用 100～200mg/L 甲哌鎓在初花期全株喷洒 1～3 次，能有效减少辣椒落花落果，增加产量。

（5）用 5～10mg/L 高效唑在初花期全株喷洒 1～3 次，可促进开花坐果。

（6）用 0.17mg/L 的芸薹素药液喷洒全株，可提高坐果率。

（7）用复硝酚钠 900 倍液加 0.2％磷酸二氢钾进行叶面喷施，能促进植株生长，提高坐果率。

（8）20mg/L 4-碘苯氧乙酸溶液喷花或点涂幼果，可防止辣椒落花落果。

（9）用 20～40mg/L 矮壮素喷花一次，能促进坐果又增产。

（10）在 2 叶 1 心期用 25～50mg/L 多效唑喷苗，可增加果数。

（11）花期用 100～125mg/L 的矮壮素液喷雾，能促进早熟，壮苗增产。

（12）在辣椒苗期、开花期施用 0.5mg/L 三十烷醇，有明显增产效果。

（13）在辣椒苗期、开花期施用 3mg/L 复硝酚钠，有明显增产效果。

（14）用浓度为 30～50mg/L 对氯苯氧乙酸喷蘸辣椒花，能有效地提高辣椒产量。

（15）用 100～200mg/L 萘乙酸药液在青椒苗期、开花或结果期，喷洒植株 1～2 次，可提高产量。

（16）定植后使用 10％复合型植物生长调节剂"绿兴"（生长素与细胞分裂素混合物）1000mg/L 喷雾，可促进辣椒生长，减轻病害，改善品质。

（17）在辣椒初花期，用 100mg/L 甲哌鎓叶面喷施，可增加辣椒产量。

（18）在甜椒幼苗定植 20 天后，用 8mg/L 2,4-二氯苯氧乙酸喷花或 30mg/L 2,4-二氯苯氧乙酸浸花，可提高甜椒早期产量和总产量。

4. 催熟、保鲜

（1）红辣椒有 1/3 果实转红时，用 200～1000mg/L 乙烯利喷洒植株，可促进果实全部转红。

（2）青椒采收前 1～2 天喷洒 5～20mg/L 的苄基腺嘌呤，能延缓青椒衰老和保持新鲜。

三、植物生长调节剂在茄子上的应用

1. 打破休眠、促进发芽、生根

（1）先用清水浸种 2 小时，再用 600mg/L 的赤霉素溶液浸种 6 小时，能提高茄子种子的发芽势和发芽率。

（2）300mg/L 赤霉素＋10mg/L6-苄基腺嘌呤混合处理或 0.005mg/L 的芸薹素内酯茄子种子 24 小时，可彻底打破休眠，提高茄子发芽率和发芽势。

（3）用 0.5mg/L 的三十烷醇处理茄子种子，能促进其发芽。

（4）在茄子从苗床移到露地栽培时，用 10～50mg/L 赤霉素溶液喷洒植株，或用 10mg/L4-碘苯氧乙酸药液浸根 30 分钟，可消除茄子移栽后生长期停滞现象，使根系发达，侧根多。

（5）用 2000mg/L 萘乙酸进行快速浸蘸茄子枝 5 秒钟，可促进茄子扦插生根。

2. 提高抗逆性

（1）苗期喷施 300mg/L 矮壮素药液，开花期喷施 250mg/L 矮壮素药液，可增强抗逆性。

（2）苗期喷施 1000～4000mg/L 的丁酰肼，能提高植株抗寒、抗旱、抗病力。

（3）用 1000mg/L10％复合型植物生长调节剂"绿兴"（生长素与细胞分裂素混合物）水剂喷施幼苗，可减轻病害，增强其抗寒能力。

（4）苗期用 0.01mg/L 芸薹素内酯叶面喷施，大田期喷施 0.05mg/L 芸薹素内酯，可增强抗病性，延缓植株衰老。

（5）幼苗移栽前 3 天和移栽后 3～5 天用 1000mg/L 诱抗素喷苗，在开花前 2 天再喷施行 1 次，可提高幼苗抗低温、抗旱能力。

（6）用 5mg/L4-碘苯氧乙酸药液浸种子 30 分钟，可加速茄子幼苗生长，提高抗旱性。

3. 促进坐果、获得无籽果实和提高产量

（1）开花时，用 10～50mg/L 赤霉素喷洒叶片 1 次，可促进坐果，增加产量。

（2）用 10～15mg/L 的对氯苯氧乙酸喷当天及前后 1～2 天开的花一次，或用 30～50mg/L 单花浸蘸处理，能防止茄子早期落花，增加结果数。

（3）用 100～200mg/L 甲哌鎓或 5～10mg/L 高效唑在初花期全株喷洒 1～3次，能促进开花坐果

（4）夏秋开花期间，喷洒浓度为 30～50mg/L 的对氯苯氧乙酸，可提高秋茄子坐果率，增加产量。

（5）在花半开放时用 20～30mg/L 的 2,4-二氯苯氧乙酸浸花或涂花柄，可减少落花落果，产生无籽茄子。

（6）开花初期用 50～500mg/L 萘乙酸水溶液或 10～100mg/L 对氯苯氧乙酸（PCPA）水溶液处理花朵，能获得正常的无籽茄子果实。

（7）开花初期用 10～40mg/L 对氯苯氧乙酸水溶液处理花朵，不仅能获得无籽果实，而且可以提高产量。

（8）在茄子苗期、开花期喷施 3mg/L 的复硝酚钠溶液，可使茄子明显增产。

（9）对氯苯氧乙酸与赤霉素以较低浓度混合喷花，可以降低空洞果和畸形果的发生比例。

（10）在茄子苗期、开花期喷 0.5mg/L 三十烷醇，可提高茄子坐果率、产量和品质。

（11）对花朵喷施浓度为 20～30mg/L 对氯苯氧乙酸，可有效地提高茄子产量。

（12）用 20mg/L 4-碘苯氧乙酸溶液喷花蕾或点涂幼果，可防止茄子落花落果，提高坐果率，增加产量。

（13）开花期用 200mg/L 矮壮素药液进行叶面喷施，可促早熟并有增产作用。

（14）在茄子生长期用 20mg/L 萘乙酸溶液每隔 10～15 天喷施 1 次，可提早结果，增加产量。

（15）茄子门茄瞪眼期喷施 350mg/L 多效唑，有增产效果。

（16）苗期、开花期喷洒浓度为 100mg/L 的芸薹素内酯，能增加产量。

四、0.136%赤·吲乙·芸薹可湿性粉剂（碧护）在茄果类作物上的应用技术

碧护在茄果类作物上的应用技术见表5-2所示。

表 5-2 碧护的应用技术

应用时期	使用方法及剂量	功效特点
苗床管理	①防病 碧护10000倍＋杀菌剂间隔10天喷淋苗床一次 ②治病 猝倒、立枯病发生：碧护10000倍＋99%的噁霉灵（保苗）4000倍喷淋	强壮幼苗、促进根系发育、防病、治病
定植管理	浸盘：碧护5000倍＋99%的噁霉灵（保苗）4000倍在定植时浸盘	发根快、缓苗快、预防根腐病、疫病；茎基腐病及移栽定植后的不发根、僵苗、黄苗等生理性病害
定植后生长期管理	定植后用碧护10000倍液单独或与杀菌剂复配喷施	促进早生根、加强光合作用，强壮幼苗、促进生长、提高抗逆抗病性、预防疫病、病毒病的发生、解决僵苗、黄苗
花期管理	花前结合病虫害防治碧护10000倍＋杀菌剂叶面喷施	促进花器发育、保花防落花、预防花期病害发生
结果后病虫害预防	挂果后使用碧护10000倍＋杀菌剂喷施	
重要病害防治	疫病、病毒病发生、使用碧护5000倍液＋杀菌剂叶面喷施	防治病害的最佳解决方案
	发生低温冻害、药害：使用碧护5000倍液喷施	解决低温冻害、药害造成的危害

第三节 植物生长调节剂在甘蓝类蔬菜上的应用

一、植物生长调节剂在甘蓝上的应用

1. 促进发芽和生根

（1）在甘蓝移栽前用1000～2000mg/L萘乙酸或吲哚乙酸溶液蘸根，可促进甘蓝生根，缩短返青时间。

（2）用浓度为2000mg/L的萘乙酸或吲哚乙酸溶液浸泡甘蓝苗2～3秒，可刺激甘蓝生根，提高扦插成活率。

2. 培育壮苗，提高抗性

（1）用 250～1000mg/L 乙烯利喷洒 1～4 叶期的甘蓝，可抑制植株徒长，培育壮苗。

（2）移栽时用 6.25mg/L4-碘苯氧乙酸药液浸根 20 分钟，可使根茎粗壮，根系发达。

（3）在甘蓝苗期用 20～40mg/L 萘乙酸溶液灌根，有壮苗效果。

（4）在甘蓝 2 叶 1 心期喷施 50～75mg/L 多效唑溶液，可使甘蓝壮苗。

（5）在甘蓝抽薹前喷洒 4000～5000mg/L 矮壮素溶液，可抑制甘蓝抽薹。

（6）对甘蓝幼苗喷浓度 200～400mg/L 甲哌鎓，可增强植株抗寒、抗旱能力。

（7）用 2000～3000mg/L 抑芽丹喷洒花芽分化后的甘蓝，可使甘蓝健壮生长。

（8）在甘蓝莲座期至包心初期，喷施 0.5mg/L 的三十烷醇，可增加甘蓝产量，提高其品质。

3. 提高产量和品质

（1）早熟甘蓝幼苗 2 叶 1 心期，用 2000mg/L 丁酰肼溶液均匀地喷洒甘蓝叶面，可增强植株的抗逆性，增加甘蓝产量。

（2）在甘蓝莲座期进行喷洒 100mg/L 芸薹素内酯，有增产效果。

（3）包心期用 20～25mg/L 赤霉素喷雾或用 50～100mg/L 喷洒植株或点滴生长点，可提高甘蓝产量。

（4）在甘蓝花芽分化后、尚未伸长时喷洒 2000～3000mg/L 的抑芽丹，有增产效果。

（5）用 200mg/L 多效唑溶液在紫甘蓝 3 叶期进行喷施，可防紫甘蓝徒长，增加产量。

4. 促进贮藏保鲜

（1）在收获前 3 天用 100～250mg/L 的 2,4-二氯苯氧乙酸喷外叶，可减少甘蓝收获、贮藏期脱帮。

（2）甘蓝收获前 7 天喷洒 100mg/L2,4-二氯苯氧乙酸钠盐溶液可延长甘蓝贮藏期。

（3）生长后期用 500～1000mg/L 的抑芽丹喷洒 2 次，能有效地延长甘蓝采后保鲜期。

（4）在甘蓝开始包心时，用 20～50mg/L 赤霉素溶液滴点生长点，或用 100～500mg/L 喷洒叶面 1～2 次，可使花球在贮藏期继续生长。

（5）甘蓝采收前用 10～30mg/L6-苄氨基嘌呤喷洒叶片或在采收后浸泡植株片刻，可防止甘蓝衰老，延长保鲜期。

储藏保鲜使用植物生长调节剂应严格按照产品使用说明书，并选择登记注册的合格产品，保证产品残留符合国家或地方规定的限量标准，以免造成不必要的损失。

二、植物生长调节剂在花椰菜上的应用

1. 促进生长

（1）花椰菜移栽时用 10mg/L4-碘苯氧乙酸浸根 20 分钟，可缩短花椰菜移栽缓苗期。

（2）用 500mg/L 赤霉素溶液滴花椰菜花球，可促进花椰菜花梗生长和开花。

2. 促进早熟、提高产量

（1）用 100mg/L 赤霉素喷洒 6～8 叶期的花椰菜。对晚熟品种，用 500g/L 赤霉素溶液滴花椰菜的花球，可促进早采收 10～25 天，可促进晚熟品种花梗生长和开花。

（2）在花椰菜花芽分化后尚未伸长时，用 2～3g/kg 抑芽丹溶液喷洒，可减少花椰菜裂球。

（3）在中熟花椰菜圆棵期和初花期，喷施 0.5～1mg/L 三十烷醇 2 次，可提高花椰菜花球产量。

（4）花椰菜抽薹前 10 天喷施 4000～5000mg/L 矮壮素溶液，可提高花椰菜品质。

3. 促进贮藏保鲜

（1）花椰菜收获后，与萘乙酸甲酯浸过的纸屑混堆，能减少花椰菜贮藏期落叶，并延长贮藏期 2～3 个月。

（2）花椰菜采收前 2～7 天喷施 10～50mg/L 2,4-二氯苯氧乙酸，可延长花椰菜贮藏期，并可以防止叶片的脱落及延缓叶色变黄。

（3）采收前喷施 10～20g/L 6-苄基氨基嘌呤溶液或采收后对花球喷施 10～15g/L 6-苄基氨基嘌呤溶液，可延长贮藏期，延缓衰老。

一、植物生长调节剂在大白菜上的应用

1. 促进生根

用浓度为 1000～2000mg/L 的吲哚乙酸或萘乙酸溶液快速浸蘸大白菜的腋芽切口底面 2～3 秒，能刺激大白菜生根，提高扦插成活率缩短缓苗时间。

2. 抑制或促进抽薹、提高产量

（1）喷施 20～25mg/L 的赤霉素溶液，可促进白菜抽薹开花，增加白菜种子产量。

（2）抽薹前喷施浓度为 4000～8000mg/L 的矮壮素溶液，可抑制抽薹。

（3）生长后期喷施 50～100mg/L 的多效唑溶液，可抑制抽薹。

（4）用 50～100mg/L 的赤霉素喷洒植株或点滴生长点，可促进抽薹开花。

（5）开始包心时，用 20～25mg/L 赤霉素喷雾，可提高大白菜产量。

（6）大白菜定植初、莲座期、叶球形成期用 1000～2000mg/L 复合型植物生长调节剂"绿兴"（生长素与细胞分裂素混合物）各喷雾 1 次，可改善品质，提高大白菜产量。

（7）大白菜包心期用 20～30mg/L4-碘苯氧乙酸溶液喷雾，可改善品质，提高大白菜产量。

（8）大白菜苗期、莲座期用 100mg/L 芸薹素内酯溶液各喷雾 1 次，可达到防病、增产的效果。

（9）大白菜定植初期、莲座期、叶球形成期用 0.5mg/L 三十烷醇喷雾各 1 次，有抗病、增产的效果。

（10）大白菜花芽已形成但尚未伸长前，喷洒 1000～3000mg/L 的抑芽丹，可促进叶的生长和叶球形成，提高产量和品质。

3. 保鲜、延长贮藏期

（1）收获前 5～7 天用 40～50mg/L 的 2,4-二氯苯氧乙酸喷外叶，能减少生理性脱帮。

（2）收获前 3～7 天用 50mg/L 的对氯苯氧乙酸喷外叶，可防止大白菜贮藏期脱帮。

（3）收获前 5～6 天或入窖后用 50～100mg/L 萘乙酸液喷洒在白菜基部，可防止大白菜脱帮。

（4）收获前 3～15 天用 25～35mg/L 的对氯苯氧乙酸药液喷洒植株，可防止大白菜贮存期间脱帮，且有保鲜作用。

（5）采收前 1～2 天喷洒 5～20mg/L 的苄基腺嘌呤，可延缓大白菜衰老和保持新鲜。

二、植物生长调节剂在小白菜上的应用

1. 促进生根

用浓度为 2000mg/L 的吲哚乙酸或萘乙酸溶液快速浸蘸茎切口底面 2～3 秒，能刺激小白菜生根，提高扦插成活率。

2. 促进生长，提高抗逆性

叶面喷洒两次 10～20g/L 的 4-碘苯氧乙酸药液，可刺激根系生长，提高抗逆性和抗病性。

3. 抑制或促进抽薹、提高产量

（1）小白菜生长后期喷施 50～100mg/L 多效唑，可抑制小白菜抽薹。

（2）用 50～500mg/L 萘乙酸的处理，可促使小白菜越冬前抽薹开花。

（3）用 20～75g/L 的赤霉素药液处理 4 页期小白菜 2 次，可促进小白菜生长，提高产量。

（4）菜薹采收前 15 天用 20mg/L 赤霉素喷洒植株，可促进薹生长，增产显著。

（5）小白菜移栽后喷施 2000mg/L 复合型植物生长调节剂"绿兴"（生长素与细胞分裂素混合物），可促进白菜生长，提高小白菜产量。

（6）小白菜幼苗期开始喷药 10～20mg/L 4-碘苯氧乙酸，可加速小白菜幼苗生长，提高抗旱性，增加产量。

（7）青菜和小白菜移栽成活后开始喷施三十烷醇 0.5mg/L，可使小白菜和青菜生长加快且有增产效果。

4. 保鲜、延长贮藏期

（1）采收前 1～2 天喷洒 5～20mg/L 苄基腺嘌呤，可延缓小白菜衰老。

（2）采收前 2 周喷洒 2500mg/L 的抑芽丹，可防白菜贮藏期萌芽。

一、植物生长调节剂在芹菜上的应用

1. 打破休眠，促进发芽

（1）用 1000mg/L 的苄基腺嘌呤溶液浸泡芹菜种子 3 分钟，可打破芹菜种子休眠，促进萌发。

（2）用 800mg/L 赤霉素处理芹菜种子或在夏季用 100～200mg/L 赤霉素浸种 24 小时，可提高出苗率，缩短出苗天数。

2. 促进或抑制抽薹

（1）用 50～100mg/L 的赤霉素喷洒植株或点滴生长点，可使芹菜短日照条件下提早抽薹开花。

（2）先喷施 50mg/L 脱落酸，一天后再喷施 400mg/L 赤霉素，可促进芹菜抽薹。

（3）用 100mg/L 氯苯乙酸在低温期喷洒芹菜，可以延迟芹菜抽薹开花。

（4）抽薹前喷洒浓度为 4000～8000mg/L 矮壮素，可抑制芹菜抽薹。

（5）在芹菜低温诱导开花前，花原基尚未分化时，喷施 100mg/L 邻氯苯氧丙酸，能抑制芹菜的抽薹，促进产品器官的形成和产量的增加。

（6）用 100mg/L 邻氯苯氧丙酸喷洒植株，能抑制芹菜抽薹，促进产品器官的形成。

3. 培育壮苗、提高产量

（1）芹菜立心期，用 0.1mg/L 芸薹素内酯喷洒叶面，在采收前 10 天再喷施一次，可提高芹菜品质、生理活性和增强抗逆力。

（2）生长期喷施 0.1mg/L 的油菜素内酯溶液，能促进芹菜生长，提高其品质和产量。

（3）采收前 10～20 天全株喷洒赤霉素 60～80mg/L 溶液 1～3 次，可提高芹菜品质及产量。

（4）芹菜定植后，喷施 500mg/L 的三十烷醇溶液，可提高产量，改善品质。

（5）冬芹菜在生长期间用 10～20mg/L 的赤霉素喷洒植株，能促成熟，还可增产。

（6）在芹菜收获前 15～20 天用 1000～2000mg/L 的复合型植物生长调节剂"绿兴"（生长素与细胞分裂素混合物）喷洒 1～2 次，可显著提高商品价值和产量。

4. 保鲜、延长贮藏期

（1）用 5mg/L6-苄氨基嘌呤＋3％CaCl$_2$ 对芹菜进行采后保鲜处理，有较好的保鲜效果

（2）生长后期用 500～1000mg/L 的 25％的抑芽丹喷洒 2 次，可促进芹菜采后保鲜。

（3）用 5～10mg/L 的噻苯隆喷洒全株，或在噻苯隆溶液中浸泡一下，可使芹菜保鲜 30 天，失重率极低。

（4）收获前用 10mg/L6-苄氨基嘌呤溶液进行田间喷施，或收获后在 10～20mg/L6-苄氨基嘌呤溶液中浸蘸片刻，可延缓芹菜叶片变色和衰老，延长运输和贮藏时间。

（5）采收前 1～2 天喷洒 5～20mg/L 苄基腺嘌呤，可明显延缓芹菜衰老。

叶菜类蔬菜储藏保鲜慎用植物生长调节剂，若使用需要严格按照产品使用说明书，选择登记注册的合格产品，以免因产品残留超标造成不必要的损失。

5. 碧护在叶菜类作物上的应用技术（表 5-3）

表 5-3　碧护在叶菜类作物上的应用技术

应用时期	应用方法	功效特点
苗期	7500～10000 倍＋安融乐 5000 倍叶面喷施	促进根系发育，加强光合作用、激发键能、强壮幼苗、提高苗期抗逆性，增加生长量
生长期	7500～10000 倍＋安融乐 5000 倍叶面喷施	促进生长，增加产量、提早上市

二、植物生长调节剂在莴苣上的应用

1. 打破休眠促进萌发

（1）100mg/L6-苄氨基嘌呤溶液浸种 3 分钟，可提高莴苣种子发芽率。

（2）夏秋茬播种前，可用浓度为 1000mg/L 苄基腺嘌呤溶液浸种 3 分钟再催芽，可打破莴苣休眠，促进萌发。

（3）用 100mg/L 的赤霉素浸种 2～4 小时，可打破休眠，促进萌发。

2. 防止徒长

（1）在莴苣莲座期喷施 200mg/L 多效唑溶液，可防莴苣徒长。

（2）苗期喷施 500mg/L 的矮壮素溶液 1～2 次或莲座期喷施 350mg/L 的矮壮素溶液 2～3 次，能有效防止幼苗徒长，促进幼茎膨大。

3. 促进或抑制抽薹、提高产量

（1）幼苗生长期间用 100mg/L 抑芽丹药液处理，可促进莴苣抽薹开花。

（2）莴苣茎部开始膨大时喷施 2500mg/L 的抑芽丹 2～3 次，能明显抑制抽薹开花，促进茎增粗，提高产量。

（3）用 10～25mg/L 的 2,4-二氯苯氧乙酸处理结球莴苣种株，可促进抽薹开花，增加种子产量。

（4）莴苣茎部开始膨大时喷施 4000～8000mg/L 丁酰肼溶液 2～3 次，能防止莴苣早抽薹，促进茎增粗，提高产量。

（5）用 100mg/L 的多效唑点施到 30～40cm 的莴苣心叶上，可使其矮化，增加产量和延长收获期。

（6）用 10～40mg/L 赤霉素液喷洒 10～15 叶期的莴苣，可提高莴苣品质与产量。

（7）用 350mg/L 矮壮素溶液喷洒莴苣叶面 2～3 次，可使莴苣笋茎粗壮，提高其商品质量和产量。

（8）采收前 15 天叶面喷施 0.5mg/L 三十烷醇溶液，可使莴苣笋茎粗壮，提高产量。

（9）莴苣苗期、生长期喷施 100mg/L 芸薹素内酯，可提高莴苣产量与品质。

4. 保鲜、延长贮藏期

（1）收获前 5～10 天喷施 5～10mg/L 6-苄氨基嘌呤溶液，或收获包装后用 6-苄氨基嘌呤处理，可使保持鲜绿的时间延长 3～5 天。

（2）用 60mg/L 的矮壮素溶液浸渍莴苣的叶和茎，有较好的保鲜效果。

一、植物生长调节剂在豇豆上的应用

1. 提高产量和改善品质

（1）花荚期喷施 10～20mg/L4-碘苯氧乙酸 1～2 次，可增加分枝，减少落花、落荚，促进豇豆早熟。

（2）开花期用 20～30mg/L 赤霉素喷花荚或生长后期用 20g/L 赤霉素溶液喷洒种株，能使坐果率高，有增产效果。

（3）生长期叶面喷施 250mg/L 复硝酚钠溶液，可使豇豆条荚饱满，增加产量。

（4）秋豇豆开花期间，用 2～3mg/L 的对氯苯氧乙酸喷花 1 次，可提高豇豆产量。

（5）开花期、结荚期喷施 0.1～1mg/L 三十烷醇溶液，有利于提高早期产量。

（6）生长期，开花期，喷施 100mg/L 芸薹素内酯，能增加产量。

（7）花期喷施 5～15g/L 萘乙酸溶液，能减少落花落荚，并能是豇豆提早成熟。

2. 保鲜、延长贮藏期

豇豆采收前 1～2 天喷洒 5～20mg/L 苄基腺嘌呤，延缓衰老和保持新鲜。

二、植物生长调节剂在菜豆上的应用

主要为提高菜豆的产量，具体应用技术如下。

（1）开花结荚期，用 5～25mg/L 的萘乙酸溶液喷花，可有效地减少菜豆落花落荚。

（2）开花期喷施 10mg/L 赤霉素 1 次可增产。

（3）生长期叶面喷施 250mg/L 复硝酚钠溶液，可使菜豆条荚饱满，增加产量。

（4）生长前期喷施 50～75mg/L 矮壮素，可防止菜豆徒长，提高结荚率。

（5）用 100～300mg/L 甲哌鎓或 10～20mg/L 烯效唑喷洒菜豆全株 1～2

次，可促进菜豆花芽分化，提前结角。

（6）初花期喷100mg/L多效唑，可显著提高菜豆产量。

（7）菜豆生长中期喷施20mg/L的矮壮素、150mg/L多效唑、100mg/L三碘苯甲酸或500mg/L丁酰肼，能减少郁蔽与病虫害的发生，提高产量。

（8）用1mg/L对氯苯氧乙酸喷洒菜豆已开花的花序，能提高菜豆荚重，可增产。

（9）用5～25mg/L萘氧乙酸溶液喷洒菜豆花序，能防止菜豆落花。

（10）菜豆生育期喷施0.1～0.5mg/L三十烷醇溶液，能使其结荚数增多，产量增加。

（11）菜豆生长期、开花期，喷施100mg/L芸薹素内酯，可使开花结荚多，产量增加。

三、植物生长调节剂在扁豆上的应用

1. 提高产量

扁豆生长中期喷施20mg/L的矮壮素、150mg/L多效唑、500mg/L丁酰肼或100mg/L三碘苯甲酸，能减少郁蔽与病虫害的发生，提高产量。

2. 保鲜、延长贮藏期

（1）用15mg/L 6-苄氨基嘌呤溶液处理食荚豌豆，能延缓豆荚衰老。

（2）8～10cm的豌豆苗切割采收后立即用20mg/L赤霉素浸泡15分钟，有较好的保鲜作用。

第七节　植物生长调节剂在根、茎类蔬菜上的应用

一、植物生长调节剂在萝卜上的应用

1. 打破休眠，促进发芽和生根

（1）用50～150mg/L的赤霉素水溶液浸泡种子3～4小时，可显著提高萝卜种子的发芽势和发芽率。

（2）用50～100mg/L的吲哚乙酸或0.5mg/L萘乙酸溶液浸种处理3小

时，可使种子发芽率、发芽势、活力指数均明显提高。

2. 培育壮苗、提高抗逆性

用 5～10mg/L4-碘苯氧乙酸溶液浸泡萝卜种子 4 小时，可加速萝卜幼苗生长，提高抗逆性，增加产量。

3. 促进抽薹开花

以 500mg/L 赤霉素溶液喷耐抽薹萝卜采种成株或采种小株（3～4 叶期）生长点，可以显著促进萝卜抽薹开花。

4. 改善品质、提高产量

（1）萝卜幼苗 3～4 片叶时喷施浓度为 30mg/L 的赤霉素溶液或 10mg/L 的多效唑（PP$_{333}$）溶液，或萝卜根膨大期（肉质根直径 4～5cm）喷施 50mg/L 的多效唑溶液，能提高萝卜产量。

（2）在萝卜肉质根形成初期喷施 100～150mg/L 多效唑药液，可抑制萝卜植株徒长，有增产效果。

（3）萝卜肉质根膨大期，用 4-碘苯氧乙酸 30～60mg/L 喷施叶面，可提高产量。

（4）萝卜肉质根开始膨大期喷施 0.5mg/L 三十烷醇，可增加产量。

（5）在肉质根开始膨大时喷施 300～600mg/L 的羟季铵·萘合剂药液，能增加萝卜产量

（6）在萝卜莲座期喷施 100mg/L 芸薹素内酯，可促进萝卜成熟，改善品质，提高抗软腐病能力，增加产量。

（7）萝卜肉质根形成期喷施 10％复合型植物生长调节剂"绿兴"（生长素与细胞分裂素混合物）1000～2000 倍液，可促进萝卜生长和肉质根肥大，品质细嫩。

（8）在肉质根形成初期喷施 100mg/L 的萘乙酸加 0.5％的蔗糖溶液和 0.2％硼砂的混合溶液，可防止空心组织的出现，提高产量。

5. 抑制萌芽，延长贮藏期

（1）收获前 14 天喷施 30～80mg/L2,4-二氯苯氧乙酸溶液，或收获后，贮藏前喷洒，可抑制萝卜发芽生根，防止糠心。

（2）采收前 4～14 天喷施 2500～5000mg/L 抑芽丹，可延长贮藏期。

二、植物生长调节剂在胡萝卜上的应用

1. 打破休眠，促进发芽和生根

用 150～250mg/L 的赤霉素溶液浸种 12 小时，能显著提高胡萝卜种子的发芽势和发芽率。

2. 促进抽薹开花

在幼苗期、叶生长期、肉质根生长期喷施浓度为 200mg/L 的赤霉素溶液，或在肉质根生长期喷施浓度为 300mg/L 的赤霉素溶液，可促进胡萝卜抽薹开花。

3. 改善品质、提高产量

（1）间苗后喷施 2500～3000mg/L 丁酰肼药液，可有效地抑制胡萝卜地上部生长，促进肉质根的生长。

（2）胡萝卜肉质根肥大期喷施喷施 0.5mg/L 的三十烷醇溶液，可促进植株生长及肉质根肥大，使品质细嫩。

（3）幼苗期和叶生长期喷施 200mg/L 的赤霉素药液，可促进植株生长和产量增加。

（4）胡萝卜肉质根形成期喷施 10％复合型植物生长调节剂"绿兴"（生长素与细胞分裂素混合物）1000～2000 倍液，有增产效果并能使肉质细嫩。

4. 抑制萌芽，延长贮藏期

（1）收前 3 周喷施 100mg/L 的 2,4-二氯苯氧乙酸药液，可抑制萌芽，延长贮藏期。

（2）采收前 4 天喷施 1000～5000mg/L 萘乙酸，可抑制萌芽，延长贮藏期。

（3）采收前 4～14 天喷施 1000～3000mg/L 抑芽丹药液，可抑制抽薹开花，同时可延长贮藏期。

（4）抽薹前喷施 4000～8000mg/L 矮壮素药液，可抑制抽薹、开花，提高产量，增进品质。

三、植物生长调节剂在马铃薯上的应用

1. 打破休眠

（1）用 0.5～2mg/L 的赤霉素溶液浸马铃薯切块 10～15 分钟，或 5～

15mg/L 浸泡整薯 30 分钟，可打破马铃薯块茎休眠，促进种薯发芽。

（2）原种收获贮存 15 天后，用 10mg/L 的赤霉素或 5mg/L 赤霉素＋1％ 硫脲混合液，喷湿处理，可以有效打破原原种休眠，且能使播种后的幼苗生长健壮。

2. 提高产量、质量

（1）在植株现蕾 60％～70％ 时喷施 15％ 多效唑可湿性粉剂 700～1500 倍液，可控制植株徒长，促进薯块膨大，提高产量。

（2）初花期喷施 40mg/L 烯效唑溶液，可降低马铃薯株高和植株地上部鲜重，增加地下块茎数量和重量。

（3）马铃薯现蕾期到开花期喷施 2000～3000mg/L 的矮壮素药液，可有效地抑制茎叶徒长，促进块茎膨大，且能使块茎提早成熟和增产。

3. 延长贮藏期

（1）延长贮藏期马铃薯解除休眠前，将细土和萘乙酸甲酯混和成药土，将药土撒在薯堆内，可抑制马铃薯块茎萌芽。

（2）马铃薯收获前用 1000～2500mg/L 的抑芽丹溶液喷植株叶片，可抑制马铃薯萌芽，延长贮藏期。

四、0.136% 赤·吲乙·芸薹可湿性粉剂（碧护）在马铃薯等薯芋类作物上的应用技术

1. 种子处理

5000 倍液浸种或喷施种薯。功效特点：打破休眠，促进萌发，提高芽势、芽率和出苗率，同时有效解决干旱、低温造成的出苗率低、不出苗等现象，有效解除重茬自毒（连茬障碍）。

2. 叶面喷施（表 5-4）

表 5-4　碧护在与马铃薯上的应用技术

应用时期	应用方法	功效特点
苗期	结合马铃薯立枯病、炭疽病、晚疫病等病害的防治以 7500～10000 倍＋安融乐 5000 倍与杀菌剂复配叶面喷施。	促进根系发育，强壮幼苗，提高药效，提高苗期抗逆性，促进花器的早期发育

应用时期	应用方法	功效特点
花蕾期	结合马铃薯早疫病、晚疫病或茶黄螨等病虫害的防治以 7500～10000 倍＋安融乐 5000 倍与杀菌剂复配叶面喷施	促进花期一致,提早开花,提早结块茎
块茎膨大期期	在马铃薯块茎膨大期,结合早疫病、晚疫病或茶黄螨等病虫害的防治以 7500～10000 倍＋安融乐 5000 倍与杀菌剂复配叶面喷施	促进块茎迅速膨大,提高产量 17%以上

第八节 植物生长调节剂在葱蒜类蔬菜上的应用

一、植物生长调节剂在大葱和洋葱上的应用

1. 促进萌发

(1) 用 $25～60\mu g/L$ 的赤霉素溶液浸泡大葱种子 6 小时,可促进大葱种子萌发,加快发芽速度,提高活力。

(2) 用 $7mg/L$ 的水杨酸溶液浸泡大葱种子 24 小时,可显著提高发芽率和发芽势。

(3) 用 $5mg/L$ 的赤霉素溶液浸种处理洋葱种子 8 小时,可打破洋葱种子休眠,促进生长发育,有增产效果。

2. 改善品质、提高产量

(1) 洋葱生长早期,喷施 $500～1000mg/L$ 的乙烯利水溶液,可加速鳞茎的形成。

(2) 洋葱幼苗长至叶鞘直径 $4～6mm$ 时,用 $120mg/L$ 的乙烯利或复硝酚钠溶液浸根,然后定植,可以促进洋葱苗发育,提高成活率和产量。

(3) 洋葱鳞茎开始膨大时喷施 $1000mg/L$ 的羟季铵·萘合剂溶液,可提高洋葱光合作用效率,促进有机物质的运输,提高产量。

3. 抑制发芽,延长贮藏期

(1) 洋葱收获前 $7～10$ 天,用 $2500mg/L$ 抑芽丹溶液喷洒洋葱植株,可延长贮藏期。

（2）洋葱收获前 2～3 周用嗪酮·羟季铵合剂 80～100 倍液喷洒植株，可抑制洋葱贮藏期间鳞茎萌芽。

二、植物生长调节剂在韭菜和葱韭上的应用

1. 促进萌发

（1）用 25～100mg/L 的赤霉素溶液、10～50mg/L 的萘乙酸溶液或 2～5mg/L 的吲哚乙酸溶液浸泡葱韭种子 24 小时，可改善韭葱种子发芽率。

（2）用 200mg/L 赤霉素溶液、125～200mg/L 的植保素溶液或 0.05％～0.15％的硝酸钾处理韭菜种子，可提高韭菜种子的发芽率、发芽势和发芽指数。

2. 改善品质、提高产量

（1）用 5～10mg/L 的烯效唑溶液浸种 12 小时，可控制韭菜幼苗徒长，增粗假茎，提高壮苗指数。

（2）韭菜收获前 15 天喷施 10～20mg/L 的赤霉素溶液，或收获后 2～3 天用 10～20mg/L 的赤霉素溶液喷洒根茬，可以促进韭菜生长，有增产效果。

（3）在春季韭菜初出土时用 0.5mg/L 的三十烷醇液浇根。生长期间叶面喷施 0.5～1mg/L 的三十烷醇溶液，可提高韭菜品质，增加产量。

（4）在韭菜生长期间施用 10mg/L 的 4-碘苯氧乙酸药液，可使韭菜生长健壮。

（5）以生产韭薹为目的时，在抽薹期喷施 70mg/L 赤霉素液，可使韭薹出薹整齐，薹细嫩，品质好。

（6）苗期喷 2 次复硝酚钠或对水后灌根，可促进发根，使幼苗苗壮。

三、植物生长调节剂在大蒜上的应用

1. 打破休眠、促进出苗

（1）用 150～200mg/L 的赤霉素溶液对种蒜进行 3～5 天沙培处理，可解除蒜瓣休眠，促进大蒜提早出苗。

（2）用 0.2mg/L 的三十烷醇溶液浸泡蒜种 4 小时，能使大蒜出苗快，出

苗率高。

2. 提高产量

（1）用 5mg/L 的 2,4-二氯苯氧乙酸溶液浸泡大蒜蒜种 12 小时，可提高植株高度和单株重。

（2）在生长期间喷施 0.15～0.2mg/L 的三十烷醇溶液，可增强抗逆性，促进蒜头膨大，提高产量。

（3）在生长期和蒜头形成期喷施复合型植物生长调节剂"绿兴"（生长素与细胞分裂素混合物）1000 倍液，可促进生长，提高抗性，减少病害，提高产量。

（4）在大蒜鳞茎开始膨大时喷施 1000mg/L 的羟季铵·萘合剂溶液，能提高洋葱光合作，促进有机物质的运输，提高产量。

3. 抑制发芽，延长贮藏期

（1）在蒜头收获前 2 周喷施 2000mg/L 抑芽丹溶液，可以延长大蒜贮藏期，保持产品品质。

（2）蒜头收获前 2～3 周喷施嗪酮·羟季铵合剂 80～100 倍液，可抑制大蒜贮藏期间鳞茎萌芽。

（3）蒜薹收获后用 40～50mg/L 的赤霉素溶液浸蒜薹基部 10～30 分钟，能起到保鲜和延长贮藏期的作用。

四、0.136% 赤·吲乙·芸薹可湿性粉剂（碧护）在大蒜上的应用技术

碧护在大蒜上的应用技术见表 5-5。

表 5-5　碧护在大蒜上的应用技术

应用时期	应用方式及剂量	功效特点
种子处理	碧护 5000 倍浸种 1～2 小时，(或者)蒜瓣浸泡捞出后用碧护 1g 拌种 75kg	萌发整齐一致、提高出苗率、苗齐苗壮、有效预防冬季低温和土传病害造成的黄苗现象
苗期	碧护 7500～10000 倍与杀菌剂复配叶面喷施	促进根系发育，强壮幼苗，平衡幼苗生长，有效提高幼苗抗冻性
返青期	碧护 7500 倍＋叶面肥(生物钾肥)喷施	壮根缓苗快、促生长旺盛、同时可有效预防气温低造成的黄化枯尖甚至沤秧现象
抽薹期	碧护 7500～10000 倍结合杀菌剂或叶面肥(Fe、B、Zn)叶面喷施	促发新根生成、旺盛生长；促进抽薹快、整齐、快速膨大蒜头、增加产量、提高品质

一、植物生长调节剂在平菇上的应用

1. 促进菌丝生长

（1）在每 1kg 培养基质中加入 100mL 浓度为 1mg/L 三十烷醇或激动素拌匀，可以促进平菇菌丝生长。

（2）在培养基质中加入 6-苄氨基嘌呤并搅拌均匀，使 6-苄氨基嘌呤最终浓度为 0.5mg/kg，可促进平菇菌丝生长，但浓度高于 2.5mg/kg 时则会抑制菌丝生长。

（3）使用 2mg/L 的复硝酚钠溶液，料水比为 1：1.2，混匀后装瓶、灭菌，可促进平菇菌丝生长。

（4）用 86～173mg/L 的赤霉素直接拌料或者喷洒，常规灭菌后接种栽培，可加快菌丝体生长且菌丝洁白、粗壮、浓密，抗杂菌能力强。

2. 提高产量与品质

（1）用 1.8％复硝酚钠水剂配制成 2mg/L 的溶液，或用 0.04％芸薹素内酯水剂，配制 2mg/L 的溶液，一次性拌入培养料中，料水比为 1：1.2，处理后对平菇有显著的增产效应。

（2）用 86～173mg/L 的赤霉素直接拌料或者喷洒，常规灭菌后接种栽培，可促进子实体提前发育及增大菇体，且菇盖大而厚，菇质好。

（3）在平菇第 1 次出小菇蕾后用 1mg/L 三十烷醇喷洒，以后每采收一次后适当喷洒，对平菇增产效果显著。

（4）用浓度为 5mg/L 的萘乙酸和 0.5mg/L 的三十烷醇，在平菇幼菇进入菌盖分化期交叉喷洒，可促进早熟，提高产量，且菇体肥大、柄短，品质良好。

（5）在平菇幼菇进入菌盖分化期以后，或者子实体扭结（第 1 次菇采收后），喷施 10％的复合型植物生长调节剂"绿兴"（生长素与细胞分裂素混合物）2000 倍溶液，可明显促进平菇菌丝体生长。

二、植物生长调节剂在黑木耳上的应用

1. 促进菌丝生长

在制菌期用 0.03mg/L 的吲哚乙酸或萘乙酸进行拌料处理，可促进菌丝生

长且菌丝质量好。

2. 提高产量

用 0.02mg/L 的吲哚乙酸在出耳期进行喷洒处理，可有效促进原基的形成和子实体分化，提高产量。

三、植物生长调节剂在白灵菇上的应用

在白灵菇培养基中加入 6-苄基腺嘌呤或赤霉素使之最终浓度为 0.5mg/L，对白灵菇菌丝生长有明显促进作用，且能使菌丝生长更加健壮和浓密。

四、植物生长调节剂在凤尾菇上的应用

（1）在凤尾菇的菌蕾期、幼菇期和菌盖伸展期喷施 500mg/L 的乙烯利溶液，有促进凤尾菇现蕾、早熟和提高产量的作用。

（2）在凤尾菇菌丝扭结的珊瑚期（小菇蕾期）喷施 0.5~1.0mg/L 的三十烷醇溶液，可提高凤尾菇产量。

（3）在制作拌料时加入 10~15mg/L 的赤霉素和 0.25~0.5mg/L 三十烷醇的混合液，可缩短凤尾菇生长期，提高菇体抗高温能力，提高产量。

五、植物生长调节剂在金针菇上的应用

（1）金针菇花蕾形成期喷施 0.5mg/L 三十烷醇，可提高金针菇产量，同时可促进金针菇早出菇，出齐菇。

（2）金针菇头潮菇采后，于现蕾、齐蕾、菇炳伸长期喷施 0.5mg/L 三十烷醇和 10mg/L 赤霉素混合液或 500mg/L 乙烯利溶液，可以促进金针菇早出菇。

六、植物生长调节剂在香菇上的应用

（1）在香菇现蕾期及幼菇期喷施 0.5mg/L 的三十烷醇溶液 2 次，可以明显提高香菇产量。

（2）使用浓度为 5mg/L 的萘乙酸或吲哚乙酸或 1~1.5mg/L 的赤霉素将香菇锯木屑培养块或菌棒进行浸水处理，有促进香菇菌丝体生长和增产作用。

七、0.136% 赤·吲乙·芸薹（碧护）在食用菌上的应用技术

1. 草腐菌

第一次：播菌种前调节料的干湿度时，1g 碧护对水 15kg，处理 100m² 料

面。效果：菌丝萌发整齐。第二次：覆土时，1g 碧护对水 15kg，处理 $100m^2$ 料面。效果：促进菌丝补养复壮。第三次：第二、三潮菇原基普遍形成黄豆大小时，1g 碧护对水 15kg，处理 $10\sim12m^2$ 料面结合喷出菇重水喷雾，连喷 2 天，每天早晚进行。效果：菌体均匀一致，增加产量，改善品质。

2. 木腐菌

第一次：装袋前拌料时，1g 碧护对水 15kg，处理 100kg 料。效果：促进菌丝萌发整齐。第二次：当菇体体型长到直径 3cm 左右时，1kg 碧护对水 15kg。效果：促进菇体快速生长。第三次：第二、三潮菇长的一元硬币大小时，1kg 碧护对水 15kg。效果：增加产量，改善品质。

第六章

植物生长调节剂在果树上的应用技术

我国水果产量和种植面积都均居世界首位，果树生产已成为增加农民收入、推进新农村建设的重要支柱产业。植物生长调节剂以微量的物质，可以促进或控制果树的生长发育。在一定条件下，它对果树休眠、生根、生长、花芽分化、着果、果实发育、成熟期、果实品质及抗逆性等方面都有调节作用。植物生长调节剂还具有成本低、收效快、效益高，省工省力的特点，在现代果树生产中已发挥出巨大的经济效益和社会效益。本章整理了我国柑橘、荔枝、芒果、苹果、梨、桃、枣、板栗、核桃、葡萄、草莓等 24 种水果生产中不同生长发育阶段应用植物生长调节剂的最新技术成果。

果实成熟或采收贮藏期间使用植物生长调节剂，要严格按照生产操作规程和产品说明书选择和使用，选择正规厂家登记的合格产品，注意国家或地区颁布的农药残留限量标准，切勿滥用、乱用或超量使用植物生长调节剂，以免产生副作用或造成残留超标。

第一节　植物生长调节剂在柑橘上的应用

1. 保花保果

（1）保花保果的技术措施

① 多效唑　于温州蜜柑、椪柑的花蕾期喷施 750mg/L 或 1000mg/L 的多效唑，能控制春梢生长过旺，减少贮藏养分的消耗，提高坐果率。

② 丰果乐（为甲哌鎓与多种微量元素混合剂）　在温州蜜柑类等柑橘品系的花蕾期喷施 150 倍液的"丰果乐"后，可提高坐果率。

③ 赤霉素　在温州蜜柑、椪柑等橘树花谢 2/3 和谢花后 10d 左右，喷施浓度为 30～50mg/L 的赤霉素，可提高坐果率，而花量较少的橘树，谢花后幼果涂布 100～200mg/L 浓度的赤霉素，保果效果显著。无核砂糖桔谢花后 20～25天喷施 75％赤霉素，可提高坐果率。

④ 氯吡脲　在温州蜜柑盛花期及第一次生理落果末期喷施 0.1～0.5mg/L 的氯吡脲药液，可促进坐果，提高坐果率。

⑤ 三十烷醇　在开花坐果期喷施 0.05～0.1mg/L 的三十烷醇，可提高柑橘坐果率。

⑥ 赤霉素＋苄基腺嘌呤　在华盛顿脐橙的幼果期使用赤霉素 250mg/L 加苄基腺嘌呤 200mg/L 涂果，可提高坐果率，有明显增产作用。

（2）防止异常高温引起的异常落花落果措施　在异常高温来临前的柑橘花蕾期喷施 750mg/L（温州蜜柑）或 1000mg/L（椪柑）多效唑药液，能降低高温带来的损害。

在异常高温发生半天后喷施 100mg/L 的萘乙酸＋8mg/L 的 2,4-二氯苯氧乙酸或 50mg/L 的赤霉素＋8mg/L 的 2,4-二氯苯氧乙酸，能显著减轻异常高温引起的落花落果；在花期异常高温发生后用 125mg/L 的赤霉素＋100mg/L 浓度的糠氨基嘌呤（激动素）涂果，对提高兴津温州蜜柑、锦橙的坐果率都有显著作用。

（3）防止冬季低温落果和采前落果的措施　在低温来临前对伏令夏橙喷施 20～40mg/L 的 2,4-二氯苯氧乙酸，能降低因低温引起的落果。还可减少落叶。

2. 控制夏梢生长

① 多效唑在柑橘夏梢发生期喷施 250～1000mg/L 的多效唑，可抑制夏梢生长。

② 矮壮素在 3 年生温州蜜柑的夏梢发生期，喷施浓度为 2000～4000mg/L 的矮壮素或采用 500～1000mg/L 的矮壮素水溶液浇根，可减少发梢数，提高坐果率。

③ 丁酰肼在幼龄温州蜜柑夏梢发生初期喷施 400mg/L 的丁酰肼，可减少夏梢发生数，提高坐果率，增加产量。

3. 疏花花果

① 萘乙酸　温州蜜柑在盛花后可用 200mg/L 的萘乙酸疏果。

② 吲熟酯　在盛花后 30～50d 可用 100～200mg/L 的吲熟酯蔬果。

4. 调控花量

① 宽皮柑橘类　在 9 月中旬喷洒矮壮素 2000mg/L 或丁酰肼 2000～4000mg/L，始果期的温州蜜柑每隔 10 天喷 1 次 50mg/L 浓度的核苷酸，在花芽生理分化期前喷施 700mg/L 的多效唑均能促进成花。砂糖桔在老熟后喷 500 倍多效唑药液，具有明显促花作用。

② 柠檬类　尤力柠檬花芽分化前喷施 300～400mg/L 的多效唑，可促进成花和正常花的比例。矮壮素、丁酰肼也能促进柠檬花芽分化。

③ 金柑　在第 1 次梢刚萌发时喷喷施 1000mg/L 多效唑或丁酰肼 3000mg/L，可明显增加"早伏花"，也可明显减少"晚伏花"。花芽分化临界期喷施 100～200mg/L 的赤霉素可抑制伏令夏橙花芽分化。

5. 调节大小年

① 大年疏果与促花　温州蜜柑、本地早等品种，在大年橘树的盛花后 30～40 天喷施 100～200mg/L 的吲熟酯，能将树冠内较小幼果疏除。

② 小年保果与抑花　于小年树的花蕾期，喷洒 750mg/L（温州蜜柑）及 1000mg/L（椪柑）的多效唑或谢花末期喷洒 50mg/L 浓度的赤霉素药液，可明显提高小年橘树的坐果率，增加产量。

6. 预防裂果

① 脐橙　于第 2 次生理落果前后，用浓度为 150～250mg/L 的赤霉素药液点涂幼果脐部，有明显防裂效果。对已轻度初裂的果实，脐部涂浓度为 200mg/L 的赤霉素＋硫菌灵（托布津）杀菌剂，可使开裂伤口愈合；在第 1 次生理落果和 6 月生理落果之后分别用 250mg/L 赤霉素涂果，可减少裂果的发生。

② 温州蜜柑　对中熟温州蜜柑于 7 月下旬用 200mg/L 的赤霉素药液涂果，防裂效果好。南丰蜜桔果实膨大期喷施 1～2 次 50mg/L 赤霉素＋0.3％尿素或叶面喷施 0.02％芸薹素 3000～4000 倍液，可减少裂果。

7. 防止落叶

在冬季每隔 1 周喷施浓度为 10～15mg/L 的 2,4-二氯苯氧乙酸或对氯苯氧乙酸 3 次，可防止冬季不正常落叶。

8. 0.136%赤·吲乙·芸薹可湿性粉剂（碧护）在柑橘上的应用技术（表 6-1）

表 6-1　碧护在柑橘上的应用

应用时期	使用方法	功效特点
秋梢抽发期	碧护 15000 倍＋安融乐 5000 倍喷施	培育壮树、强健秋梢、提高树体抗逆性
花蕾期	碧护 10000 倍＋安融乐 5000 倍喷施	促进花蕾分化饱满、花量增多、提高授粉
幼果期	碧护 10000 倍＋安融乐 5000 倍＋钙肥液喷施	促使果个均匀,内膛果和外膛果均匀一致、分果快,果实发育较快
果实膨大期	碧 10000 倍＋安融乐 5000 倍＋高钾肥液喷施	促进果实增糖转色、花芽及时分化

第二节　植物生长调节剂在杨梅上的应用

1. 提早结果

于 7 月下旬和 9 月上旬，对幼龄杨梅喷施 15％多效唑可湿性粉剂 300～400 倍液，可控制枝条徒长，有利于形成花芽，提早开花结实和提高产量。于 7 月下旬、8 月 1 中旬前后对东魁杨梅各喷一次 15％多效唑可湿性粉剂 150～200 倍液（4 年生树）或 200～250 倍（5 年生树）或 250～300 倍液（6～7 年生树），可使幼龄杨梅提早结果。

2. 保花保果

（1）多效唑　11 月期间根施或花芽分化前喷洒浓度为 1000mg/L 的多效唑药液，有明显梢促花效果，一般 5 年生以下的幼树不能使用，土施后要隔 4～5 年才能再施，叶面喷洒 1 次后的也要隔 1～2 年再喷。

（2）烯效唑　于 7 月中旬喷 2 次 5％烯效唑超微可湿性粉剂 200 倍液和 1 次 400 倍液可增加荸荠种杨梅花芽数量，提高结果数量。

3. 调节大小年

（1）大年树

① 疏花疏果　杨梅雌株盛花后期喷施 15％多效唑可湿性粉剂 500 倍液，有疏花作用。大年树盛花后喷施 100mg/L 的多效唑或 100mg/L 的吲熟酯，可降低当年结果数和促发春梢发生。

② 抑梢促花　喷施 15％多效唑可湿性粉剂 300 倍液，可抑制新梢生长，加快夏梢老熟并进入花芽分化。

（2）小年树

① 保花保果　小年树在开花前喷施 800mg/L 多效唑，抑梢保果；盛花期或谢花期树冠喷施 15～30mg/L 赤霉素或喷洒 0.2% 硼砂＋0.2% 蔗糖液，均可提高坐果率。

② 抑制花芽　分化杨梅花芽分化期，喷施 50～150mg/L 的赤霉素，有减花效果。

第三节　植物生长调节剂在枇杷上的应用

1. 控梢促花

（1）多效唑　7 月上旬和 8 月上旬各喷一次 500～700mg/L 的多效唑，有良好的控促效果。

（2）矮壮素　喷施 1000～2000mg/L 的矮壮素，对控制枇杷枝梢生长，促进开花有良好的效果。

2. 保花保果

赤霉素　在枇杷幼果期喷施 10mg/L 的赤霉素，可提高坐果率。

3. 诱导无核

（1）赤霉素　赤霉素＋氯吡脲用 1000mg/L 的赤霉素处理花蕾，再用赤霉素 1000mg/L＋氯吡脲 20mg/L 在花后分期喷果 3 次，对增大无核果和防止无核果落果具有显著效果。

（2）赤霉素＋氯吡脲　用 500mg/L 的赤霉素加 20mg/L 的氯吡脲对枇杷花序进行处理，可得到无核果实。

（3）抑芽丹钠盐＋赤霉素　幼果开始膨大时喷施 300mg/L 的抑芽丹钠盐水剂＋150mg/L 的赤霉素溶液，可抑制种子发育，提高坐果率和单果重。

（4）萘乙酸　盛花期用 20mg/L 的萘乙酸进行处理，可获得少核果实。

4. 促进果实发育

（1）丙酰芸薹素内酯　洛阳青枇杷幼果发育期喷施 0.003% 丙酰芸薹素内酯水剂 3000 倍液，可增加枇杷果实的单果重，提高果实品质。

（2）在成熟前 3～4 周，喷布 1500mg/L 的乙烯利加 3000 倍的骨胶，能防止枇杷裂果。

（3）在枇杷自然成熟前 15 天喷洒 500～1000mg/L 的乙烯利，可使枇杷提早成熟。

5. 采后贮藏保鲜

（1）1-甲基环丙烯　"白玉"枇杷采后用 0.01% 的 1-甲基环丙烯室温熏蒸处理 14 小时后，6℃冷藏保存，有利于枇杷保鲜。

（2）赤霉素　"解放钟"枇杷果实采后用 50～100mg/L 的赤霉素浸 30 分钟，6℃下冷藏，可延长枇杷的贮藏期。

（3）2,4-二氯苯氧乙酸　枇杷果实用 1000mg/L 的多菌灵＋200mg/L 的 2,4-二氯苯氧乙酸浸果 4 分钟，可延长贮藏期。

6. 0.136%赤·吲乙·芸薹可湿性粉剂（碧护）在枇杷上的应用技术

第一次：秋梢抽发期碧护 5000～15000 倍，即 1g 对水 2.5～7.5kg；效果：壮梢、促进花芽分化、提高抗逆性；第二次：膨果期碧护 5000～15000 倍，即 1g 对水 2.5～7.5kg；效果：促进果实膨大，着色均匀，提高品质，早上市；第三次：开花前 1 周碧护 5000～15000 倍，即 1g 对水 2.5～7.5kg；效果：保花、增强花粉活力，提高座果率第四次：幼果期碧护 5000～15000 倍，即 1g 对水 2.5～7.5kg；效果：保果、促进果实膨大，提高抗性。

第四节　植物生长调节剂在荔枝上的应用

1. 控梢促花

（1）丁酰肼＋乙烯利　早熟品种在 10 月中旬、中熟品种在 11 月中旬、晚熟品种在 12 月上中旬喷施 1000mg/L 的乙烯利＋500～1000mg/L 的丁酰肼，可控制嫩枝生长。在 1 月中旬用 1000mg/L 的丁酰肼＋500mg/L 或 800mg/L 的乙烯利溶液全树喷洒，可增加花枝数，提高坐果率。

（2）萘乙酸　用 200～400mg/L 的萘乙酸溶液全树喷洒，可抑制新梢生长，提高果实产量。

（3）多效唑　用 5000mg/L 的多效唑喷洒新抽生的冬梢，或在冬梢萌发前 20 天土施多效唑，可抑制冬梢生长，促进抽穗开花，增加雌花比例。

2. 防止冲梢

（1）乙烯利　对花穗带叶严重的荔枝树，可用 40% 乙烯利水剂 10～13mL 加水 50kg 喷雾，以杀死小叶，促进花蕾发育。

（2）多效唑和乙烯利　用 1000mg/L 的多效唑和 800mg/L 的乙烯利在 11 月中旬处理 6 年生的鸡嘴荔，10 天后再处理 1 次，可显著提高植株的成花率。

3. 保花保果

（1）丁酰肼＋乙烯利　荔枝抽穗前用 1000mg/L 的丁酰肼＋250～500mg/L 的乙烯利溶液全树喷洒，总花数和雄花数减少，雌花数增加。

（2）腐植酸钠　用 600～500 倍的腐植酸钠稀释液喷洒荔枝幼果，可提高坐果率，增加单果重。

（3）三十烷醇　荔枝盛花后和第一次生理落果前用 1.0mg/L 的三十烷醇各喷 1 次，可提高坐果率，增加单果重。

（4）赤霉素或萘乙酸　荔枝谢花后 30 天用 20mg/L 的赤霉素或 40～100mg/L 的萘乙酸溶液喷洒，可提高坐果率与产量。

（5）2,4-二氯苯氧乙酸和赤霉素　谢花后 5 天内喷一次 3～5mg/L 2,4-二氯苯氧乙酸和谢花后 15 天左右喷一次 20～25mg/L 赤霉素，既能提高坐果率，又能增加单果重。

（6）乙烯利现蕾期喷施 200～400mg/L 的乙烯利溶液，有很好的疏花蕾作用，可提高产量。

（7）2,4-二氯苯氧乙酸和 2,4,5-涕　谢花后 7～15 天喷施 3～5mg/L 2,4-二氯苯氧乙酸或 2,4,5-涕（2,4,5-三氯苯氧乙酸），可减少早期生理落果。

4. 着色与品质调控

在"妃子笑"荔枝盛花后 20 天和 50 天，分别多效唑、乙烯利等生长调节剂直接喷洒荔枝果面，均能不同程度地促进果皮的着色。

5. 防止裂果

乙烯利在荔枝硬核期及其 1 个月后各喷 1 次 10mg/L 乙烯利，可降低早大红荔枝裂果率。

6. 果实成熟期调节

（1）提早成熟　在荔枝即将成熟时使用浓度为 30～50mg/L 的乙烯利，可提早成熟 3～5 天。

（2）推迟成熟　在采前 3 周用浓度为 25 或 50mg/L 的赤霉素喷布荔枝果穗，可延迟果实成熟 4～5 天。用 2000mg/L 矮壮素或丁酰肼喷布果穗，均可延迟果实成熟。

7. 0.136%赤·吲乙·芸薹可湿性粉剂（碧护）在荔枝上的应用技术

① 第一次用药期，看见荔枝初来花芽（来白点）用碧护15000陪＋高磷叶面肥喷施，作用：防冻、来花早、花整齐。

② 第二次用药期，荔枝花芽有5cm时用碧护15000～20000陪＋钙硼叶面肥喷施，作用：花壮、扬花整齐、提前补钙防后期裂果。

③ 第三次用药期，初成幼果时用碧护15000～20000陪＋硼钾叶面肥喷施，作用：保果、壮果。第四次用药期，第2次生理落果后（第3次生理落果前）用碧护15000～20000陪＋细胞分裂素，作用：减少生理落果和大细果。第五次用药期，荔枝膨大期用碧护15000～20000陪＋高钾叶面肥，作用：果实膨大快、防裂、早熟。

第五节　植物生长调节剂在龙眼上的应用

1. 控冬梢促花

（1）多效唑　在龙眼末次秋梢老熟喷施400～600mg/L的多效唑，以后每隔20～25天喷一次，可抑制冬梢的抽生。在秋末冬初花芽生理分化期用多效唑处理可促进花穗形成。

（2）乙烯利　在末次梢老熟后喷施200mg/L乙烯利，隔20～25天后重复一次，可抑制冬梢萌发，且不会出现黄叶现象。在冬梢未展叶或刚展叶时喷施250～300mg/L的乙烯利，即可脱掉未展或刚展开的小叶，抑制冬梢继续伸长生长。

（3）丁酰肼　在末次秋梢老熟后喷施1000mg/L的丁酰肼与200～300mg/L的乙烯利混合液，控梢效果好。

2. 控制冲梢

乙烯利或多效唑花穗冲梢初期，喷施150～250mg/L的乙烯利或300mg/L的多效唑可抑制花穗上的红叶长大及顶芽伸长。

3. 保花保果

（1）生长素类　施用1～4mg/L的萘乙酸（NAA）或1～2mg/L的2,4-D，可提高龙眼花粉的萌发率。

（2）细胞分裂素类　雌花谢花后1周喷施5～40mg/L的6-苄氨基嘌呤，可提高龙眼的坐果率。

（3）赤霉素　喷施 15～30mg/L 的赤霉素，可提高花粉萌发率；在第 2 次生理落果期喷施 10～50mg/L 的赤霉素，有保果壮果的作用。

（4）芸薹素　龙眼早熟种谢花后喷施 0.4～0.5mg/L 的芸薹素；幼果两个落果高峰期前各喷 1 次 0.15～0.3mg/L 的芸薹素，可提高坐果率。

（5）混合生长调节剂　在谢花后 5 天内喷一次 3～5mg/L 的 2,4-二氯苯氧乙酸和谢花后 15 天左右喷一次 20～25mg/L 赤霉素；在雌花谢花后 25～30 天喷施 50mg/L 的赤霉素＋5mg/L 的 2,4-二氯苯氧乙酸混合液；在雌花谢花后 50～70 天喷施 10mg/L 的赤霉素＋5mg/L 的 2,4-二氯苯氧乙酸，均能起到提高坐果率、保果壮果的作用。

4. 提高品质、调节产期

（1）芸薹素　龙眼早熟种在幼果两个生理落果高峰期前喷施 0.15～0.3mg/L 的芸薹素，可增加果实可食率，提高品质，且使果实成熟期提前 7～10 天。

（2）芸薹素内酯　分别在龙眼花后 5 天、40 天和 55 天，对树冠喷施 0.4% 的芸薹·赤霉素水剂 800～1600 倍液，可提高单果重与果实品质。

（3）赤霉素＋2,4-二氯苯氧乙酸　龙眼开花 10～15 天后喷 50mg/L 赤霉素＋5mg/L 2,4-二氯苯氧乙酸水溶液，每隔 20 天喷一次，共喷 2～3 次；在采果前 50 天喷施复方三十烷醇乳粉，每隔 10 天喷一次，连喷 3 次，可显著提高龙眼的品质。

（4）多效唑或乙烯利　龙眼枝梢老熟、冬梢全部抹去后，对树冠喷施 500～550mg/L 的多效唑或 400mg/L 乙烯利，有促进开花与成熟的作用。

5. 防止裂果

（1）赤霉素和萘乙酸　裂果发生较严重的植株可树冠喷施 20mg/L 赤霉素＋50mg/L 萘乙酸＋1.5g/L 硫酸锌或 1g/L 氨基酸钙，可减少裂果。

（2）乙烯利　裂果初期，40% 乙烯利水剂对水稀释至 250mg/L 喷施，可减少裂果。

第六节　植物生长调节剂在香蕉上的应用

1. 增加产量

（1）2,4-二氯苯氧乙酸：断蕾后喷施 5～8mg/L 2,4-二氯苯氧乙酸＋

0.25mg/L 增果灵可显著增产。

（2）芸薹素内酯：盛长期喷施芸薹素内酯，可显著增产。

2. 提高果实质量

（1）细胞分裂素　断蕾 5～7 天喷施主要成分为细胞分裂素的壮果素（50g 药剂对水 15L），可促进香蕉果指生长，提高果实品质。

（2）2,4-二氯苯氧乙酸　断蕾后喷施 5～8mg/L 2,4-二氯苯氧乙酸、5～8mg/L 2,4-二氯苯氧乙酸 ＋0.25mg/L 增果灵、5～8mg/L 2,4-二氯苯氧乙酸＋0.025％快丰收（2.85％萘乙酸钠水剂）、5～8mg/L 2,4-二氯苯氧乙酸＋0.4％磷酸二氢钾，可增加果指长度和围径。

（4）芸薹素内酯　盛长期喷施有效成分浓度为 100mg/L 的芸薹素内酯，能够提高香蕉单梳果指数。

3. 果实催熟与贮藏保鲜

（1）对 7～8 成熟的绿色香蕉喷洒 500～700mg/L 的乙烯利溶液，可促进果实着色，加快果肉松软，甜度增加，并有香味。

（2）赤霉素　香蕉采收前 20～30 天，喷施 50mg/L 的赤霉素药液，保鲜效果好。

4. 提高抗逆性

喷施 20mg/L 脱落酸、1000mg/L～2000mg/L 矮壮素或 1000～2000mg/L 丁酰肼均可减轻香蕉冷害。

5. 0.136％赤·吲乙·芸薹可湿性粉剂（碧护）在香蕉上的应用技术
见表 6-2 所示。

表 6-2　碧护在香蕉上的应用

应用时期	使用方法	功效特点
育苗期	碧护 7500 倍＋安融乐 5000 倍喷施苗床	培育壮苗、提高幼苗抗逆性
幼苗期 （营养生长）	定植前用 7500 倍与送嫁药一起喷施； 定植后用 20g/亩＋安融乐＋融地美淋根或地灌一次	促发新根，健壮植株，提高抗逆抗病性
花芽分化前期 （蕉叶 20 片叶）	碧护 5000～7500 倍＋硼肥＋高磷钾液肥喷施	促进花芽分化饱满，花量增多、提高优质果比率
抽蕾前期	碧护 5000～7500 倍＋硼肥＋高磷钾液肥喷施	抽蕾有力、整齐、粗壮，减少断蕾，促进蕉指头把，未把大小均匀
抽蕾期	蕉指生长期碧护 5000 倍＋叶面肥对蕉指定向喷雾	促进蕉指生长，果型端正，蕉条鲜嫩，提高商品性

第七节 植物生长调节剂在菠萝上的应用

1. 催芽

（1）乙烯利 对低位叶片注入 25～75mg/L 乙烯利药液 10mL，处理后吸芽数明显增加。

（2）吲哚丁酸和丁酰肼 用 500mg/L 吲哚丁酸处理，能提高发根率和发芽率；用 500mg/L 吲哚丁酸＋1000mg/L 丁酰肼处理明显促进根、芽的生长。

（3）乙烯利 用 2000～3000mg/L 乙烯利点沾冠芽，能进芽的生长。

（4）赤霉素 用 1000mg/L 赤霉素点沾冠芽，对芽的生长有促进作用。

2. 催花

（1）乙烯利 用 250～500mg/L 的乙烯利每株灌药液 30～50mL 于心叶丛中，有显著促花作用。

（2）萘乙酸（或萘乙酸钠）和 2,4-二氯苯氧乙酸 萘乙酸 15～20mg/L 或 2,4-二氯苯氧乙酸 5～50mg/L，每株灌药液 20～30mL，能提高抽蕾率。

3. 壮果

（1）萘乙酸或萘乙酸钠 在巴厘菠萝开花一半或谢花后 5～10 天各喷 1 次 500mg/L 萘乙酸，可提高单果重，还可使果实增大。

（2）赤霉素 在巴厘菠萝初花期、开花一半及开花末期各喷 1 次 50～100mg/L 赤霉素＋1% 尿素溶液，可增加果重，但成熟期延迟 7～10 天。

4. 催熟

用 500～1000mg/L 的乙烯利喷施果面，可获得较好的催熟效果，夏季一般要提早 10～15 天催熟，冬季应提早 15～20 天催熟。

5. 贮藏保鲜

（1）用 500mg/L 萘乙酸或 100mg/L 赤霉素处理果实均有延长贮藏寿命的作用。

（2）萘乙酸和 2,4-二氯苯氧乙酸 用 250mg/L 的萘乙酸和 250mg/L 的 2,4-二氯苯氧乙酸配成的溶液喷洒菠萝果实，可抑制黑心病。

第八节 植物生长调节剂在芒果上的应用

1. 控梢促花

（1）乙烯利与多效唑乙烯利或多效唑均对芒果具有控梢促花作用。

（2）丁酰肼在 12 月至次年 2 月份喷施 800～1000mg/L 的丁酰肼，可明显促进芒果成花。

（3）矮壮素花芽分化期喷施 5000mg/L 的矮壮素或环割＋3000mg/L 的矮壮素，诱导芒果成花效果好。

2. 提高花质

（1）花芽分化前每隔 1 个月喷布 3 次 100mg/L 的萘乙酸和 200mg/L 的矮壮素，可提高两性花比例。

（2）从 9 月起每隔 10 天，连续喷 8 次 200mg/L 乙烯利，可提高两性花比例。

（3）在开花时喷施 50mg/L 的赤霉素，可减少畸形花。喷施萘乙酸、马来酰肼、丁酰肼和矮壮素都能改变芒果雌花和雄花的比例。

3. 保花保果

（1）赤霉素 谢花后 7～10 天喷 1 次 50mg/L 的赤霉素，在果实如黄豆大小时再喷 1 次 100mg/L 的赤霉素；或在谢花喷施 50～100mg/L 的赤霉素，能有效减少落果，提高坐果率。

（2）6-苄氨基嘌呤 在花期喷 250～400mg/L 的 6-苄氨基嘌呤，能有效提高坐果率。

（3）萘乙酸 在谢花后和果实呈豌豆大时各喷 1 次浓度为 50～100mg/L 的萘乙酸，可减少生理落果。

（4）矮壮素和丁酰肼 在果实呈豌豆大小时喷 200～5000mg/L 或 1000mg/L 的矮壮素或 100mg/L 的丁酰肼，能减少落果。

（5）2,4-二氯苯氧乙酸 在谢花后 7～10 天用浓度为 5～10mg/L 的 2,4-二氯苯氧乙酸喷施树冠，可减轻落果；在谢花后喷施 10～15mg/L 的 2,4-二氯苯氧乙酸溶液，可提高芒果坐果率。

（6）三十烷醇 用 1.0mg/L 的三十烷醇喷布青皮芒，或用 0.5mg/L 的三十烷醇喷布秋芒，有增产效果。

（7）多效唑 在冬季对芒果树土施 15％多效唑可湿性粉剂 4g 或喷布 200mg/L 的乙烯利＋2000mg/L 的丁酰肼，能提高坐果率和采前梢果比率。

（8）2,4-二氯苯氧乙酸和萘乙酸 在开花前或果实子弹大时喷施浓度为 10～40mg/L 的 2,4-二氯苯氧乙酸和 20～40mg/L 的萘乙酸，可提高芒果坐果率。在果实纵径为 10～12cm 时喷浓度为 10～20mg/L 的 2,4-二氯苯氧乙酸和浓度为 30～40mg/L 的萘乙酸，可减少采前落果。

4. 增进果实品质

幼果期每隔 7 天喷浓度在 200mg/L 以下的赤霉素，能增加单果重提高果实品质。用 100mg/L 的赤霉素处理可增加单果重及果实纵横径，200mg/L 的 2,4,5-三氯苯氧丙酸处理，可提高果实总糖、溶性固形物含量。

5. 调节花期

（1）推迟花期 1～2 月早抽的花序人工摘除后每隔 7 天喷 1 次 500mg/L 的多效唑，连喷 3～4 次，花可延迟花期约 40 天。用 750～1000mg/L 的多效唑点喷刚萌发的幼蕾可推迟花期 40～60 天。50mg/L 的赤霉素处理可推迟花期 35 天，1000～7000mg/L 的丁酰肼处理可推迟花期 20～84 天。在芒果花芽分化前（11～12 月）连续喷 2～3 次 30mg/L 的赤霉素，翌年春季（2～3 月）再土施 5～10g 多效唑，可将花期推迟至 6 月以后，成熟期推迟至 10 月中旬以后。

（2）控制早花 在早秋梢老熟后喷 350～400mg/L 的乙烯利，可以抑制花穗的生长。花芽萌发时喷 1000～2000mg/L 的抑芽丹有杀死花穗的效应。

（3）反季节生产 当春梢刚转绿时土施 15％多效唑，每株 8～20g，可使 6～7 月现蕾，11 月果实开始成熟。在冬季用 30mg/L 的赤霉素喷施树冠，可抑制芒果树开花，次年 4 月再土施多效唑促进芒果树开花，以调节花期，实现反季节栽培。

6. 促进果实成熟

当果实如豌豆大小时喷布 200mg/L 的乙烯利，可使果实提前成熟 10 天。

7. 0.136％赤·吲乙·芸薹可湿性粉剂（碧护）在芒果上的应用技术

第一次芒果花蕾期：碧护 5000-7500 倍＋安融乐 5000 倍＋磷钾叶面肥和硼肥叶面喷雾功效：有效促进花芽分化，调节激素平衡，提高座果率。

第二次扬花期：使用"碧护5000倍"＋"920"＋杀菌剂，功效："碧护"使花量增多，花朵增大，配合使用"920"，能调节雌雄花比例，提高授粉受精。从而大大提高大果坐果率。

第三次果实膨大期：使用"碧护"5000～7500倍＋安融乐5000倍＋钙肥叶面喷雾，功效："碧护"很快促进果核形成，提高母果数量，分果快，有效防止落果。

第四次芒果中期—采收期：使用碧护5000倍。功效：促进着色上粉，果皮靓丽；调节激素平衡，使芒果大小均匀；提高果实硬度，耐机械碰撞。

第五次：采收后碧护灌根、恢复树势，芒果采收后，树体营养损失非常大，要及时补施肥料以增加树势。结合采后施肥，碧护1g，水15～22.5kg，大树灌溉1株、小树灌溉3～5株。促进根系发育、恢复树势、减少果树大小年、同时能有效预防低温冷害。

第九节　植物生长调节剂在番木瓜上的应用

1. 株性（花型）调控

（1）乙烯利　用240～960mg/L的乙烯利处理可提高雌花或两性花的比例，且所诱导的雌花或两性花都能结果；实生苗2片叶期喷施100～300mg/L的乙烯利，15天后重复喷布，共喷3次以上，可提高雌花率。

（2）萘乙酸　用100mg/L的萘乙酸处理番木瓜幼苗，可提高雌株的百分率。

2. 提高种子发芽率

（1）提高发芽率　播种前用560mg/L赤霉素或10%硝酸钾处理种子15分钟，可提高番木瓜种子发芽率，缩短萌发时间。

（2）播种前用600～1000mg/L的赤霉素浸泡种子24小时，可提高种子的发芽率。

（3）用赤霉素、吲哚乙酸或萘乙酸浸泡番木瓜种子12小时，可提高种子发芽率、发芽势和活力指数。

（4）以200mg/L的赤霉素处理人工老化的番木瓜种子，能促进其发芽率、发芽势、活力指数。

（5）1000mg/L赤霉素＋100mg/L 6-苄氨基嘌呤可迅速打破番木瓜种子休

眠，提高种子的发芽势。

（6）100～400mg/L的多效唑浸种处理番木瓜种子，可降低其发芽率并延迟种子萌发时间，并能提高番木瓜幼苗的根冠比，有利于繁育番木瓜矮壮苗。

3. 提高品质、催熟与贮藏保鲜

用50 L水＋50g多菌灵＋25g赤霉素＋10g 2,4-二氯苯氧乙酸配成的保鲜剂清洗番木瓜果实，可使番木瓜保鲜200天。

第十节　植物生长调节剂在苹果上的应用

1. 打破种子休眠

（1）赤霉素　去皮的新疆野苹果种子低温层积30天后用500mg/L的赤霉素处理，提高了种子的发芽率。

（2）萘乙酸钠盐　分别用100～500mg/L的萘乙酸钠盐、0.3%碳酸钠、0.3%溴化钾浸泡苹果种子2天，均有促进发芽的作用。

2. 促进插条生根的技术措施

用吲哚丁酸或萘乙酸溶液处理扦插枝条，可促进其生根。

3. 控制营养生长，促进花芽分化

（1）多效唑（PP_{333}）　喷布1000～2000mg/L的多效唑，可抑制营养生长，促进成花。

（2）乙烯利　喷布1000～1500mg/L的乙烯利或与2000～3000mg/L的丁酰肼混合使用，可抑制新梢生长，促进花芽分化。

（3）丁酰肼　树冠喷布2000～3000mg/L的丁酰肼1～2次，对控制营养生长、促进花芽分化具有显著效果。

（4）烯效唑　对15年生长健壮的"红富士"苹果在短枝停长后2周喷施1000mg/L的烯效唑，可显著促进花芽分化。

（5）赤霉素　在苹果小年花芽开始分化前2～6周，喷洒300mg/L的赤霉素液，对抑制小年花芽形成过多有较好效果。

4. 提高坐果率

（1）赤霉素　在苹果小年的花期对国光、元帅等品种喷洒50mg/L的赤霉

素，可提高坐果率。

（2）三十烷醇　对一些着色差的品种如长富2号、北斗等，花期喷布0.5～1mg/L的三十烷醇，在提高坐果率的同时还能促进果实后期着色。

（3）对氯苯氧乙酸　花期喷20mg/L对氯苯氧乙酸＋0.5％尿素，可提高坐果率。

5. 防止采前落果

（1）萘乙酸或萘乙酸钠盐　北斗等品种于采前40天和前20天各喷一次20mg/L的萘乙酸，能有效地降低采前落果。红香燕、红星、红玉等品种，在采果前一个月每隔10～15天喷施一次20～40mg/L萘乙酸，可防止采前落果。津轻苹果采收前20～30天喷施1次50mg/L的萘乙酸钠，可减少落果。

（2）2,4-二氯苯氧乙酸或对氯苯氧乙酸　"新红星"苹果在采前12、20、27天喷布20mg/L的2,4-二氯苯氧乙酸，能推迟采前落果时间。采收前30天和15天，用20～50mg/L的对氯苯氧乙酸溶液各喷洒1次，防落效果也良好。

（3）丁酰肼　在7月上旬，用1000mg/L的丁酰肼溶液喷洒2次，或用2000mg/L的丁酰肼溶液喷洒1次，均可降低采摘前的落果率。

6. 疏花疏果

（1）萘乙酸　盛花后红富士苹果喷施30mg/L的萘乙酸，进行疏花疏果，对克服红富士苹果大小年有明显作用，且能提高好果率。

（2）乙烯利　在盛花期对4年生的长富2苹果喷洒400mg/L的乙烯利，疏花疏果效果较好。

7. 促进果实肥大，改善品质

（1）氯吡脲　盛花后2周在短枝红星上施用，可提高果形指数，增加果实硬度。

（2）6-苄氨基嘌呤　于花期喷施50～200mg/L的6-苄氨基嘌呤，可显著提高元帅系苹果的果形指数，增加单果重，提高其商品价值。果实膨大期喷施300mg/L的6-苄氨基嘌呤，可促进结实，提高产量。

（3）噻苯隆　红富士苹果在初花期和盛花期用2～4mg/L的噻苯隆液剂喷花处理2次，可提高花序和花朵坐果率、增大果实、增加产量。

8. 促进果实着色和成熟

（1）乙烯利　在苹果成熟前10～30天喷施1000mg/L的乙烯利溶液，可促进苹果着色，使果实提早成熟。

（2）丁酰肼 在盛花后 3～4 周和采收前 45～60 天，各喷一次 1000～2000mg/L 的丁酰肼，对红星、富士、红玉等品种有显著地增色效果。

9. 贮藏保鲜

（1）丁酰肼 在苹果采收前 45～60 天，用 500～2000mg/L 的丁酰肼溶液喷施全株 1 次，可防止采前落果，增加苹果的色泽和硬度，减轻苹果苦痘病和虎皮病，延长贮存期和货架期。

（2）1-甲基环丙烯 一般中短期贮藏处理浓度为 0.5μL/L，长期贮藏处理浓度为 1μL/L。

10. 0.136%赤·吲乙·芸薹可湿性粉剂（碧护）在苹果（梨、樱桃、杏）上的应用技术（表 6-3）

表 6-3　碧护在苹果（梨、樱桃、杏）上的应用技术

应用时期	应用方法	功效特点
展叶期	碧护 7500～10000 倍结合杀菌剂叶面喷施	促进萌发,提高树体抗性
花前	花前 3～5 天用碧护 7500～10000 倍＋0.3%硼全株喷施	促进开花,提高花粉细胞活性,促进授粉,提高坐果率
落花后	碧护 15000 倍＋安融乐 5000 倍叶面喷施	解决花后营养的补充,激素不平衡,补充激素,促进果实种子形成和生长,减少生理落果。
膨大期	碧护 15000 倍＋安融乐 5000 倍叶面喷施	促进果实膨大,果个均匀,提高糖度,增加耐储性;表光好,卖价高,提早上市
采果后	结合秋施肥碧护 20000 倍＋融地美施入	促进根系二次发育,提高肥料利用 30%～50%,延长绿叶期,促进花芽分化饱满,提高枝条成熟度,提高抗冻性。

第十一节　植物生长调节剂在梨上的应用

1. 打破种子休眠

（1）6-苄氨基嘌呤 用 50mg/L 的 6-苄氨基嘌呤浸杜梨种子 48 小时后，可有效地打破种子休眠，提高发芽率。用 10mg/L 的 6-苄氨基嘌呤将棠梨种子浸泡 24 小时，可有效地打破未层积种子休眠。

（2）赤霉素 将砂梨品种"丰水"的实生种子用 500～1000mg/L 的赤霉素浸种 24 小时，可缩短发芽时间，提高发芽率。

（3）天然芸薹素　用 0.3mg/L 的天然芸薹素将棠梨种子浸泡 24 小时后，可有效打破未层积种子休眠。

2. 控制新梢生长

（1）多效唑　梨树新梢旺长期（一年生枝条长约 15cm）时喷施 500～2000mg/L 的多效唑，可减少延长枝的生长，促进侧枝和短果枝发育。

（2）矮壮素　4～6 年生旺长的少花树，盛花后不久，连续喷洒 500mg/L 的矮壮素 2 次（第二次在第一次喷后的 2 周喷洒），或 1000mg/L 的矮壮素 1 次，可控制新梢生长，提高翌年花量和开花结果。

（3）乙烯利　锦丰梨幼树新梢迅速生长期喷施 500～1000mg/L 的乙烯利，可增加产量。秋白梨在盛花后 30 天左右喷施 1000～1500mg/L 的乙烯利，有控梢促花效果。

（4）丁酰肼　在 5 月上旬对幼树喷施 1500mg/L 的丁酰肼 1 次，中旬和下旬再各喷 1 次，可控制新梢生长，促进花芽分化，提高坐果率。

3. 保花保果，提高坐果率和防止采前落果

（1）赤霉素　梨在开花或幼果期，用赤霉素 10～20mg/L 喷花或幼果一次，能促进坐果，增加产量。采果前一个月对满天红梨、美人酥梨树冠喷 100mg/L 的赤霉素，对防止梨采前落果有显著作用。

（2）萘乙酸、萘乙酸钠　安梨 80% 的花朵开放时喷施 100mg/L 的萘乙酸溶液，可提高坐果率。30 年生莱阳茌梨，于盛花期喷洒 250～750mg/L 的萘乙酸钠药液能提高当年的坐果率。采果前一个月对满天红梨、美人酥梨树冠喷布 10mg/L 和 20mg/L 的萘乙酸，可防止采前落果。

（3）矮壮素　梨芽萌动前和新梢幼叶长出时，各喷 500mg/L 的矮壮素一次，可减少枝条生长量，增加短枝和叶丛数，提高坐果率和产量。

（4）多效唑　梨盛花后 3 周喷 450mg/L 的多效唑，可提高成花率。土施 5g/株或喷 500mg/L＋土施 5g/株的多效唑，对库尔勒香梨幼树的花芽形成有促进作用。

（5）丁酰肼　对大多数日本梨或砂梨系品种应用丁酰肼也可获得良好的促花效果。喷施 1500mg/L 的丁酰肼与 250mg/L 的乙烯利混合液，促花效果更好。

4. 疏花疏果

（1）萘乙酸和萘乙酸钠　在盛花期或盛花后 10 天，喷洒浓度为 25～

40mg/L的萘乙酸或 1000～1500mg/L 的甲萘威，有较好的疏花疏果效应。

（2）乙烯利　在盛花期喷洒浓度为 200～400mg/L 的乙烯利，有较好的疏花疏果效应。

5. 促进果实肥大

（1）梨果灵（主要成分为赤霉素）　在盛花后 20～45 天用"梨果灵"药膏涂抹果柄，每果约涂药膏 15～20mg（即每克药膏约涂 50～60 个果实），具有促进梨果实肥大和提早成熟的作用。

（2）氯吡脲　在盛花后 1 周喷布 30mg/L 的氯吡脲，也可在盛花后 1 周和盛花后 2 周用 60mg/L 的氯吡脲对二宫白梨浸果 2 次，可显著提高单果重、株产，果形指数增大。

6. 控制果实成熟

（1）乙烯利　在正常采收前 40～60 天，对八云、新水、二十世纪、新世纪、丰水、晚三吉等梨树喷洒 25mg/L 的乙烯利，具有促进果实成熟和膨大的效果。

（2）1-甲基环丙烯（1-MCP）　对采后八成熟的翠冠梨使用有效浓度为 1μL/L 的 1-甲基环丙烯，室温下密封处理 15 小时，有利于其在室温下的贮藏。对黄金梨采后当天用 0.5～1μL/L 的 1-甲基环丙烯常温密闭熏蒸 12 小时，对采后丰水梨在有效浓度为 1μL/L 的 1-甲基环丙烯室温下密封处理 15h，可延缓梨果实的硬度、可滴定酸含量的下降，有利于果实外观、风味的保持。

7. 调节果实形状

（1）6-苄氨基嘌呤　在鸭梨蕾期、开花期和幼果期各喷 1 次 300mg/L 的 6-苄氨基嘌呤溶液，可提高果实鸭突率。

（2）萘乙酸　对库尔勒香梨初花期、盛花期喷施 10mg/L 的萘乙酸，可增大脱萼率且降低脱萼突顶率和宿萼突顶率。

（3）乙烯利　对库尔勒香梨初花期、盛花期喷布 300～500mg/L 的乙烯利，可降低宿萼突顶率和脱萼突顶率。

（4）多效唑　库尔勒香梨在花蕾露红期喷洒 600mg/L 的多效唑，能改善果形指数。

第十二节　植物生长调节剂在桃上的应用

1. 打破种子休眠

（1）赤霉素　用 500～800mg/L 的赤霉素溶液浸泡山桃、甘肃桃、毛桃的破壳种子 24～48 小时，可解除桃种子休眠。

（2）6-苄氨基嘌呤　用 50～100mg/L 的 6-苄氨基嘌呤浸泡未层积的桃种子 24 小时，能有效解除桃种子休眠，与低温层积处理结合效果更好。

2. 促进扦插生根

（1）吲哚丁酸　用 750～4500mg/L 的吲哚丁酸速蘸鲜桃枝 5～10 秒，可促进扦插生根。

（2）萘乙酸　选择 10～15 年生五月鲜、太久保、白凤、土仑等品种的当年新梢做绿枝扦插，经 750～1500mg/L 的萘乙酸速蘸 5～10 秒后插于砂床中，可提高生根率。

3. 控制新梢生长与调节花芽分化

（1）矮壮素　于 7 月份前用 200～350mg/L 的矮壮素喷施新梢 1～3 次，可抑制新梢伸长，促进叶片成熟及花芽分化。

（2）赤霉素　在"八月脆"成花诱导期之前，叶面喷施 100mg/L 的赤霉素，能显著抑制其花芽分化。

4. 保花保果，提高坐果率

（1）赤霉素　在桃树盛花后 15～20 天喷施 1000mg/L 的赤霉素喷洒，可显著的提高桃树的坐果率。

（2）对氯苯氧乙酸　花期喷施 15～20mg/L 的对氯苯氧乙酸，生理落果期用 25～40mg/L 浓度，均有促花保果效果。

（3）萘乙酸　桃树盛花后期，喷施 20mg/L 的萘乙酸溶液，可提高桃树的坐果率。在桃果实着色前 15～20 天喷一次 5～10mg/L 的萘乙酸，10～15天再喷施一次 10～15mg/L 萘乙酸，可有效防止采前落果、促进桃果实着色。

5. 疏花疏果

（1）多效唑　对布目早生桃在盛花期喷布 500～1000mg/L 多效唑，有疏花疏果作用。

（2）萘乙酸　在花后 20～45 天喷施 40～60mg/L 的萘乙酸溶液，有疏花疏果作用。

（3）乙烯利　花后 8 天喷洒 200mg/L 的乙烯利，有疏花疏果作用。花后 30 天，用 50～100mg/L 的乙烯利和 100mg/L 的赤霉素混合液喷施，有疏花疏果作用。

6. 促进果实肥大

（1）氯吡脲　盛花后 30 天于西农早蜜桃幼果表面喷施 20mg/L 的氯吡脲溶液，果实果重和体积都显著增大，品质提高，并有促进早熟的作用。盛花后 7 天和 14 天对鄂桃 1 号桃在连续喷布两次 20～30mg/L 的氯吡脲溶液，可提高果实品质，并使成熟期提前。

（2）赤霉素　在西农早蜜桃盛花后 30 天用 100～150mg/L 的赤霉素液均匀喷布桃幼果表面，可提高果重与果实品质。

7. 提早果实成熟与贮藏保鲜

（1）乙烯利　在桃果实成熟前 15～20 天，喷施 400～700mg/L 的乙烯利溶液，可使桃果实提早成熟 5～10 天，并可提高果实品质。

（2）丁酰肼　在早熟或中熟桃品种的硬核期，或晚熟品种采收前 45 天左右，喷施 1000～3000mg/L 的丁酰肼，可促进桃果实着色，提早 2～10 天收获，提高成熟整齐度和果实硬度。

（3）赤霉素　采前用赤霉素处理可明显提高果实的硬度与耐藏性。

（4）1-甲基环丙烯　"秦光 2 号"油桃和"秦王"桃采收后置于浓度约为 $1\mu L/L$ 的 1-MCP 容器内，室温下密封 12 小时，能延长储存时间，但对品质无明显影响。"雨花三号"桃果实采收后，室温下用 $0.5\mu L/L$ 的 1-MCP 密闭处理 24 小时，而后贮藏于聚乙烯薄膜塑料袋中，能够延缓果实后熟软化进程。

第十三节　植物生长调节剂在梅上的应用

1. 控制新梢生长

对生长旺盛的梅树，喷洒 300～500mg/L 的多效唑溶液，可明显抑制新梢生长。在 7 月喷洒 300～1000mg/L 的多效唑溶液，能有效地抑制植株营养生长，促进花芽形成，提高果实品质。

2. 调节梅树落叶

（1）多效唑　喷洒 300mg/L 的多效唑＋30mg/L 的核苷酸＋0.2％的高效叶面肥溶液，每次抽梢期喷洒一次，可提高叶片的质量和抗逆性，可防止果梅过早落叶。

（2）乙烯利　9 月中旬喷洒 100mg/L 的乙烯利＋500mg/L 的多效唑溶液，或 9 月下旬喷洒浓度为 100～150mg/L 的乙烯利＋3％～5％的氯化钾溶液，可促进梅树按时落叶。

3. 提高梅树坐果率

（1）赤霉素　在连续阴雨条件下，花期喷施 20mg/L 的赤霉素溶液、幼果期喷施 50mg/L 的赤霉素溶液，可有效的提高果梅的坐果率。

（2）对氯苯氧乙酸　在盛花末期喷施 30mg/L 的对氯苯氧乙酸溶液，在第一次生理落果后到期第二次生理落果开始前喷施 30mg/L 的对氯苯氧乙酸＋70mg/L的复合核苷酸的药液，对果梅的保果效果良好。在花期遇低温阴雨和花后低温，喷施 200mg/L 的对氯苯氧乙酸，可明显的提高坐果率，克服低温对坐果的影响。

4. 延迟花期

（1）赤霉素　用 50～100mg/L 的赤霉素溶液，每隔 10 天喷布一次，连续喷 3 次，可延迟果梅花期 5～15 天，减少了梅花和幼果受霜冻危害，提高了坐果率。

（2）抑芽丹　于 9 月中旬对青皮梅喷施 1000mg/L 的抑芽丹溶液，可推迟花期 10 天左右。

（3）多效唑　于 9 月中旬对青皮梅喷施 1500mg/L 的多效唑，可推迟盛花期 8～19 天，推迟终花期 13～20 天。

5. 调节果实成熟

（1）乙烯利　在青梅核硬化前喷布二次 250～350mg/L 的乙烯利，可使青梅提前 5～6 天成熟，且保持原有的品质。

（2）赤霉素　在 2 月中旬间隔 10 天连续喷施 40～80mg/L 的赤霉素溶液 2 次，可延迟 4～5 天成熟，并能保持原有品质，有效减少落果，提高坐果率。

6. 贮藏保鲜

青梅采后在室温下用 20～40mg/L 的赤霉素溶液浸 3 分钟，对青梅果实有保鲜效果。

第十四节 植物生长调节剂在李上的应用

1. 控制新梢旺长

李树谢花后 20～30 天之间，用多效唑药液均匀地涂抹整个主干表皮或树冠投影面积每平方米施用 0.5～1g 多效唑或叶面喷施 300～500mg/L 的多效唑药液，均可控制新梢旺长。

2. 延迟开花

（1）乙烯利　自然落叶前 1～2 月对叶面喷施 200～500mg/L 的乙烯利，能明显延迟李树花期。

（2）抑芽丹　在李树芽膨大期喷施 500～2500mg/L 的抑芽丹药液，可推迟开花期 4～5 天。

（3）萘乙酸或萘乙酸钾盐　预告有冷空气流或倒春寒时，在李树萌芽前对全树喷施 250～500mg/L 的萘乙酸或萘乙酸钾盐溶液，可推迟李树花期 5～7 天。或在李树开花前 15 天喷 500mg/L 的萘乙酸钾盐，可推迟开花 15 天左右。

3. 提高坐果率

（1）赤霉素　花期喷洒 20mg/L 或在幼果期喷洒 50mg/L 的赤霉素，可减少因气温不稳定或连续阴雨等引起的落花落果。

（2）对氯苯氧乙酸　在花谢 70% 后树冠喷布 30mg/L 的对氯苯氧乙酸，能显著提高李的坐果率，且能增大果实，提高糖度。

（3）氯吡脲　于青脆李谢花后 3 天和落花后 30 天各喷 1 次 30mg/L 的氯吡脲（CPPU）药液，可明显提高青脆李的坐果率和产量，并使平均单果重增加。

4. 疏花疏果

（1）乙烯利　花后 2 周喷布 200mg/L 的乙烯利疏果效果好。

（2）多效唑　在维多利亚李树盛花期（或6月初）喷施1000～2000mg/L 的多效唑溶液，可以疏果，使果实体积增大。

5. 调节果实成熟

乙烯利　在李树成熟前1个月左右，喷洒浓度为500mg/L的乙烯利药液 对多数李树品种果实具有明显的催熟作用。

第十五节　植物生长调节剂在杏上的应用

1. 控制树势，促进花芽分化

在7月至9月上旬，对适龄不结果大树、幼旺树，可连续喷布2～3次 500～1000mg/L的多效唑溶液，间隔期为15～20天，有明显的控梢促花作 用。发芽前土壤施用8～10g/株的多效唑能抑制杏树枝条生长，有利于提高当 年坐果率和提高当年成花率。花后3周在土壤中每平方米树冠投影面积使用 0.5～0.8g的多效唑水溶液，可以控制枝梢生长，促进花芽分化。

2. 延迟开花

（1）抑芽丹　在花芽膨大期喷施500～2000mg/L的抑芽丹药液，可推迟 花期4～6天，并可提高花芽的抗冻性。

（2）萘乙酸　杏树萌芽前喷250～500mg/L的萘乙酸或萘乙酸钾盐溶液， 可推迟杏树花期5～7天。

（3）赤霉素　在9～10月份喷施50～200mg/L赤霉素药液，可有利于花 芽继续分化，推迟花期5～8天，并能提高翌年杏树的坐果率。

（4）乙烯利　10月中旬喷施100～200mg/L的乙烯利溶液，可推迟杏树 花期2～5天。

（5）丁酰肼　在杏树开花期喷1500～2000mg/L的丁酰肼溶液，可推迟花 期4～6天。

3. 提高坐果率

（1）赤霉素　花后5～10天喷洒10～50mg/L的赤霉素药液或者15～ 25mg/L的赤霉素＋1％蔗糖＋0.2％磷酸二氢钾药液，可提高杏坐果率。

（2）2,4-二氯苯氧乙酸　杏在落果前4～7天喷施10mg/L的2,4-二氯苯氧乙酸溶液，可控制落果，有效期可以持续 14 周。

4. 调控果实成熟

（1）乙烯利　在硬核期对全树冠喷施 50～150mg/L 的乙烯利溶液，可提早杏果实成熟 7～10 天。七成熟的杏果在 100mg/L 乙烯利液中浸果 5～10 分钟，置于室温下 3 天即可成熟。

（2）赤霉素　仰韶黄杏果实采后用 200mg/L 赤霉素＋0.1％多菌灵的溶液浸果 3 分钟，然后自然晾干，装入厚 0.03mm 的聚乙烯薄膜袋（不扎口），置室内阴凉处堆放，可使鲜杏果实保鲜期达 12 天。

（3）1-甲基环丙烯（1-MCP）　采后用 1-MCP 处理，能明显延缓货架期杏果实后熟软化。

第十六节　植物生长调节剂在樱桃上的应用

1. 打破种子休眠

樱桃种子采收后立即浸于 100mg/L 的赤霉素中 24 小时，可使后熟期缩短 2～3 个月；或将种子在 7℃冷藏 24～34 天后浸于 100mg/L 的赤霉素溶液中 24 小时，可提高发芽率。

2. 扦插繁殖生根

（1）萘乙酸　对当年生樱桃砧木的半木质化枝条用 100mg/L 浓度的萘乙酸处理插穗，可促进生根。毛樱桃绿枝扦插时用 200mg/L 的萘乙酸处理 0.5 小时，可促进生根。毛樱桃、对樱等樱桃绿枝扦插时用 500mg/L 的萘乙酸药液速蘸 2～3 秒，可提高生根率。

（2）吲哚丁酸　对当年生樱桃砧木的半木质化枝条用 100mg/L 的吲哚丁酸处理插穗，能促进生根。毛樱桃绿枝扦插时用 150mg/L 的吲哚丁酸处理 1 小时，可促进生根。

3. 延长休眠期、延迟开花

（1）乙烯利　正常落叶前 2 个月喷施 250～500mg/L 的乙烯利，可推迟甜樱桃花期 3～5 天。

（2）赤霉素　秋季落叶后喷施 50mg/L 的赤霉素能延迟甜樱桃花期约 3

周，在冬季气温较温暖的地区还可推迟其萌芽期。

（3）萘乙酸　在 7～9 月施用萘乙酸可延迟孟磨兰樱桃的花期 14 天，叶芽萌动推迟 19 天。在 8 月初用 100～200mg/L 的萘乙酸处理可在不造成产量和叶面积明显减少的情况下延迟樱桃花期。

4. 控制枝梢旺长

（1）多效唑（PP$_{333}$）　樱桃在萌芽前平方米树冠投影面积土施 1～2g 的多效唑或新梢迅速生长期叶面喷施 200～2000mg/L 的多效唑均能较好地控制幼树旺长，促进花芽形成，提高早期产量。

（2）丁酰肼和乙烯利　花后可先喷 2000mg/L 的丁酰肼，再喷 50～100mg/L 的乙烯利，采收后喷 2000mg/L 的乙烯利，可抑制枝梢生长。

（3）烯效唑　当樱桃春季新梢长 10cm 时叶面喷布 20mg/L 的烯效唑溶液，能明显延缓生长，增加花芽量，提高果实产量和品质。

5. 保花保果、防止采前落果

（1）赤霉素　盛花期每隔 10 天叶面喷施 20～60mg/L 赤霉素 2 次，可提高坐果率。大棚栽培樱桃在初花期喷施 15～20mg/kg 赤霉素，盛花期喷布 0.3% 尿素和 0.3% 硼砂，幼果期喷布 0.3% 磷酸二氢钾，对促进坐果和提高产量效果显著。

（2）萘乙酸　3 年生豫樱桃（中国樱桃）在采前 10～20 天，新梢及果柄喷布 0.5～1mg/L 的萘乙酸 1～2 次，可有效地防止其采前落果。雷尼尔甜樱桃在采前 25 天喷 40mg/L 的萘乙酸药液，可防止采前落果。

6. 促进果实肥大

（1）赤霉素　"那翁" 甜樱桃果实生长第 2 速长期的始期或 9 年生的红灯樱桃在花后 10 天、20 天，用 10mg/L 的赤霉素溶液直接喷洒果实及叶片，可增加单果重及果实品质，果实推迟成熟约 1 周左右。

（2）氯吡脲　"红艳" 甜樱桃在盛花期或花后 2 周喷布 1 次 5mg/L 的氯吡脲，能显著地提高樱桃的单果重，"那翁" 甜樱桃在花后 13 天喷布 5～10mg/L 的氯吡脲能显著提高单果重，促进着色。"大紫" 樱桃盛花期用浓度为 5mg/L 的氯吡脲喷花序，可显著显著增大果实的纵横径、体积和单果重。谢花后两周，用 5mg/L 的氯吡脲处理 "红艳" 和 "那翁" 樱桃果实，可使果实增大、单果重增加，促进着色。

7. 调节果实成熟

（1）乙烯利　中国樱桃采前 10 天喷施 200～400mg/L 的乙烯利溶液，可显著促进果实的集中成熟，提前 4～5 天成熟，但用高浓度的乙烯利处理易引起采前落果。

（2）丁酰肼　在樱桃谢花后 2 周喷施 3000mg/L 的丁酰肼药液，可果实提前 2～5 天成熟。

（3）6-苄氨基嘌呤　甜樱桃采摘后用 10mg/L 的 6-苄氨基嘌呤药液浸果，在 21℃条件下保存 7 天，可保持果梗绿色和果实新鲜，减少贮藏期的鲜重损失。

8. 防止果实裂果

（1）萘乙酸　采收前 30～35 天喷布 1mg/L 的萘乙酸，可减轻遇雨引起的裂果，并有效减轻采前落果。

（2）氯吡脲　"那翁"甜樱桃在花后 13 天喷施 20mg/L 的氯吡脲可减轻果实的裂果，促进着色。

第十七节　植物生长调节剂在柿上的应用

1. 打破种子休眠

种子经预处理后，4℃低温层积 10 天，再用 500mg/L 的赤霉素溶液浸泡 15 小时，可显著提高柿种子的发芽率和发芽势，发芽期也提前了 8 天。

2. 控制枝梢生长

6 月上旬喷施 1000mg/L 的多效唑，有控制树体生长、增加短枝数量、促进幼龄柿树提早结果的作用。4 月中下旬，柿树按树冠投影面积每平方米土施多效唑 1～2g，可抑制单叶面积、干周增长及次年的枝条生长量，且能使花期提早 3～4 天，果实成熟期提前 20 多天。

3. 保花保果，提高坐果率

（1）赤霉素　盛花期和幼果期各喷一次 50mg/L 的赤霉素，能增加花量和坐果率。

（2）吲哚丁酸　在幼果期用 1000mg/L 的吲哚丁酸涂果顶或涂萼片可防止

柿子生理落果。

（3）2,4-二氯苯氧乙酸　在盛花期喷施 5～10mg/L 的 2,4-二氯苯氧乙酸药液，可防止生理落果并促进幼果膨大。

（4）芸薹素内酯　在开花前 3 天对雌花蕾喷洒 1 次 0.1mg/L 的芸薹素内酯，14 天后再喷 1 次，可提高柿子坐果率，防止生理落果。

4. 促进果实膨大

（1）6-苄氨基嘌呤　"次郎"甜柿于花后 10 天喷施 100～200mg/L 的 6-苄氨基嘌呤药液，可促进果实膨大，提高果实横径、纵径和果形指数、果实单果重。

（2）氯吡脲　"次郎"甜柿于花后 10 天喷施 10～25mg/L 的氯吡脲药液，能促进果实膨大、防止落果提高果实的果形指数和单果重。

5. 采后贮藏和脱涩

（1）1-甲基环丙烯　用 0.5μL/L 的 1-甲基环丙烯（1-MCP）在密闭容器中处理柿果 12～24 小时，然后通风，能阻止硬度的下降，推迟其成熟软化，延长贮藏期。

（2）赤霉素　在 20℃下用 50mg/L 的赤霉素溶液浸泡扁花柿果实 10 分钟，能延缓柿果实的软化进程，延长贮藏期限。用 150～300mg/L 的赤霉素溶液滴于一串铃柿果柿蒂处，能抑制柿果实硬度的下降。柿果采前一个月至一周内，用 50～100mg/kg 赤霉素喷果，可增加果实的抗病性，抑制果实的软化，提高果实耐贮性。

第十八节　植物生长调节剂在枣上的应用

1. 促进插条生根

（1）吲哚丁酸　插条剪好后，将其下部 5cm 左右枝段在 1000mg/L 的吲哚丁酸药液中速蘸 15～30 秒，生根效果良好。

（2）萘乙酸　枣头插条用 800mg/L 的萘乙酸浸蘸 10 秒，可促进生根和发根变长。

2. 抑制新梢生长，促进花芽分化

（1）多效唑　喷施多效唑后可抑制新梢生长，促进生殖生长，提高坐

果率。

（2）丁酰肼　幼树在花前喷施 2000～3000mg/L 的丁酰肼，成龄树喷施 3000～4000mg/L 的丁酰肼 1 次，能抑制植株枝条顶端分生组织生长，使新梢节间变短，生长缓慢，枝条加粗。

（3）矮壮素　在枣吊（枣树的结果枝）每隔 15 天喷施一次 2500～3000mg/L 的矮壮素溶液，共 2 次；或采用根际浇灌，每株用 1500mg/L 的矮壮素溶液 2.5L。可使枣树矮化，节间缩短，叶片增厚，抑制枣头（发育枝）、枣吊（结果枝）生长，促进花芽分化，提高坐果率。

3. 提高坐果率

（1）赤霉素　花期用 10～15mg/L 赤霉素＋0.5％的尿素溶液全树均匀喷洒 1 次，可提高坐果率。金丝小枣盛花末期或大枣树的盛花期喷施 10～15mg/L 的赤霉素，可提高坐果率。在冬枣盛花期喷 1～15mg/L 的赤霉素、0.055～0.2％的硼砂、0.3％～0.4％的尿素混合水溶液，可有效提高结果率。

（2）2,4-二氯苯氧乙酸　花期喷施 5～10mg/L 的 2,4-二氯苯氧乙酸溶液，对新乐大枣、郎枣等均有不同程度提高坐果率的效果。冬枣的花器和叶片对 2,4-二氯苯氧乙酸特别敏感，稍不慎就会烧叶、烧花，故尽量不用。

金丝小枣和郎枣的花后用 30～60mg/L 的 2,4-二氯苯氧乙酸全树喷施，可减少落果，还可促进幼果快速膨大，增加单果重。

（3）萘乙酸（NAA）　在大枣树上用 15～30mg/L 的萘乙酸浓度全树喷施，能提高坐果率。在金丝小枣盛花末期全树喷施 15～20mg/L 的萘乙酸可提高坐果率，喷施 20mg/L 以上时会抑制幼果膨大，或引起大面积落果。金丝小枣采前 40 天和 25 天左右各喷布 1 次 50～80mg/L 萘乙酸或其钠盐，预防风吹落效果显著。

（4）吲哚乙酸和吲哚丁酸　在大枣盛花末期分别用 50mg/L 的吲哚乙酸和 30mg/L 的吲哚丁酸喷施全树，可明显提高坐果率。

（5）对氯苯氧乙酸　金丝小枣盛花末期用 20～50mg/L 的对氯苯氧乙酸溶液喷施全树，可明显提高坐果率。

（6）三十烷醇　在枣树盛花初期喷 2 次 1mg/L 的三十烷醇，可提高坐果率；生理落果期喷 1 次 0.5～1mg/L 的三十烷醇，可减轻落果并能促进果实膨大。

（7）枣丰灵（主要成分为赤霉素、6-苄氨基嘌呤）　在幼果期全树喷施枣丰灵 1 号，既能防止幼果脱落，又可促进幼果快速膨大。金丝小枣的发育中、后期，使用枣丰灵 2 号或枣丰灵 5 号有明显防落效果。对果个正常的冬枣要慎用，使用过晚或浓度过大可能会引起裂果。

4. 促进果实肥大和成熟

（1）氯吡脲　我国台湾青枣在落花期及 1 天后各喷 1 次 5mg/L 的氯吡脲，能够拉长台湾青枣果径、增大果实、提高果实品质、增强抗逆性。

（2）枣丰灵（主要成份为赤霉素、6-苄氨基嘌呤）　在幼果期全树喷施枣丰灵 1 号，可促进幼果快速膨大。

（3）乙烯利　使用乙烯利催落技术采收枣果，效果显著，一般喷后第二天即开始生效，第四天使果柄离层细胞逐渐受到破坏而解体，轻摇树枝果实即可全部脱落。

5. 采后贮藏保鲜

（1）赤霉素　冬枣采后用 50μg/L 的溶液浸泡 30 分钟后，能抑制枣果的成熟衰老。"脆枣"采后用 30mg/L 的赤霉素处理，可推迟酒化和褐变的发生。于枣果采收前喷施 10～15mg/L 的赤霉素药液，能提高采后果实的贮藏性。

（2）1-甲基环丙烯　我国台湾青枣采后用 0.25mg/L 的 1-甲基环丙烯处理果实 24 小时，常温下贮藏，可有效抑制果实腐烂和褐变。

6. 0.136%赤·吲乙·芸薹可湿性粉剂（碧护）在大枣上的应用技术

第一次：萌发期（枣吊形成），碧护 6g/亩叶面喷雾，功效：促进萌发、提高树体抗逆性，增加树体的光合作用，增强树势、促进营养物质的转化积累，促进枣头、枣吊、花芽的生长发育，提高病虫害的防治药效。促进根系发育，防治死棵。

第二次：花蕾期（花前），碧护 6g/亩叶面喷雾，功效：促进花器发育完整；促进树体对养分的吸收、利用和积累，促进营养生长于生殖生长的平衡，减少落花落果。

第三次：花期（花开 40%），碧护 6～9g/亩叶面喷雾，功效：促进坐果；补充花期养分与激素的平衡，促进树体对养分的吸收、利用和积累；调整座果率，减少落果。

第四次：果实膨大期（白果期），碧护 6g/亩叶面喷雾，功效：提高树体和果肉细胞活性，促进果肉细胞分裂、膨大果实，增加光合作用，提高对缩果病、裂果的防治。

第十九节　植物生长调节剂在葡萄上的应用

1. 促进插条生根

插条直立于吲哚丁酸或吲哚乙酸 1000mg/L 高浓度溶液中浸 5 秒钟后取出晾干即可扦插。将吲哚丁酸配制成 25～200mg/L 溶液，再将插条基部浸入药液中 8～12 小时后取出扦插。这两种方法均可促进枝条生根。

2. 抑制徒长、提高坐果率

（1）矮壮素　开花前 5～10 天喷施 200～500mg/L 矮壮素，可增加穗重、提高果穗整齐度。玫瑰香葡萄开花前 7 天，喷液 0.2%～0.5% 的矮壮素溶液 1 次，能抑制主、副梢生长过旺，提高产量。

（2）多效唑　在巨峰葡萄盛花期或花后 3 周，叶面喷布 0.3%～0.6% 多效唑，能明显抑制当年或第 2 年的新梢生长，增加单枝花序量、果枝比率和产量，但第 3 年的产量有所下降。

（3）甲哌鎓　甲哌鎓能显著抑制副梢生长和节间伸长，减少生长量，同时也可提高坐果率，增加穗重，尤其可以提高含糖量。

（4）萘乙酸　在葡萄豌豆粒大时，用 300mg/L 萘乙酸浸蘸果粒，可提高坐果率。

3. 促进花序伸长

3 年生棚架红地球葡萄开花前 10～15 天（花序 10cm 长时）用美国奇宝牌 20% 赤霉素可湿性粉剂（2～4）万倍液浸渍花序后，有拉长花序作用，还能增大果粒，促进果实着色，增加果穗重。

4. 诱导果实无核

以赤霉素和抗菌素两者混合处理葡萄的无核率高，并能减轻赤霉素单用时引起的穗轴硬化。对无核白鸡心葡萄，在开花 5～10 天用 30～50mg/L 的赤霉素浸蘸果穗 3～5 秒，可使果粒增大至 9～10g，果穗增大 2 倍，并提早成熟 5～8 天。

5. 促进果实肥大

（1）氯吡脲　在花后使用氯吡脲 5～20mg/L 对巨峰葡萄膨大效果明显，

并且随浓度提高效应增强，果粒由椭圆形变为近圆形，果形指数降低。而 5～20mg/L 的氯吡脲与 20～50mg/L 的赤霉素混用较单用对葡萄果实膨大具有更明显的增效作用。

（2）赤霉素　在无核葡萄上使用赤霉素，一般采取花后一次处理的办法，浓度通常为 50～200mg/L。使用适期在盛花后 10～18 天。使用方法以浸蘸果穗为主，或以果穗为重点进行喷布。赤霉素对有核品种，尤其是种子少和果粒大小不整齐的品种果实增大作用也不可忽视。赤霉素在藤稔、甜峰、巨峰上使用较多，处理时间为花后 10～15 天，浓度通常为 25 mg/L。

6. 提早成熟

（1）赤霉素　除前面介绍的应用赤霉素促进葡萄无核化，可提早着色，促进成熟外。无核葡萄花前用赤霉素处理花序，也可加快着色，并且对果实着色度有增加趋势，在藤稔葡萄也有相似的结果。

（2）乙烯利　在葡萄果实开始上色时用乙烯利 300～700mg/L 喷布或蘸浸果穗，可提前成熟 4～11d。乙烯促进葡萄着色的浓度与其造成落叶落粒的浓度较为接近，生产上难以掌握，了避免副作用的产生，加入 10～20mg/L 萘乙酸，可消除或减轻脱落。

（3）氯吡脲　花后用氯吡脲处理可推迟果实开始着色 2～3 天，最终使果实着色整齐，且着色期缩短。

（4）脱落酸　采用 50～100mg/L 的脱落酸处理 "Wink" 和 "Red Globe" 葡萄，能有效的促进果实着色，并改善果实的质量。巨峰葡萄着色初期，用含 1‰脱落酸的 250mg/L 的 S-诱抗素浸泡果穗，能提高巨峰葡萄的着色指数，抑制掉粒，提高果实品质。

（5）烯效唑　在葡萄果实成熟前 20 天和 10 天左右，分别用浓度为 50～100mg/L 的烯效唑溶液喷施于葡萄果穗上，可明显促进果皮花色素的形成，促进果实着色，提高品质与产量。

7. 防止果穗脱粒

（1）对氯苯氧乙酸　巨峰葡萄在采前 4～10 天用 15～20mg/L 的对氯苯氧乙酸喷施或采前喷施再结合采收当日浸蘸，对减轻采后贮藏期落粒效果好。

（2）萘乙酸（NAA）　在采前 7 天喷 20～100mg/L 的萘乙酸或 100mg/L 的 6-苄氨基嘌呤＋100g/L 的萘乙酸，可减轻成熟葡萄落粒。

（3）6-苄氨基嘌呤　在采收前用 250～500mg/L 的 6-苄氨基嘌呤喷洒或采后浸蘸，对果实有良好的贮藏保鲜作用，可减少浆果在装箱贮藏和运输过程中脱落，如用100mg/L的6-苄氨基嘌呤加100mg/L的萘乙酸混合处理，效果更好。

8. 0.136%赤·吲乙·芸薹可湿性粉剂（碧护）在葡萄上的应用技术（表6-4）

表6-4　碧护在葡萄上的应用技术

	应用时期	目的	使用剂量	功效特点
花前应用	萌芽期	促萌	3500倍喷施	促进萌发、提高树体的抗逆性、预防晚霜危害
	发芽期	调整新稍	7500倍喷施	促进新梢、花序发育
	花序分离期	拉穗	3000～4000倍喷施	促进花序侧穗发育、拉长果穗
花后应用	果肉细胞分裂初期（红提在花后14天、克瑞森、夏黑等无核系列在花后7～8天）	膨大果实	5000倍＋钙＋安融乐5000倍叶面喷施	补充花期养分消耗、平衡树体生长、促进果肉细胞开始分裂、膨大果实
	果肉膨大期（红提在花后20天、克瑞森、夏黑等无核系列在花后14天）	膨大果实	5000倍＋钙＋安融乐5000倍叶面喷施	促进果肉细胞分裂、膨大果实
	二次膨大期	膨大果实	5000倍＋钙＋安融乐5000倍叶面喷施	促进果肉细胞分裂、膨大果实，提高树体抗旱、抗热能力，提高果实固形物含量，
	转色期	转色增糖	7500倍＋安融乐5000倍＋高钾叶肥喷施	促进转色、增加硬度和糖度、提高果实固形物含量、增加果粉、提升品质

注：巨峰等无需拉长果穗的葡萄品种在花前5天左右7500倍喷施。

第二十节　植物生长调节剂在猕猴桃上的应用

1. 打破种子休眠

将干藏猕猴桃种子用100mg/L的赤霉素溶液浸泡6小时，可显著地提高种子发芽率。将预先砂藏层积10天的猕猴桃种子用500mg/L的赤霉素溶液浸泡24稀释，能促进种子解除休眠，提高发芽率。

2. 促进扦插生根

（1）吲哚丁酸（IBA）　用500～1000mg/L的IBA快速浸蘸处理绿枝，或用200～500mg/L的IBA浸蘸3小时，可促进生根。选择长10～15cm，直径0.4～0.8cm的一年生中华猕猴桃硬枝中、下段做插条，插条上端切口用蜡封好，用5000mg/L的IBA液快速浸3秒，可促进生根，提高成活率。

（2）萘乙酸　选用中华猕猴桃一年生半木质化嫩枝插条，适当留 1～2 叶片，将插条基部浸于 200mg/L 的萘乙酸溶液中 3 小时，取出后用消毒湿沙保湿培养，可促使猕猴桃插条生根，提高成活率。

（3）吲哚丁酸＋萘乙酸　猕猴桃嫩枝扦插以吲哚丁酸＋萘乙酸（1000mg/L＋1000mg/L）浸蘸处理，有较好的促进生根的作用。

3. 控制枝梢生长

（1）多效唑　于 4 月底 5 月初喷一次 2000～3000mg/L 的多效唑，可明显抑制新梢的生长，但对侧径和横径无显著影响，平均单果重有明显的增加。

用土施多效唑方法控制猕猴桃枝梢生长，施用最佳时期是萌芽期或头年秋季，施用量以 2.0～4.0g／株为宜。

（2）丁酰肼　中华猕猴桃幼树在当年新梢旺盛生长开始时喷布 2000mg/L 的丁酰肼，能有效地控制营养生长，增加产量，提早结果。

4. 促进果实膨大

花后 20 天用 5～40mg/L 的氯吡脲处理可明显增大猕猴桃的果实，同时可使果实成熟期提前 10～15 天。美味猕猴桃在盛花后 15 天以 5mg/L 的氯吡脲蘸果，可增加单果重，提高果实的风味与品质。一些优质猕猴桃产区，为了避免氯吡脲的不合理使用，造成果实膨大而品质下降的情况，禁用或限用氯吡脲。

5. 采后贮藏保鲜

（1）1-甲基环丙烯(1-MCP)　猕猴桃果实用 50～100μL/L 的 1-MCP 处理 12～24 小时，20℃下贮藏，能够延长贮藏期。

（2）吲哚乙酸采后当天用 50mg/L 的吲哚乙酸浸果 2 分钟，处理后贮藏于 20℃下，可延缓果实的后熟软化。

6. 0.136%赤·吲乙·芸薹可湿性粉剂（碧护）在猕猴桃上的应用技术（表 6-5）。

表 6-5　碧护在猕猴桃上的应用技术

使用时期	使用方法	稀释倍数	应用效果
萌芽期	叶面喷雾	7500 倍	预防晚霜冻害,提高萌芽整齐度,提高嫁接成活率,可有效缓解红阳猕猴桃"皱叶"
花蕾期	叶面喷雾	15000 倍	预防冻害,促进形态分化,促进花蕾发育,开花整齐,花期集中,提高授粉率,预防畸形果

使用时期	使用方法	稀释倍数	应用效果
幼果期	叶面喷雾	15000 倍	预防幼果叶片高温日灼,促进果实膨大,减少干叶、卷叶、早期落叶
膨大期	叶面喷雾	15000 倍	提高光合作用,促进果实膨大,增加养分积累,提高花芽分化质量,预防高温日灼,强壮树势,提高抗逆性
壮果期	叶面喷雾	15000 倍	提高干物质形成,增加果实糖度、硬度,促进合作色,改善品质,增加单果重,延长货架期,增加耐储性,提高抗逆性
采收期	叶面喷雾结合灌根	15000 倍喷雾+200000 倍灌根	促进新根发生,根系发达,提高光合作用,增加树体养分积累,提高木质化形成,预防寒流冻害和来年晚霜冻害

第二十一节　植物生长调节剂在草莓上的应用

1. 打破休眠,促进花芽分化

在草莓半促成栽培中,生长初期喷布 8~10mg/L 的赤霉素,可促进花芽发育,使第一花序提早开花;可促进叶柄伸长,有利于授粉及果实发育。在草莓促成栽培中,于开始保温后喷施 1~2 次 5~10mg/L 的赤霉素。在 2 片叶期喷第 1 次,可促进幼叶生长,防止发生休眠;在现蕾期酌情喷布第 2 次,可促进花柄伸长,有利于授粉受精。

2. 调控匍匐茎和花序生长

(1)在母株成活并长出 3 片新叶后喷施 1~2 次 50mg/L 的赤霉素,每株喷 5~10mL,能有效的促进草莓匍匐茎的发生量,扩大种苗的繁殖系数。

(2)多效唑　喷布 250mg/L 的多效唑对草莓匍匐茎的长度、株高以及叶柄长度都有明显的抑制作用,同时对草莓的产量有增产作用。

(3)抑芽丹　在 6 月中旬和 7 月上旬分别喷布一次 2000mg/L 的抑芽丹,能抑制草莓匍匐茎的发生。

(4)在保护地栽培的丰香草莓园,9 月中旬定植后,在顶花序现蕾初期喷洒 10mg/kg 赤霉素 1 次,喷后 10 天再喷 1 次,可显著促进丰香草莓顶花序伸长,提早成熟,提高前期产量,减少烂果。

3. 促进果实发育,改善果实品质

(1)氯吡脲(CPPU)　氯吡脲处理草莓后,主要作用是增厚叶片、增加结果数和提高产量，但可溶性固形物下降，畸形果比例提高。

（2）赤霉素　在草莓露地栽培时，从3月中旬开始用10mg/L的赤霉素药液每隔7天喷洒1次，共喷3次，可增加早期产量和总产量；或在开花初期每隔7天喷洒植株1次，可增加产量和品质。

（3）用10～50mg/L的萘乙酸、或2,4-二氯苯氧乙酸、或吲哚乙酸、或吲哚丁酸溶液喷洒草莓幼果，可促进果实膨大，增加产量。

4. 0.136%赤·吲乙·芸薹可湿性粉剂（碧护）在草莓上的应用技术（表6-6）

表6-6　碧护在草莓上的应用技术

应用时期	应用方法	功效特点
苗期	用碧护7500倍＋安融乐5000倍＋杀菌剂喷淋苗床，壮苗防病	促进根系发育，强壮幼苗，预防苗期病害
定植管理	① 穴盘育苗　用碧护5000倍＋安融乐5000倍＋杀菌剂在定植时对穴盘浸盘，然后定值 ② 其他育苗　定植时用碧护15000倍＋杀菌剂＋安融乐5000倍顺茎秆灌根	促进发根，提高移栽成活率，强壮壮苗，预防病害的发生
花蕾形成及开花结果前后管理	① 花序分化后　用碧护7500倍＋0.3%的尿素＋0.3%的硼叶面喷施 ② 对于白粉病、红蜘蛛发生时，使用碧护7500倍液＋杀菌剂或杀虫剂＋安融乐5000倍叶面喷施	促进花蕊的开裂和花粉管的萌发，促进授粉，提高坐果率和果实的商品性，增产增收

第七章

植物生长调节剂的科学使用

植物生长调节剂一般不能直接使用，必须根据原药的性质加工成各种类型的制剂后使用。由于不同剂型中原药含量和使用量不同，所以在实际使用中一定要严格按照具体品种推荐的使用方法和剂量使用，以免达不到预期的作用或发生药害等副作用。另外，植物生长调节剂作为一种化学品，要严格注意其产品的毒副作用与安全使用说明，以保障使用和食品安全。本章主要介绍植物生长调剂的剂型和科学使用。

一、植物生长调节剂剂型

农药剂型种类很多，但对于植物生长调节剂来说，一般为可湿性粉剂、可溶粉剂、水剂、可溶液剂、乳油、微乳剂、悬浮剂等。各个剂型的特点介绍如下。

1. 可湿性粉剂

可湿性粉剂是指可分散于水中形成稳定悬浮液的粉状制剂。它是由原药、载体和填料、表面活性剂等组成。国内主要植物生长调节剂可湿性粉剂为：15％多效唑可湿性粉剂、5％烯效唑可湿性粉剂、18％氯胆·萘乙酸可湿性粉剂、10％吲丁·萘乙酸可湿性粉剂等。

使用时，按照使用说明书的方法使用，例如将5％烯效唑可湿性粉剂对水成 $50\sim150mg/kg$ 用于水稻浸种或稀释成 $300\sim450mg/kg$ 用于草坪的茎叶喷雾。

2. 可溶粉剂

可溶粉剂是指在使用浓度下，有效成分能溶于水中形成真溶液，可含有一定量的非水溶性惰性物质的粉状制剂。它是由原药、填料和适量的助剂所组成。能加工成此制剂的原药，大多是常温下在水中有一定溶解度的固体原药。国内主要植物生长调节剂可溶粉剂为：0.01％芸薹素内酯可溶粉剂、80％矮壮素可溶粉剂、92％丁酰肼可溶粉剂、10％乙烯利可溶粉剂、85％2,4-滴钠盐可溶粉剂、10％甲哌鎓可溶粉剂、40％萘乙酸可溶粉剂、50％吲乙·萘乙酸可溶粉剂、20％赤霉素可溶粉剂等。

使用时，按照使用说明书的方法使用，例如将80％矮壮素可溶粉剂对水稀释8000～16000倍用于棉花茎叶喷雾来调节其生长或稀释为1500～2000mg/kg用于小麦茎叶喷雾来调节其生长。

3. 水剂

水剂是指有效成分和助剂的水溶液制剂。它是将原药和助剂完全溶于水中后形成的制剂。国内主要植物生长调节剂水剂为：0.004％芸薹素内酯水剂、50％矮壮素水剂、70％乙烯利水剂、250％甲哌鎓水剂、1.4％复硝酚钠水剂、60％氯化胆碱水剂、30.2％抑芽丹水剂、2％2,4-滴钠盐水剂、5％萘乙酸水剂、0.751％芸薹·烯效唑水剂、30％芸薹·乙烯利水剂、0.4％芸薹·赤霉素水剂、22.5％0.4％芸薹·甲哌鎓水剂等。

使用时，按照使用说明书的方法使用，例如将0.004％芸薹素内酯水剂对水稀释成0.01～0.02mg/kg用于叶菜类蔬菜、水稻茎叶喷雾来提高产量或稀释成0.02～0.04mg/kg用于小麦苗期扬花时茎叶喷雾来促进生长。

4. 可溶液剂

可溶液剂是指用水稀释后有效成分形成真溶液的均相液体制剂。它是由原药、溶剂（水或其他有机物）、助剂（表面活性剂以及增效剂等）组成。国内主要植物生长调节剂可溶液剂为：0.01％芸薹素内酯可溶液剂、2％苄氨基嘌呤可溶液剂、0.1％氯吡脲可溶液剂、0.1％三十烷醇可溶液剂等。

使用时，按照使用说明书的方法使用，例如将2％苄氨基嘌呤可溶液剂对水稀释400～600倍用于柑橘树来调节生长和增产。

5. 乳油

乳油是指用水稀释后形成乳状液的均一液体制剂。它是由原药、溶剂、乳化剂等组成。国内主要植物生长调节剂乳油为：5％多效唑乳油、0.01％芸薹素内酯乳油、4％赤霉素乳油、30％甲戊·烯效唑乳油、3.6％苄氨·赤霉素乳油等。

使用时，按照使用说明书的方法使用，例如将 3.6％苄氨·赤霉素乳油对水稀释 600～800 倍液（用 1 次）或 800～1000 倍液（用 2 次）用于苹果树来调节果型。

6. 微乳剂

微乳剂是指透明或半透明的均一液体，用水稀释成微乳状液体的制剂。它是由原药、有机溶剂、乳化剂和水等组成。国内主要植物生长调节剂微乳剂为：20％多唑·甲哌鎓微乳剂、20.8％烯唑·甲哌鎓微乳剂、0.1％三十烷醇微乳剂等。

使用时，按照使用说明书的方法使用，例如将 20％多唑·甲哌鎓微乳剂用量 90～120g/hm² 用于冬小麦喷雾来调节其生长。

7. 悬浮剂

悬浮剂是指非水溶性的原药与助剂在水中形成高分散度的悬浮状液体制剂。它是由原药、分散剂、润湿剂、增稠剂、水等组成。国内主要植物生长调节剂悬浮为：25％多效唑悬浮剂、30％矮壮·多效唑悬浮剂、10％烯效唑悬浮剂等。

使用时，按照使用说明书的方法使用，例如将 25％多效唑悬浮剂对水稀释成 100～150mg/L 用于小麦来调节其生长和增产。

二、植物生长调节剂科学使用

1. 植物生长调剂科学使用策略

（1）正确诊断症状　使用植物生长调节剂是用来调控植物生长发育过程的，要针对生产中存在的问题，做到有的放矢，才能取得应有的效果。因此首先要正确诊断存在的问题，发现问题的根源，才能对症下药。例如瓜类、茄果类生产中出现化瓜或落果现象，就应根据情况分析造成这种现象的原因，是因为花粉发育不良、阴雨天气等造成的授粉受精不良，还是因为水肥供应不足无法坐果，或是营养生长过旺抑制了生殖生长。如果是授粉受精不良，则可以通过使用生长素、赤霉素和细胞分裂素，促进受精或未受精子房膨大，形成有籽或无籽果实，同时抑制离层的形成，达到保花保果的目的。如果是肥水供应不足引起的果实发育不良导致的落果，则施用生长促进剂也无法满足植物生长的营养需求，反而更容易导致果实畸形，必须补充营养，增施肥料才可以从根本上解决问题。如果是营养生长过旺抑制了生殖生长导致的无法坐果，则应该通过抑制营养生长来促进生殖生长，再使用生长促进剂则只能起反作用。早春因地温较低、植株根系活动弱，吸收功能差，黄瓜、番茄易产生严重的花打顶和沤根现象，此时如果盲目大量喷施保花、保果的植物生长调节剂，就只会加重花打顶、沤根生理现象。

（2）正确选用和合理使用植物生长调节剂　了解症状后，还要了解生长调节剂的性质和功能，对症选用生长调节剂。每种植物生长调节剂都有其应用范围，超范围使用很容易发生药害。如防落素可安全有效应用于茄科蔬菜的蘸花，但如果应用在黄瓜、菜豆上，就很容易导致幼嫩组织和叶片产生严重药害。在叶菜中促进生长的植物生长调节剂如应用到瓜类蔬菜上就可能引起徒长，甚至可能使开花结果受到影响，最终导致产量下降。

植物生长调节剂在适宜的时期施用才能达到预期效果，而施用适宜期则应根据使用目的来确定，使用时期不当，不仅达不到使用目的，有时还会导致药害。如使用乙烯利诱导雌花，处理时期也十分关键，黄瓜应该在幼苗 1～3 叶期进行，丝瓜应在幼苗 2 叶期进行，瓠瓜则应该在 4～6 片真叶时期进行，子叶期喷药不起作用，处理时间过迟则早期花蕾性别已定，达不到诱导雌花的效果。

蔬菜使用植物生长调节剂的效果对温度等外界环境条件有着一定的要求，施用植物生长调节剂应在一定温度范围内进行，使用浓度也应随着环境温度的变化做相应的调整。通常温度高时应用低剂量，温度低时应用高剂量。否则，温度高时用高剂量，就容易出现药害，温度低时应用低剂量，又达不到增产效果。如防落素在番茄上应用，即使在正常用量下，气温高于 30℃ 或低于 15℃ 都易产生药害。高温时易使番茄脐部形成放射状开裂药害，低温时则形成脐部乳突状药害。因此在夏季高温条件下以及保护地环境中使用植物生长调节剂要十分慎重，应选用较低的浓度，初次使用最好先进行浓度试验，以免造成难以挽回的损失。鉴于植物生长调节剂对温度比较敏感，即使春秋季使用时也要尽量避开高温时段，通常在上午 9 点之前或下午 3 点以后施用，切忌在烈日下喷施；同时还应避免在雨前使用导致药剂流失，通常喷后 7～9 个小时后下雨，药剂已进入植物体内，就不必补喷；如果喷后短时间内遇雨，则应酌情补喷。

此外一般蘸花保果类调节剂里含有 2，4-滴等一些易飘移的化学成分，有风或高温天气时施用易飘移，造成植株叶片或相邻敏感作物产生药害。

在选购农药时，要仔细阅读农药标签。标签上标明了农药贮存、运输和使用的信息。根据标签选购、运输和贮存农药，并严格按照标签指导进行用药。农药标签具有法律效力，如按照标签使用出现问题，可以追究厂家的法律责任，能够维护消费者的权益。

要科学合理地使用生长调节剂，避免对植物生长调节剂过分依赖的观念，切忌盲目扩大使用范围，擅自加大使用剂量，在保证效果的前提下，尽量用较低的浓度，较少的次数，严格掌握喷药间隔。同时要根据温度和环境的变化灵活掌握使用浓度、使用时间，使用时尽量避开高温时段，夏季或温室中使用时尽量用较低的浓度，以免产生药害。

由于不同国家对植物生长调节剂的残留标准有所差异，因此在进行外销蔬菜产品生产时，使用植物生长调节剂更要慎重，应事先查询有关标准，以便在生产过程中进行质量控制，保证产品达到出口标准。欧盟、美国、韩国等对多效唑在蔬菜上的残留要求非常严格，日本对生姜、大葱、洋葱、胡萝卜、萝卜、黄瓜等蔬菜上的多效唑残留要求均不得超过 $0.01mg/kg$，美国、欧盟、韩国等国家和组织对上述蔬菜中的多效唑残留也要求为"不得检出"。因此在生产销往这些国家的蔬菜产品时，生产中不应使用多效唑，以保证产品质量。

按照有机蔬菜生产的有关规定，在有机蔬菜生产中，不得使用人工合成的植物生长调节剂。

（3）小规模试用试验 由于作物种类和品种不同、气候条件不同，同样的生长调节剂的使用效果可能有所差异，因此在开始大范围使用某种植物生长调节剂之前，特别是使用新的植物生长调节剂之前，比较稳妥的方法是先进行小规模的试用试验，用推荐的浓度按照正常的使用方法在少量植株上进行试用，如果没有发生异常反应，则可以进行扩大推广，如果发生异常反应，则应视情况严重程度，降低浓度或剂量，或调换生长调节剂种类，再进行试验，直至使用安全无害为止。很多成功的经验或失败的教训告诉我们，这种预备试验虽然会消耗一定的人力和时间，却是安全高效使用生长调节剂所必需的。

（4）有效栽培措施的配合 植物生长调节剂只是调控植物的生长发育过程，却不能为生长发育提供基础营养成分，不能代替肥料、农药和其他耕作措施。对于使用者，正确估计植物生长调节剂的作用，摆正其在农业生产中的位置，是非常重要的。赤霉素、萘乙酸等是促进植物生长的，如果施用后没有良好的肥水供应，植物生长发育缺乏原料，则无法达到增产的目的。萘乙酸、吲哚丁酸等生长调节剂可以促进插条生根，其前提是苗床管理措施要适宜生根，比如保持一定的温度和适度等。利用 2,4-滴处理番茄落花落果问题，也必须配以行之有效的栽培技术措施，如整枝、施肥、浇水等，否则即使保住果实，由于缺乏养分供应，果实虽多但个头细小，多畸形，经济价值不高。

2. 准确量取制剂使用量

植物生长调节剂具有用量小的特点，在实际中要特别注意制剂的使用量。标签对制剂的使用说明一般有两种表示方法：倍数浓度表示法和质量含量表示法。

（1）倍数表示法　倍数表示法中 X 倍是指水的用量是制剂用量的 X 倍。计算公式为：制剂用量＝稀释后的药液量÷使用倍数。例如配置 10kg500 倍的药液，需要制剂量单位为克，计算公式为：制剂用量＝稀释后的药液量（10 千克）÷使用倍数（500）＝20 克。

（2）质量含量表示法　质量含量一般表示为毫克/千克（mg/kg）。计算公式为：质量含量×药液量＝制剂含量×所需制剂数量。例如 100mg/kg 的多效唑 10kg 药液，需要 25％多效唑悬浮剂的量计算公式如下：质量含量（100mg/kg）×药液量（10kg）＝制剂含量（25％）×所需制剂数量，所需制剂数量＝100mg/kg×10kg÷25％＝4000mg＝4g。

3. 使用方法

施用植物生长调节剂的方法通常有喷雾、拌种、浸泡、涂抹、点花、浇灌等几种。

喷雾按照标签说明配制药液用喷雾设备喷洒植株，要求液滴细小、均匀，以喷洒部位湿润为度。

拌种法和种衣法主要用于种子处理。用杀菌剂、杀虫剂、微肥等处理种子时，可适当添加植物生长调节剂。拌种法是将药剂与种子混合拌匀，使种子外表沾上药剂，如用喷雾器将药剂喷洒在种子上，搅拌均匀后播种。如用石油助长剂拌种，可刺激种子萌发，促进生根。种子包衣处理是用专用型种衣剂，将其包裹在种子外面，形成有一定厚度的薄膜，除可促进种子萌发外，还可达到防治病虫害、增加矿物质营养、调节植株生长的目的。

浸泡法常用于促进插穗生根、种子处理、催熟果实、贮藏保鲜等，如带叶的木本插穗，可放在 5～10g/L 的吲哚丁酸中，浸泡 12～24 小时后，直接插入苗床中。也可用快蘸法。要注意浓度与环境的关系，如在空气干燥时，枝叶蒸发量大，要适当提高浓度，缩短浸蘸时间，避免插条吸收过量药剂而引起药害。另外注意扦插温度。一般生根发芽温度以 20～30℃最为适宜。三是抓好插条药后管理。插条以放在通气、排水良好的沙质土壤中为好，防止阳光直射。

涂抹法用羊毛脂处理时，将含有药剂的羊毛脂直接涂抹在处理部位，大多涂在伤口处，有利于促进生根，还可涂芽。高空压条切口涂抹法可用于名贵的、难生根花卉的繁殖。方法是在枝条上进行环割，露出韧皮部，将含有生长素类药剂的羊毛脂涂抹在切口处，用苔藓等保持湿润，外面用薄膜包裹，防止水分蒸发。

点花。以点花法施药时，要选好药剂和浓度，避免高温点花，特别是2,4-滴和防落素用于番茄、茄子点花时，在药液中适当加颜料混合，防止重复点花。

土壤浇灌将植物生长调节剂配成水溶液，直接灌在土壤中或与肥料等混合施用，使根部充分吸收。一般在苗期时为培育壮苗而进行浇灌，或成长期增加根的生长时进行浇灌。如叶菜苗期用 10mg/L 的复硝酚钠进行浇灌，促使苗齐、苗壮。黄瓜在结瓜期用 10g/亩，可以使根系发达，增加结瓜和延长生育期。浇灌时注意药剂量，以免浪费。如为促使植株开花，控制植株茎、枝伸长生长，可用 0.1%～0.3%琥珀酰胺酸与矮壮素水溶液浇灌。

三、植物生长调节剂的残留控制

由于植物生长调节剂多为人工合成的化合物，比植物激素更稳定，在土壤和植物体内均有可能残留，对食品安全和环境安全构成潜在的威胁，特别是2011 年以来发生的西瓜开裂、香蕉催熟等农产品质量安全事件，使得植物生长调剂的使用越来越受到人们的关注。越来越多的国家和组织针对不同的生长调节剂和不同农产品，制定了一系列限量标准。例如，针对矮壮素，国际食品法典（CAC）制定了 24 种产品的最大残留限量（MRL）标准，而欧盟和日本，涉及产品数量达到 179 个和 166 个。

1. 国内植物生长调节剂限量标准

根据 GB 2763—2014 食品安全国家标准食品中农药最大残留限量的规定，将涉及的植物生长调节剂的限量标准介绍如下：

（1）2,4-滴　2,4-滴属于低毒农药，对眼睛和皮肤有一定刺激作用。国际食品法典委员会（CAC）标准规定 25 种农产品中 2,4-滴的残留限量范围为0.01～400mg/L，产品涉及小麦、水果、蛋及草料饲料等，日本、美国的 2,4-滴限量标准涉及农产品数量分别达到 337 个和 96 个。欧盟和日本大白菜的2,4-滴限量标准分别为 0.05mg/L 和 0.08mg/L。我国国家标准中规定的限量如表 7-1 所示。

表 7-1　我国国家标准中规定的 2,4-滴限量

食品类别/名称	最大残留限量/(mg/kg)
谷物	
小麦	2
黑麦	2
玉米	0.05
鲜食玉米	0.1
高粱	0.01
油料和油脂	
大豆	0.01
蔬菜	
大白菜	0.2
番茄	0.5
茄子	0.1
辣椒	0.1
马铃薯	0.2
玉米笋	0.05
水果	
柑橘类水果	1
仁果类水果	0.01
核果类水果	0.05
浆果及其他小粒水果	0.1
坚果	0.2
糖料	
甘蔗	0.05
食用菌	
蘑菇类(鲜)	0.1

（2）矮壮素　国际食品法典委员会（CAC）、欧盟、日本、澳大利亚等国家和国际组织则制定了多种农产品中矮壮素的限量标准，其中日本矮壮素的限量标准涉及的农产品达 166 个，欧盟涉及的农产品达 178 个。我国国家标准中规定的限量如表 7-2 所示。

表 7-2　我国国家标准中规定的矮壮素限量

食品类别/名称	最大残留限量/(mg/kg)
谷物	
小麦	5
大麦	2
燕麦	10
黑麦	3
小黑麦	3
玉米	5

食品类别/名称	最大残留限量/(mg/kg)
谷物	
黑麦粉	3
黑麦全麦粉	4
油料和油脂	
油菜籽	5
菜籽油毛油	0.1
棉籽	0.5

（3）胺鲜酯　我国国家标准中规定的限量如表 7-3 所示。

表 7-3　我国国家标准中规定的胺鲜酯限量

食品类别/名称	最大残留限量/(mg/kg)
谷物	
玉米	0.2
蔬菜	
普通白菜	0.05
大白菜	0.2

注：以上含量为临时限量。

（4）单氰胺　我国国家标准中规定的限量如表 7-4 所示。

表 7-4　我国国家标准中规定的单氰胺限量

食品类别/名称	最大残留限量/(mg/kg)
葡萄	0.05

注：该限量为临时限量。

（5）多效唑　欧盟、美国、韩国等对多效唑在蔬菜上的残留要求非常严格，日本对包括芥菜、生姜、长葱、洋葱、胡萝卜、萝卜、蒿菜、黄瓜等蔬菜上的多效唑残留最高限量均为 0.01mg/L，美国、欧盟、韩国等对上述蔬菜中的多效唑残留则要求为"不得检出"。瑞典等国家已经禁用多效唑。由于多效唑的降解较慢，在土壤中残留期较长，在生产出口蔬菜时应针对出口国的相关标准，慎重使用多效唑。

我国国家标准中规定的限量如表 7-5 所示。

表 7-5　我国国家标准中规定的多效唑限量

食品类别/名称	最大残留限量/(mg/kg)
谷物	
稻谷	0.5
小麦	0.5

食品类别/名称	最大残留限量/(mg/kg)
油料和油脂	
油菜籽	0.2
花生仁	0.5
菜籽油	0.5
水果	
苹果	0.5
荔枝	0.5

（6）氯苯胺灵　我国国家标准中规定的限量如表 7-6 所示。

表 7-6　我国国家标准中规定的氯苯胺灵限量

食品类别/名称	最大残留限量/(mg/kg)
蔬菜	
马铃薯	30

（7）氯吡脲　我国国家标准中规定的限量如表 7-7 所示。

表 7-7　我国国家标准中规定的氯吡脲限量

食品类别/名称	最大残留限量/(mg/kg)
蔬菜	
黄瓜	0.1
水果	
橙	0.05
枇杷	0.05
猕猴桃	0.05
葡萄	0.05
西瓜	0.1
甜瓜	0.1

（8）萘乙酸和萘乙酸钠　我国国家标准中规定的限量如表 7-8 所示。

表 7-8　我国国家标准中规定的萘乙酸和萘乙酸钠限量

食品类别/名称	最大残留限量/(mg/kg)
谷物	
糙米	0.1
小麦	0.05
油料和油脂	
棉籽	0.05
大豆	0.05

食品类别/名称	最大残留限量/(mg/kg)
蔬菜	
番茄	0.1
水果	
苹果	0.1

（9）噻苯隆　我国国家标准中规定的限量，在大豆，花生仁中的最大残留限量为 0.05mg/kg。

（10）四氯硝基苯　我国国家标准中规定的限量，在马铃薯中的最大残留限量为 20mg/kg。

（11）乙烯利　国外对乙烯利在农产品中的残留量的限量要求更加严格，欧盟的限量标准涉及产品为 145 个，日本的限量标准涉及产品大 146 个，美国规定乙烯利在番茄、菠萝、柠檬上的残留量不超过 2mg/L，黄瓜不超过 0.1mg/L，新西兰在番茄上的限量为 1mg/L，日本对我国输日农产品新的限量规定番茄为 2mg/L。欧盟最新规定的果蔬中乙烯利最高残留限量为 0.02mg/L。我国国家标准中规定的限量如表 7-9 所示。

表 7-9　我国国家标准中规定的乙烯利限量

食品类别/名称	最大残留限量/(mg/kg)
谷物	
小麦	1
黑麦	1
玉米	0.5
油料和油脂	
棉籽	2
蔬菜	
番茄	2
辣椒	5
水果	
苹果	5
樱桃	10
蓝莓	20
葡萄	1
葡萄干	5
猕猴桃	2
荔枝	2
芒果	2
香蕉	2
菠萝	2

食品类别/名称	最大残留限量/(mg/kg)
水果	
哈密瓜	1
干制无花果	10
无花果蜜饯	10
坚果	
榛子	0.2
核桃	0.5
调味料	
干辣椒	50

（12）抑芽丹　我国国家标准中规定的限量如表 7-10 所示。

表 7-10　我国国家标准中规定的抑芽丹限量

食品类别/名称	最大残留限量/(mg/kg)
蔬菜	
大蒜	15
洋葱	15
葱	15
马铃薯	50

（13）赤霉素　属于微毒农药，动物急性毒性试验基本无毒性反应。我国目前尚没有农产品中赤霉素的相关国家标准。美国、日本等国家规定蔬菜中赤霉素最高残留限量为 0.2mg/kg。

赤霉素稳定性差，遇碱易分解，残留期较短。有实验表明，用赤霉素处理柠檬、脐橙 7 天后，果肉中未检出赤霉素残留；用高效液相色谱法测定鲁黄瓜 9 号成熟期瓜条的赤霉素含量，仅为 0.0024～0.2mg/kg，低于美国、日本规定的赤霉素在蔬菜中的残留限量标准。

（14）青鲜素　目前尚未发现青鲜素导致人体不适反应。我国目前尚未计划出台青鲜素的残留标准。美国环境保护局规定青鲜素在马铃薯和洋葱中的最高残留量分别是 50mg/kg 和 15mg/kg；加拿大规定青鲜素在胡萝卜、洋葱、萝卜、甜菜中的最高残留量分别为 30mg/kg、15mg/kg、30mg/kg、30mg/kg。

青鲜素的残留期约为 1～2 个月。中国科学院植物生理研究所用浓度为 4000mg/kg 的青鲜素抑制甜菜抽薹，喷施 1 个月后测定甜菜块根中青鲜素的残留量不超过 2mg/kg，低于加拿大标准。

2. 植物生长调节剂残留控制策略

目前植物生长调节剂虽被列为农药范畴，但均为低毒或微毒，在蔬菜生产中正常施用不会造成对蔬菜产品、环境和人的危害。但由于部分生产者对生长调节剂的作用缺乏正确的认识，目前蔬菜生产中确实存在植物生长调节剂过量使用、不当使用的问题，给蔬菜产品的食品安全造成隐患，也影响了一些蔬菜产品的外销出口。因此，为了生产更加安全优质的蔬菜产品，了解和掌握减少蔬菜产品中植物生长调节剂的方法，是非常必要的。

不同植物生长调节剂的性质、毒性、残留限量标准、残效期等各不相同，要根据作物的特点、产品的销路和市场要求，正确选用和使用生长调节剂，其基本原则是：在保证使用效果的前提下，尽量减少生长调节剂用量，既可以经济用药，又能够有效减少产品中残留，用尽量少的投入，生产出合格优质的蔬菜产品，保证蔬菜食品质量安全，减少对环境的污染。

（1）尽量使用自然源的植物生长调节剂　部分植物生长调节剂是从自然源中提取的天然物质，如赤霉素是从赤霉菌中分离提取的，三十烷醇是从植物蜡、蜂蜡、果皮蜡、糠蜡中提取的，2,4-滴、萘乙酸等人工合成的植物生长调节剂相比，这些天然的植物生长调节剂更加安全，是生产绿色食品等高标准蔬菜产品时允许使用的。因此在蔬菜生产中，如果可能，应尽量选用这些非人工合成的植物生长调节剂。

（2）选用分解快、残留期短、毒性低的植物生长调节剂　近年来开发的高效、残留期短、安全、广谱的植物生长调节剂越来越受到重视，可选择的高效安全植物生长调节剂越来越多。在相同效果的前提下，应尽量选用毒性低、残留期短的植物生长调节剂，如烯效唑与多效唑有相同的生理功能，但烯效唑活性高、使用量低（比多效唑使用量低 5～10 倍）、残留期短、对人畜和环境更为安全且使用范围广，所以在蔬菜生产中，可以用烯效唑代替多效唑。同样，调节膦与丁酰肼（比久）对于控制营养生长有同样的功效，但调节膦毒性低，且残留期只有 7 天，而比久在土壤中的残留可长达一年，因此可以用调节膦代替比久。

（3）掌握正确的植物生长调节剂使用方法　植物生长调节剂通常用较低的使用浓度就可以起到调节植物生长发育的作用，增加用量有时反而会起到相反的作用甚至产生药害，因此使用中一定要严格掌握正确的使用浓度、次数和施用时期，不能随意增加使用浓度和施用次数，在保证其生物学效应的前提下，尽量用较少的用量，以减少在植物体和土壤中的残留。从使用方法来看，浸种给土壤和植物体带来的残留量极微，而叶面喷施的残留次之，土壤施用在土壤中的残留最大。从使用时期来看，应该临界安全期之前使用植物生长调节剂，最好在作物生长前期施用，以减少植物体和土壤中的残留，保证安全。

（4）采取措施提高药效，以减少植物生长调节剂用量　用表面活性剂（吐温、洗衣粉、肥皂等）与植物生长调节剂混合使用，可降低生长调节剂的表面张力，部分溶解叶片表面的蜡纸和角质，减轻雨水冲刷程度，增加植物生长调节剂被叶片吸附和吸收的量，从而来减少植物生长调节剂的用量。

此外，有些植物生长调节剂之间有互作效应，利用这些药剂间的互作效应，进行不同药剂的混合使用，也可以减少用量，如利用多效唑与乙烯利混合喷施，同样可以达到矮化幼苗培育壮苗的作用，同时又减少了多效唑的用量。

由于目前对于不同表面活性剂对植物生长调节剂的增效效果以及植物生长调节剂之间复合效应的了解还不多，不同作物对这种增效效果和复合效应的反应也有所差异，所以在使用表面活性剂与植物生长调节剂相互混合的方法之前，首先要进行浓度试验，确定适宜的混配浓度和比例，再进行大面积推广，以免应使用不当造成损失。

参 考 文 献

[1] 朱蕙香，张宗俭，张宏军等．常用植物生长调节剂应用指南．第二版．北京：化学工业出版社，2010.

[2] 李玲，肖浪涛．植物生长调节剂应用手册．北京：化学工业出版社，2013.

[3] http：//baike. baidu. com/.

[4] http：//www. chinapesticide. gov. cn/.

[5] 林其宝．试述我国历代主要大田作物的种植．首都师范大学学报（社会科学版），1996，（4）.

[6] 韩碧文，李丕明．植物生长调节剂在大田作物上的应用．北京农业大学学报，1983，1.

[7] 张宗俭．世界农药大全——植物生长调节剂卷．北京：化学工业出版社．2011.

中文通用名称索引

Z

英文通用名称索引